光照影响龙眼细胞
代谢机制研究

李汉生　孙　刚　著

厦门大学出版社
XIAMEN UNIVERSITY PRESS

国家一级出版社
全国百佳图书出版单位

图书在版编目（CIP）数据

光照影响龙眼细胞代谢机制研究 / 李汉生，孙刚著.
厦门 ：厦门大学出版社，2024. 10. -- ISBN 978-7
-5615-9538-1

Ⅰ. S667.2

中国国家版本馆 CIP 数据核字第 2024WW9017 号

责任编辑　李峰伟
美术编辑　李嘉彬
技术编辑　许克华

出版发行　厦门大学出版社
社　　址　厦门市软件园二期望海路 39 号
邮政编码　361008
总　　机　0592-2181111　0592-2181406(传真)
营销中心　0592-2184458　0592-2181365
网　　址　http://www.xmupress.com
邮　　箱　xmup@xmupress.com
印　　刷　厦门市金凯龙包装科技有限公司

开本　787 mm×1 092 mm　1/16
印张　12.5
字数　312 千字
版次　2024 年 10 月第 1 版
印次　2024 年 10 月第 1 次印刷
定价　49.00 元

厦门大学出版社
微信二维码

厦门大学出版社
微博二维码

　　龙眼（*Dimocarpus longan* Lour.）为无患子科（Sapindaceae）龙眼属（*Dimocarpus*）植物，是我国热带亚热带名贵特产果树。龙眼具有很高的食用和药用价值，其功能性代谢产物主要包括类黄酮、生物碱、鞣花酸、柯里拉京等。这些功能性代谢产物不仅在植物体内具有重要的生理学意义，而且个别物质还有着抗癌防癌、医疗保健等功效。研究人员通过培养条件的优化、饲喂前体物、添加诱导子、应用抑制剂和渗透剂等不同的方法，调控功能性代谢产物的合成，而光调控被看作改变植物细胞功能性代谢产物合成的重要方法之一。

　　光作为环境信号因子能够参与植物生长发育行为，如种子的萌发、开花、结果及功能性代谢产物的合成。无论是光合作用还是信号传递，前提条件都是植物能够识别并吸收所需要的光。植物可利用的光波谱段范围在 380～780 nm，即红、橙、黄、绿、青、蓝、紫七色光。光合色素的吸收光谱研究已表明，植物主要吸收红光和蓝光进行光合作用，而绿光、黄橙光和远红光等对光合作用的贡献较小，但是这些微量光对植物生长的其他代谢过程又是不可或缺的。目前，植物光调控技术不仅广泛应用于控制植物生长发育，而且在调控植物功能性代谢产物积累方面也发挥重要作用。

　　植物光与功能性代谢产物的分子调控机制已经取得一定进展。其调控主要由两类基因控制：结构基因和调节基因。植物代谢实质上是一系列酶促反应过程，编码催化这些酶促反应酶的基因称为代谢结构基因。随着研究的深入，许多重要的代谢结构基因已经得到了鉴定。植物代谢途径调节基因主要由一类保守的 MBW 蛋白复合体调控。MBW 蛋白复合体主要包括 MYB、bHLH 和 WD40 转录因子。MBW 蛋白复合体通过对代谢途径结构基因的转录激活或抑制，直接调控植物代谢产物积累。然而，植物功能性代谢产物合成途径非常复杂，涉及的酶种类繁多，其合成受到多种因素影响。因此，转录组分析已被应用于光照对植物的研究中。

　　近年来，RNA-seq 被用在越来越多的植物研究中，以解释光信号如何影响植物形态建成和功能性代谢产物，如拟南芥、水稻、茶树、葡萄、马铃薯、苹果等。光诱导了多数基因重新转录，使得这些植物在光形态和暗形态中存在至少 20% 的差异表达，而这些差异基因可能涉及多种不同的生理途径。在光照的作用下，COP1/SPA 复合体激活了光感受器，通过直接的蛋白质与蛋白质之间的相互作用使 COP1 迅速钝化，继而消除了 COP1 引起的下游 bZIP 转录因子 HY5 和其他底物的降解，直接控制着光反应基因的表达。转录因子 MYB、WD40、bHLH 等的表达受光调控后通过与结构基因的启动子结合，共同响应光信号，并调节结构基因的表达。但是，关于光对龙眼胚性愈伤组织（龙眼 EC）功能性代谢产物转录组的研究至今无人报道,其光调控网络也不明确。

本书为进一步挖掘龙眼功能性代谢产物的有益基因资源,以龙眼胚性愈伤组织为材料,进行不同光质处理下的转录组学分析、龙眼 EC 功能性代谢产物和生理生化测定分析;利用高通量测序技术,进行龙眼 EC 响应不同光质的 mRNAs、miRNAs 转录组学分析,以及部分 mRNAs、miRNAs 与靶基因的 qPCR 验证;克隆了光响应基因(*BRI1* 家族)和 miRNAs 前体,并进行光响应的表达验证以及部分 miRNAs 的功能研究;基于转录组的研究基础,探索生物反应器中蓝光对龙眼细胞培养及功能性代谢产物的影响。本书旨在探讨光调控龙眼功能性代谢产物的机制,为挖掘利用龙眼功能性代谢产物的光响应基因资源提供科学依据。

本书的科研工作和出版获得国家自然科学基金面上项目(31572088;31672127)、竹资源开发与利用福建省高校重点实验室经费(B17000200;B17000208)、福建省高校产学合作项目(2024N5008)、福建省自然科学基金项目(2020J01377;2024J01898)、2022—2023 年福建省科技特派员经费(KB22092;KB23025)、三明学院引进高层次人才科研启动经费支持项目(19YG06;18YG01;18YG02)、三明学院学术著作出版基金、横向项目(KH22102;KH23037)等资助,在此向各单位表示衷心的感谢!全书共 8 章,由李汉生(约 30 万字)、孙刚(约 1 万字)撰写。

在本书出版之际,笔者诚挚地感谢福建农林大学、三明学院有关领导给予本研究的关心和支持,同时感谢竹资源开发与利用福建省高校重点实验室、园艺植物生物工程研究所、福建明台农业科技有限公司以及长期合作企业厦门通士达照明有限公司、三明生态新城农业科技投资开发有限公司在室内外工作和实验条件上提供的技术支持。

鉴于笔者水平有限,书中难免存在疏漏、偏颇和不足之处,恳请专家和广大读者批评指正。

李汉生

2024 年 1 月

目 录

第一章 引 言

龙眼(*Dimocarpus longan* Lour.)为无患子科龙眼属植物,原产于我国南部和越南北部的南亚热带区域,其种植面积在我国水果大类中排名第六(郑旭芸、庄丽娟,2015)。龙眼具有较高的食用和药用价值,在历史上素有南"桂圆"北"人参"之称。传统中医学认为,龙眼对人体有滋阴补肾、补中益气、开胃益脾、养血安神等多种功效,可用于治疗虚劳羸弱、失眠、健忘、神经衰弱等(Zheng et al.,2011)。诸多研究表明,龙眼中富含多糖、类黄酮、生物碱、类胡萝卜素等功能性代谢产物(贤景春、陈晨,2013;刘焕云、王海燕、梁燕,2015;Lin et al.,2020)。贺寅、王强和钟葵(2011)的研究发现,龙眼果肉中多糖含量较高。Sudjaroen 等(2012)从龙眼果核中分离鉴定出 11 种多酚类物质,主要包括鞣花酸、柯里拉京、诃子酸、表儿茶素、原花青素、没食子酸等。Li 等(2015a)通过 HPLC-DAD/MS 法鉴定出龙眼果皮中的 9 种物质,从高到低依次为鞣花酸、短杆菌灵羧酸甲酯、芦丁、原花青素、表儿茶素、没食子酸甲酯、柯里拉京、4-O-甲基没食子酸、没食子酸。这些功能性代谢产物不仅在植物体内具有重要的生理学意义,而且个别物质还有着抗癌防癌、医用保健等功效。

目前,研究人员已通过不同的方法来调控功能性代谢产物的合成。例如,在积雪草(*Centella asiatica* L.)悬浮细胞体系中加入 MeJA(茉莉酸甲酯),可提高三萜成分的积累(Bonfill et al.,2011);用 Cu^{2+} 处理红豆杉(*Taxus chinensis* var. *mairei*)细胞能显著提高紫杉醇含量(Xie et al.,2015);苯丙氨酸前体饲喂能够促进大豆悬浮细胞中染料木素的含量(Liang,Zhu,and Li,2009)。而光调控被看作改变植物细胞功能性代谢产物合成的重要方法之一。在西兰花和萝卜胚性愈伤组织的研究中发现,红光能够促进萝卜硫素含量的提升(薛冲等,2010;刘浩等,2010)。有研究表明,蓝光能够提升葡萄胚性愈伤组织的白藜芦醇含量的累积(罗丽媛等,2010;刘媛等,2010)。不同光质对茶树愈伤组织的研究发现,蓝光处理下茶多酚含量低于对照,红光处理则高于对照,而绿光、黄光对其影响不显著(周琳等,2012)。

有课题组在龙眼上已建立了优良的胚性愈伤组织培养系统(赖钟雄、陈振光,1997),并利用此系统研究光对龙眼胚性愈伤组织(龙眼 EC)功能性代谢产物积累及生理生化指标的影响。本书通过高通量测序技术,进行不同光质对龙眼 EC 的 mRNAs、miRNAs 转录组学分析,探究光调控龙眼 EC 功能性代谢产物的分子机制,挖掘其功能性代谢产物的光响应基因,建立其调控网络,为提高龙眼功能性代谢产物含量提供借鉴和参考。

第一节　植物光响应的研究进展

一、LED 光调控技术

LED(light-emitting diode,发光二极管)是一种特殊类型的半导体二极管。按照所用半导体材料的不同,LED 发出光的波长可从紫外线 C(～250 nm)到红外线(～1000 nm)的区间范围(Paucek et al.,2020),并且每个 LED 的波长范围可以很窄。因此,它是一种具备频谱控制能力且非常有效的植物照明光源。

与高压钠灯、荧光灯和金属卤化物灯不同,LED 的固态照明系统具有多种独特的优势。它们不仅结构简易、使用周期长,而且具有光谱和波长组成可控、发热小、带宽窄、低功耗、辐射低及效率高等优点(吴仁杰,2023)。其中,光谱和波长的可控技术的不断完善以及成本造价的降低,使 LED 成为植物照明光源的最佳选择。1990 年,LED 首次应用于植物的研究,就被证实其效果远高于传统光源(Bourget,2018;Zhang et al.,2022)。2000 年以后,LED 作为一种更高效的光源被迅速应用于植物工厂。此外,LED 光源的发光效率也在不断提升(徐圆圆等,2016)。例如,2006 年蓝色 LED 灯的发光效率只有 11%,到 2011 年已达到了 49%(Mitchell et al.,2012)。随着技术的日益更新和工艺水平的不断完善,未来 LED 使用和制造成本会越来越低,其优越性也会得到充分体现。目前,LED 光调控技术不仅广泛应用于控制植物生长发育(种子萌发、开花、结果等),而且在调控植物功能性代谢产物积累方面也发挥重要作用。

二、植物光响应的生理机制

光照通常会引起植物体内的电子传递,促使碳同化酶活性升高,植物体光合能力得到提升。光照对植物体碳代谢的影响不仅表现在光合反应方面,而且对光合产物的积累、分配、分解都有不同程度的作用。例如,张立伟等(2010)在不同光质对缕丝花试管苗的研究中,发现红光对可溶性糖促进作用最为显著。余婷等(2021)的研究也表明,红光培养的豌豆苗可溶性糖含量显著高于对照和其他光质处理。

光照还会改变植物细胞内透性、电解质、活性氧代谢、膜脂过氧化反应等,造成细胞膜系统和代谢过程的变化。Dhinsa 等的研究表明,植物在光照培养下的保护酶活性较高,有益于自由基的清除,从而减轻细胞膜的伤害程度(李娜,2014)。丙二醛(MDA)作为衡量膜脂过氧化程度的重要指标之一,当 MDA 含量过高时,表明细胞受损(黄高峰等,2011)。植物体内清除自由基的保护酶主要包括过氧化氢酶(CAT)、超氧化物歧化酶(SOD)以及过氧化物酶(POD)等(夏红明等,2013)。林小苹和赖钟雄(2011)在不同光质对龙眼 EC 细胞膜保护酶活性影响的研究中,发现龙眼 EC 在蓝光培养 20 d 后 POD 活性显著高于黑暗培养。刘凯歌等(2020)也发现不同光质对彩色甜椒幼苗酶活性的影响不同,绿光处理的 CAT 活性高于对照和其他光质处理。

植物光响应过程中内源激素也会发生相应的变化。Islam 等(2014)的研究表明,光照对植物内源激素具有调控作用。红光和蓝光是自然光的重要组成部分,其强弱对植物的光合与物质积累起到关键作用(Liu et al.,2011a),还能通过影响体内激素水平从而调控植物生长发育(Zhou et al.,2008;Nakai et al.,2020)。380～450 nm 的蓝紫光能够提升吲哚乙酸(IAA)氧化酶活性,降低 IAA 含量,从而抑制植株的伸长生长,且具有反应快速的特点。另外,190～400 nm 的紫外光对植物具有较强的抑制作用,不仅能够提升 IAA 氧化酶活性,而且能够抑制淀粉酶活性,从而降低淀粉的利用率(Journal,2014)。

植物体内渗透调节物质主要包括可溶性蛋白、脯氨酸和可溶性糖等,它们对降低植物细胞水势,减少光照对植物的影响,调节细胞渗透势和维持生物膜系统具有重要的生理意义。张芸香和武鹏峰(2010)在关于落叶松的研究中发现,光照提升了脯氨酸含量,但降低了淀粉含量。刘金花(2011)的研究发现,光照能够促进黄芩种苗形态建成,提升可溶性糖含量。齐振宇等(2022)的研究发现,光照条件下黄瓜可溶性蛋白含量升高,说明光照能够促使可溶性蛋白的累积。以上研究都充分表明,光照能够影响植物渗透调节物质,进而影响细胞渗透势和生物膜系统的维持。

三、光对植物功能性代谢产物的分子调控机制

(一)代谢途径结构基因

光可以通过代谢途径结构基因直接或间接调控植物功能性代谢产物积累(赵莹等,2021)。对拟南芥(*Arabidopsis thaliana*)的研究表明,紫外线、蓝光均能刺激 *CHS* 基因的表达,使得查尔酮合成酶增加,进而使黄酮含量增加(Götz et al.,2010;吴榕等,2020)。在关于荔枝的研究中,经过套袋遮阴处理的果实,抑制了花青素的积累以及 *LcCHS*、*LcCHI*、*LcF3H*、*LcANS*、*LcUFGT* 的表达量,而将果实暴露在阳光下,其代谢基因表达量明显上升(Wei et al.,2011;许明等,2020)。在 Azuma 等(2012)的研究中,也发现光照处理的葡萄花青素的含量高于黑暗处理下的葡萄,同时光照处理下 *CHS*、*CHI*、*F3H*、*F3′5′H*、*DFR* 的表达量也更高。长春花的生物碱含量与其合成基因 *D4H*、*T16H* 的表达量呈正相关关系(朱孟炎,2016)。

(二)转录因子类基因

转录因子(transcription factor,TF)是基因启动子区域中顺式作用元件发生特异性结合,并对基因转录的起始进行调控的一类蛋白质。植物细胞中,转录因子可通过间接或直接的方法与代谢途径结构基因的启动子作用来调控基因的表达水平,从而起到调控功能性代谢产物合成的作用。依据 DNA 结合功能域的差异,转录因子可分为 MADSbox、bZIP、MYB 和 BHLH 等不同的家族(Zhao et al.,2019;Shen,2022)。例如,MYB 转录因子能够影响植物的细胞结构、生物和非生物胁迫、生长发育以及初生和次生代谢等生理过程。光质、光强和光周期都会影响到植物初生和次生代谢(巢牡香、叶波平,2013),关于光调控基因的研究发现,其启动子区域多数含有光响应顺式作用元件,如 G-box 和 MNF1 等。拟南芥的顺式作用元件 CACGTG 介导了类黄酮生物合成基因的光应答反应。然而,某些启动子区域含有光响应元件的基因并未表现出光应答特性,这类光响应元件需与其他因子共同作用才可以实现光对基因转录表达的调控。Feng 等(2010)的研究发现,光信号可能通过与 MYB 启动子区域的光响应元件结合,调控 MYB 的转录,进而实现对植物初生或次生代谢的调控。*AtMYB12* 在烟草中的异位表达提升了苯丙烷代谢合成基因的表达量,且促进了黄酮类化合物的生物合成(Pandey et al.,2012)。通过光照培养 *AtMYB12* 过表达的甘蓝(*Brassica oleracea* L.),显著提升了甘蓝的总酚酸和黄酮类化合物的含量,这与 *AtMYB12* 基因在光应答反应中激活类黄酮代谢途径密切相关(Lännenpää,2014)。

四、蓝光信号网络

前人的研究表明,蓝光能够使拟南芥基因组 5%～25%基因的表达量发生改变,且大多数

变化是由 CRY1 和 CRY2 介导的（Folta et al.，2010；Norén Lindbäck et al.，2021）。一些受 CRY 调节的基因也会受到光敏色素、植物激素等其他信号通路的调节，这表明 CRY 依赖的光形态建成可以与多数信号通路共同调控植物生长发育（Su et al.，2017；Müller et al.，2017）。目前，通过隐花色素介导的蓝光调控机制至少分为两种（Yu，Li，and Zola，2011；Wang et al.，2016a）：CRY-SPA1/COP1 途径（光依赖的抑制蛋白降解）和 CRY2-CIBs 途径（光依赖的转录调节）。这两种途径均涉及蓝光依赖的隐花色素和其他信号转导蛋白之间的相互作用。

（一）CRY-SPA1/COP1 途径

除了通过与转录因子的互作从转录水平调节基因的表达，CRYs 还可以通过转录后机制间接调控基因的表达。隐花色素介导了蓝光对 E3 连接酶 COP1 活性的抑制，如 CRY1 介导蓝光抑制了 COP1 依赖的转录因子 HFR1、HY5、HYH 蛋白的降解，这些转录因子在去黄化响应中调节基因的表达，如赤霉素（GA）、油菜素类固醇、生长素，及其合成和降解细胞壁的代谢酶类（Jiao，Lau，and Deng，2007）。CRY2 介导了蓝光抑制依赖的转录因子 CO 蛋白的降解，它可以在转录水平上促进基因的表达（Liu et al.，2008）。相关研究发现隐花素通过与蛋白复合体 SPA1/COP1 的互作传递光信号，CRY 与 COP1 的互作不依赖于光，但是 CRY 能与 COP1 互作的蛋白 SPA1 经历光依赖的相互作用（Liu et al.，2011a；Zuo et al.，2011；Lian et al.，2011）。CRY 与 SPA1 之间的相互作用只在蓝光下体现，SPA1 在遗传上位于 CRY 的下游；CRY 与 SPA1 依赖蓝光的互作大致揭示了 CRY 是如何介导光对 COP1 功能抑制的。

（二）CRY2-CIBs 途径

拟南芥的 CRY2 和 bHLH 转录因子 CIB1 经历了依赖蓝光的互作（Lamas，Weber，and Martine，2020）。CIB1 能够结合 *FT* 基因启动子中的 E-box，CRY2 通过与 CIB1 的互作，在转录水平调节 *FT* 的表达，从而影响光周期控制开花。编码一个可移动的转录因子，从叶子移动到顶端分生组织促进开花基因的表达。CRY2 还可以与 CIB1 的同源基因互作，体外实验证实 CIB1 与其他同源基因（*CIB3*、*CIB4*、*CIB5*）形成异源二聚体，结合到 *FT* 基因启动子的 E-box。CIB 蛋白共同参与了 CRY2 的信号转导途径，促进依赖光周期的花蕾的形成。

第二节　植物细胞培养相关进展

一、植物组织培养

植物组织培养的理论依据是植物细胞的全能性。1902 年，德国科学家 Gottlieb Haberlandt 提出了离体细胞培养的概念，并第一次将分离的完全分化的细胞进行了组织培养实验。目前，紫茉莉科、蔷薇科、大戟科、鼠李科、杨柳科、棕榈科、木樨科、桑科、松科、杉科中一百多种木本植物都已经实现组培快繁，并且杉木（*Cunninghamia lanceolata*）、柳叶桉（*Eucalyptus saligna*）等十几种已进行大面积推广（马燕等，2012）。另外，大约有 20 种针叶树的外植体成功诱导出体细胞胚，如红松（*Pinus koraiensis*）、云南松（*Pinus yunnanesis*）及油松（*Pinus tabulaeformis*）。在 20 余种阔叶树种中已经观察到体细胞胚胎发生或获得再生植株，如花楸树(*Sorbus pohuashanensis*)已经完成了从未成熟和成熟合子胚中诱导出体细胞胚,并且再生出体胚苗;柑橘(*Citrus reticulata*)中已建立了胚性细胞系和较为成熟的体细胞胚发生技术(马燕等,2012)。

龙眼胚性愈伤组织的诱导是组织培养的前提。1997年,赖钟雄等通过龙眼未成熟胚胎作为起始材料,在高浓度2,4-D(2,4-二氯苯氧乙酸)的条件下诱导出胚性很强的松散型胚性愈伤组织。采用含AgNO₃与含高浓度2,4-D的培养基交替培养的方法保持胚胎发生能力(赖钟雄、陈振光,1997)。经5a的继代保持,现今仍然保持强烈的体细胞胚胎发生能力和旺盛的增殖能力。

二、植物悬浮细胞培养

植物悬浮细胞培养是植物组织培养步入工业化的关键技术。良好的植物悬浮细胞系,在细胞突变筛选、基因转移和功能性代谢产物生产等方面具有其他外植体或愈伤组织无可比拟的优越性(赖钟雄、陈振光,2002)。植物悬浮细胞培养起源于草本植物,而学界关于木本植物的研究直到20世纪90年代初才有所报道。杜晓映等(2009)将葡萄花丝作为悬浮培养的材料,并通过秋水仙素进行诱变处理获得了变异体(同质变异体)植株。谢龙海等(2021)通过农杆菌介导法将抗冻蛋白*AFP*基因转入香蕉胚性悬浮细胞体系中,并成功获得转基因植株。龙小凤等(2013)以巨峰葡萄果皮作为外植体,通过悬浮细胞培养大大提高了白藜芦醇的产量。

在已报道的木本植物中,龙眼胚性愈伤细胞体胚发生频率非常高,其应用前景更加广泛。赖钟雄等在2002年利用此胚胎细胞系,建立了龙眼胚性悬浮细胞体系,现采用含MS+1.0 mg/L 2,4-D+100 mg/L肌醇与MS+1.0 mg/L 2,4-D+5 mg/L AgNO₃+0.5 mg/L KT+100 mg/L肌醇两种培养基交替继代培养。目前既能够保持龙眼胚性悬浮细胞的分散性和旺盛的生长能力,又能够保持细胞一致性和圆球形状态(赖钟雄、陈振光,2002)。龙眼胚性悬浮细胞系的建立是龙眼遗传转化和细胞工程的重要基础工作,在龙眼的苗木快速繁殖、人工种子制造、遗传转化、细胞突变筛选和功能性代谢产物生产方面都有广泛的应用前景(王铭等,2021)。

三、植物生物反应器

植物生物反应器是通过植株、器官、组织或细胞,大量生产具有重要功能的次生代谢产物、蛋白、疫苗或抗体等(Xu,Ge,and Dolan,2011)。目前,我国植物生物反应器的应用和研究还主要集中在生产或表达药用蛋白方面。而利用代谢工程等生物技术对植物进行遗传改造来大量生产功能性代谢产物的研究相对薄弱。随着生活和经济水平的不断提高,植物功能性代谢产物在人类生活中发挥的作用越来越显著。很多中草药的功能性物质被不断分离与鉴定,所以从植物的功能性代谢产物中去研发新药也备受科学家的重视。

植物功能性代谢产物种类丰富、运用广泛,但是其有效物质在植物中的含量通常极低。例如,青蒿素(artemisinin)作为治疗疟疾的特效药,其在青蒿(*Artemisia annua* L.)中的含量只是叶片干重的0.1%~1.0%;紫杉醇作为植源性抗癌药物,在红豆杉中的含量只有0.01%(Wang et al.,2017)。面对这类问题,科研人员已开始通过植物生物技术探究从植物中获取大量功能性代谢产物的方法。植物功能性代谢产物生物反应器为生物反应器的一种,是放大培养功能性代谢产物的有力工具。目前用于植物细胞培养的反应器主要包括转鼓式、气升式、搅拌式及鼓泡式,此外还包括植物膜反应器和细胞固定化反应器等(邹奇等,2023)。一些植物细胞已经在生物反应器中展开了研究。李惠华等(2015)采用波浪式 WAVE 生物反应器实现了 5 L 枇杷悬浮细胞的放大培养,细胞干重为 19.01 g/L,熊果酸质量分数为 27.75 mg/g。李雅丽等(2015a)在搅拌式生物反应器中建立了稳定的甘草细胞培养条件:接种量 6.4%,摇床转速 89 r/min,通气速率 0.1 vvm,其细胞生物量提高了 6.9%。张建文(2016)在搅拌式生物反应器中探究不同剪切率对红花细胞生长和代谢的影响,通过分析细胞培养过程中生理代谢参数 CER、活细胞浓度、pH 变化、培养基中氮源消耗和胞外丙酮酸代谢物浓度变化等参数关系,确立了红花细胞培养放大过程中能够耐受的最大剪切力不能超过 0.7 W/kg。红豆杉(*Taxus wallichiana* var. *chinensis*)、烟草(*Nicotiana tabacum* L.)、葡萄(*Vitis vinifera* L.)、三角叶薯蓣(*Dioscorea deltoidea*)、长春花(*Catharanthus roseus*)等植物都陆续被报道在搅拌式生物反应器中进行培养(胡涛等,2010),表明生物反应器可以很好地适应植物细胞生长,有很大的研究应用潜力。

第三节　龙眼主要功能性代谢产物及其作用

龙眼具有很高的食用和药用价值。最新的研究表明,龙眼中的功能性代谢产物主要包括多糖、类黄酮、生物碱、类胡萝卜素(Sudjaroen et al.,2012;He et al.,2010;贤景春、陈晨,2013)。

一、多糖的种类及功能

植物多糖的重要来源包括根、茎、叶、花、果皮和种子。根据多糖的存在部位,植物多糖可分为细胞外多糖、细胞壁多糖和细胞内多糖。细胞外多糖成分复杂,有木糖、鼠李糖、甘露糖、半乳聚糖、半乳糖醛酸、葡聚糖醛酸及其他型多糖;细胞壁多糖主要指半乳糖醛酸聚糖和半纤维素;细胞内多糖主要有甘露聚糖、果聚糖(朱翰林等,2023)。从植物中分离提取的水溶性多糖具有特殊的生物活性且无细胞毒性,应用于生物体毒副作用较小,已成为食品行业和医药行业的热门研究领域。

生物体内的多糖不仅参与结构组织和提供能量,而且具有多种生物功能。其广泛参与胚胎发育、细胞识别、细胞生长、细胞分化、功能代谢、病毒感染、免疫答应、细胞癌变等各项生命活动。多糖已作为功能食品和药物应用于保健和临床治疗,其功能主要包括抗氧化活性、抗病毒活性、抗辐射活性、抗肿瘤活性、降血糖活性、降血脂活性、免疫调节活性等(彭新等,2020;周艾玲等,2022;刘世锋等,2023)。

二、生物碱的种类及功能

生物碱是一大类含氮有机化合物。根据不同的氮结构特征,生物碱可分为吲哚生物碱,如喜树碱、长春碱;莨菪烷类生物碱,如东莨菪碱、莨菪碱;苄基异喹啉类生物碱,如吗啡、小檗碱;嘌呤生物碱,如咖啡因、茶碱;其他如乌头碱、紫杉醇等(Yun et al.,2021)。不同类型的生物碱都有其特定的生物合成途径,如吲哚生物碱经莽草酸代谢途径合成色氨酸转化而得;烟碱和莨菪碱等由鸟氨酸或精氨酸的脱羧反应形成;苄基异喹啉类生物碱的生物合成则是起始于酪氨酸的酶促反应。从生物合成的起源来看,生物碱可以分为非异戊二烯类(氨基酸来源)与异戊二烯类(萜类和甾体来源)(Aniszewski,2009)。

生物碱是植物在长期进化过程中与环境相互作用形成的次生代谢产物类型之一,其在调节植物生长、促进化感作用、应对环境胁迫、抵御病害、防御虫害等方面发挥着重要作用(挈彦等,2012;周宝利等,2009;张阳等,2014)。此外,诸多类型的生物碱具有独特的生物活性,是药用植物中重要的活性部分(王宏等,2022)。

三、类黄酮的种类及功能

类黄酮是多酚类次生代谢产物的一种,普遍存在于各种植物中,虽然其具体物质有所区别,但是都存在 C6-C3-C6 的结构。目前,类黄酮主要分为黄酮醇、黄酮、花青素、原花青素等(Tanaka,Sasaki,and Ohmiya,2010)。其中,黄酮醇主要包括山奈酚、槲皮素、杨梅素等;花青素主要包括飞燕草素、芍药素、矢车菊素等;而原花青素主要为表儿茶素和儿茶素(Valls et al.,2009;Wen,Alseekh,and Fernie,2020)。

类黄酮不仅在调节果实风味、改变花果色泽等方面有显著作用,而且还是一种重要的抗逆性物质,对提高植物抗性具有积极意义(Sun et al.,2013;Goławska et al.,2014;Li et al.,2014)。同时,类黄酮对人体健康具有多种重要的生理功能,其可作为自由基清除剂、强抗氧化剂、脂质过氧化抑制剂和二价阳离子螯合剂,在抑菌、抗过敏、降血脂、强化毛细血管、消炎、抗病毒、抗癌等诸多方面有着重要的作用(Guimarães et al.,2010;Londoño-Londoño et al.,2010;Tarahovsky et al.,2014)。

四、类胡萝卜素的种类及功能

类胡萝卜素广泛存在于自然界中,其是由异戊二烯骨架构成的 C30 或 C40 萜类化合物,是一类重要的天然色素的总称。自从 19 世纪初首次分离出类胡萝卜素,迄今已有 800 多种天然类胡萝卜素被发现(Quackenbush,2020)。由于其分子中普遍存在共轭双键结构,因此在可见光下呈黄色、橙色或红色(Leonelli,2022)。在植物的光合作用中,类胡萝卜素担负着光吸收辅助色素的关键功能,可以吸收过量的光能,保护进行光合作用的细胞器。在人体内,类胡萝卜素具有很强的抗氧化活性,能保护脂蛋白和细胞膜免受氧破坏,延缓细胞衰老,预防动脉硬化、血栓、肿瘤和癌症等(朱运钦、乔改梅、王志强,2016)。

第四节 植物转录组测序技术研究进展

一、转录组测序技术

随着以 Roche/454、Applied Biosystems/SOLiD 及 Illumina/Solexa 为代表的第二代测序

仪的出现和技术更新,极大地推动了转录组、基因组测序研究工作的发展,包括实验步骤显著简化、数据获得的通量极大提高、测序反应自动化程度显著提升、单位数据量的测序成本明显降低等。此外,随着基因组拼装、注释等生物信息学分析软件的不断开发,生物信息分析平台的不断增加,高通量测序及生物信息学分析已经成为植物、动物、微生物等领域普遍的研究方法和手段。

转录组是指特定细胞在某一功能状态下转录出来的所有核糖核酸(ribonucleic acid,RNA)的总和,包括 mRNA 和非编码 RNA。与数字基因表达谱、差异显示技术、基因芯片等常规方法对比,转录组测序(RNA-sequencing,RNA-seq)具有检测范围广、无需已知序列、信号数字化、灵敏程度高等诸多优势,已被广泛应用于植物、动物等生物体的功能研究中。通过转录组分析,人们不仅能够获得相关材料在某一状态下全部已知基因的剪接方式、单核苷酸多态性(single nucleotide polymorphism,SNP)表达丰度等信息,还能够在无参考基因组物种中进行基因及新转录本的挖掘。

二、转录组测序在植物响应外界因素中的应用

植物功能性代谢产物的合成通常与植物发育过程密切相关,并由内外因子共同控制。环境因子能够通过植物代谢途径合成基因的表达来调控其合成,而影响功能性代谢产物积累的外界环境因子主要包括光、温度、激素等。

光是影响植物功能性代谢产物合成最重要的环境因子之一。相关研究已表明花青素苷的合成与光受体(PHYs、CRYs 等)和光信号转导因子(R2R3-MYB 等)密切相关(王峰等,2020)。Hong 等(2015)以菊花品种“丽金”作为材料,利用数字基因表达谱技术比对黑暗和光照培养下舌状花不同发育阶段的基因表达情况,结果表明:花青素苷的含量与 *CmHY5* 的表达量呈正相关关系;与 *CmCRY1a*、*CmCRY1b*、*CmCRY2*、*CmPHYA* 和 *CmPHYB* 5 个光受体基因相关性较弱;与 *CmCOP1* 基因没有明显的相关性。而关于荔枝的转录组学研究表明 *HY5*、*NAC*、*ATHBs*、*FHY* 是光调控果皮花青素合成的关键基因(Zhang et al.,2016a)。Wu 等(2016)在关于茶树叶片的转录组研究中,找到且验证了 POR(原叶绿素酸酯氧化还原酶),转录因子 *MYB*、*HY5* 等 20 个差异表达的光响应基因,结果表明光照抑制茶树光合体系 Ⅱ 和 10 kDa 蛋白(PSBR)的表达,从而影响 PSⅡ 稳定性、叶绿体发育、叶绿素的生物合成。

植物功能性代谢产物合成还受到温度调控。一般情况下,外界温度升高会导致植物花青素和类胡萝卜素的减少,而低温则会诱导这两种色素的积累。目前,诸多研究已经报道了关于植物响应低温的作用机制。例如,Li 等(2017b)的研究发现,转花青素糖基化酶基因 *UFGT* 的植株提升了花青素的含量以抵御低温,这是由于 *UFGT* 基因受到了低温抗性基因 *CBF1* 的调控。刘炜娴等(2018)关于三明野生蕉转录组的研究表明,类胡萝卜素、类固醇、类黄酮、萜类生物碱等次生代谢产物的合成,有利于提高活性氧化清除能力以响应低温环境。bHLH 转录因子可以参与低温诱导番茄花青素合成。Qiu 等(2016)通过对 bHLH 转录因子基因 *AH* 番茄株系进行高通量测序发现,其不仅可以在低温条件下诱导花青素合成,而且可以促进活性氧清除等抗性基因的表达。

激素、氮或磷的含量也是影响植物功能性代谢产物合成的重要环境因子。研究发现,赤霉素可以通过诱导 *CHS*、*CHI*、*ANS*、*DFR* 和 *RT* 基因的表达,促进花青素苷的合成(胡可、韩科

厅、戴思兰,2010)。李振华(2017)关于烟草种子转录组的研究表明,赤霉素与糖代谢、苯丙烷生物合成有关。在拟南芥独脚金内酯 *max* 突变体转录组学的研究中发现,MYB 类转录因子 *PAP* 的表达量降低,证实了独脚金内酯通过 *max* 基因调控 *PAP* 表达,从而影响花青素含量的合成(Ito et al.,2015)。

Hsieh 等(2009)通过高通量 RNA 测序结果表明,缺磷胁迫可以诱导拟南芥 miR828 及其靶基因 *MYB75*、*MYB90* 和 *MYB113* 的上调表达,过表达 miR828 拟南芥转基因植株中 *TAS4*、*MYB75*、*MYB90* 和 *MYB113* 的表达量均显著下调,花青素含量降低。

三、转录组测序在植物功能性代谢产物研究中的应用

(一)植物代谢通路节点基因的分离

不同物种中控制其代谢的节点基因常呈现多态性,且通路上的调控基因(MYB、*bHLH* 和 WD40 家族基因)以及结构基因均以基因家族、超基因家族的形式存在,因此转录组学分析是分离特定植物初生和次生代谢节点基因的重要方法(Jaakola,2013)。Li 等(2015b)通过对猕猴桃不同发育阶段花青素含量及其花青素代谢途径相关基因的研究,发现 *UFGT7* 和 *ANS* 在猕猴桃花青素合成中起重要作用。Liu 等(2014b)以黑果枸杞(*Lycium ruthenicum*)与红色果枸杞(*Lycium barbarum*)作为对照材料,利用高通量测序技术,证实 *CRTR-B2*、*CYCB*、*PSY1*、*PDS* 和 *ZDS* 是枸杞中类胡萝卜素合成的关键节点基因。此外,科研人员还对紫苏、非洲菊、马铃薯等园艺植物进行比较转录组学研究,均发现调控花青素代谢的节点基因,且其都以 *ANS* 与 *DFR* 两个基因的高表达为主(Liu et al.,2015b;Fukushima et al.,2015;Hong et al.,2015)。

(二)植物代谢新基因的分离

在园艺植物的研究中,一些功能性代谢产物的调控机制较为保守,调控基因报道很少,通过转录组学是研究上述机制和挖掘新基因的一种十分有效的方法。Genevois、Flores 和 Pla (2014)对白色与黄色果肉的南瓜品种进行杂交,得到颜色分离的 F3 代群体后,分离获得了控制果肉颜色的 golden SNP,通过生物信息学分析发现该位点在类胡萝卜素转运相关基因 *Or* 内。此类方法已经被引入新基因分离的研究中,Sagawa 等(2016)通过化学诱变获得了 *Mimulus lewisii* 类胡萝卜素合成减少的突变体,再利用混合池测序与杂交群体构建的方法,获得了调控类胡萝卜素合成的 1 个转录因子 *RCP1*(R2R3 类 MYB)。

(三)植物代谢途径的调控

植物代谢途径基因的表达除了转录调控,还包括序列差异、甲基化等。目前,研究人员已通过转录组学的方法,获得了大量关于功能性代谢产物调控机制方面的可喜成果。

Lee 等(2012)通过高通量测序技术研究番茄类胡萝卜素代谢调控机制,首先明确了番茄成熟过程中各类胡萝卜素组分的含量变化,继而取相应果肉进行测序,结果共检测出 953 个 unigenes 至少与 1 种类胡萝卜素组分呈正相关关系,并找到了 *LeEIL*、*Le-HB1*、*CNR*、*SlAP2a*、*TAGL1*、*RIN-MADS* 以及 *SlERF6*(AP2 类转录因子家族)等基因,与前人报道一

致。RNAi 实验结果表明,抑制该基因导致转基因植株的类胡萝卜素含量显著降低。此外,基因转录过程中的剪接加工是基因表达调控的重要机制,可变剪接是转录组复杂多样性的重要来源。

除转录调控外,最新的研究已经发现在花青素和类胡萝卜素的合成过程中,脱氧核糖核酸(deoxyribonucleic acid,DNA)甲基化可以促使植物组织器官的颜色发生显著改变。Elsharkawy、Dong 和 Xu(2015)对黄皮突变体"Blondee"(BLO)以及红皮苹果"Kidd's D-8"(KID)进行了高通量测序,结果发现 22 个差异表达基因中,*MdMYB10*(MDP0000259614)与 *MdGST*(MDP0000252292)的表达量有显著变化,但是两个基因在序列上无明显差异。甲基化测序的结果表明,*MdMYB10* 启动子区的 MR3 和 MR7 区域发生了甲基化,而在黄皮突变体中该基因表现为高甲基化状态,导致其无法正常转录,从而影响下游途径基因的表达。此外,在苹果其他品种的研究报道中,*MdMYB10* 启动子序列发生超甲基化还会使得果皮出现条纹(Xu et al.,2012)。

第五节　植物 miRNA 研究概况和进展

一、植物 miRNA 在响应外界因素中的作用

当受到外界因素影响时,植物会通过多种基因调节机制以恢复或重建细胞稳态,其中 miRNA 对靶基因的调节是一种重要的转录后调节机制。已有研究表明,miRNA 介导的基因表达与外界因素反应有必然的联系,并可作为整个反应调节网络的一部分(Budak et al.,2015)。

环境温度的波动是影响植物生长和发育的关键因素之一,当环境温度发生变化时,植物会通过基因表达的调节以适应温度剧烈的波动。近年来,诸多研究已经表明 miRNAs 能够通过靶基因参与冷敏感型基因网络的调节。在寒冷胁迫下(Leung,Sharp,2010),二穗短柄草(*Brachypodium distachyon*)、拟南芥和杨树的 miR397 和 miR169 的表达上调;二穗短柄草和拟南芥的 miR172 的表达上调。在水稻中(Yang et al.,2013),miR319 可靶向 *TCP* 转录因子 *OsPCF*5 和 *OsPCF*8,过表达 miR319 的转化植株可以在冷适应后增强对寒冷的抗性。

除了冷胁迫,研究表明植物的 miRNAs 容易受到热胁迫的影响,且其 miR398-CSD/CCS 调节途径涉及热胁迫(Guan et al.,2013),在过表达 miR398 的拟南芥中,靶基因 *CSD1*、*CSD2* 和 *CCS* 的表达量都显著下降,显著提高了转化植株对热的敏感性;而 csd1、csd2 和 ccs 突变体却表现出对热的耐受性,同时 *HSF* 和 *HSP* 两个基因的表达量得到提高。此外,在油菜(*Brassica rapa*)中也能鉴定到 miR398 与其靶基因 *CSDs* 能够响应热胁迫(Yu et al.,2012)。

干旱胁迫是限制植物生长的重要因素。最近,在拟南芥中发现 miR168、miR171 和 miR396 对干旱、高盐比较敏感(Budak et al.,2015);在水稻中,有三分之二的已知和预测的 miRNAs 具有对干旱敏感的靶基因。在拟南芥(Li et al.,2008)中过表达 miR169 能够使转化植株对干旱较为敏感;而在干旱胁迫下,miR169 的表达量下调,而 *NFYA5* 的表达量则上调;而过表达 *NFYA5* 的拟南芥转化植株则表现出对干旱的抗性。

二、植物 miRNA 在光响应过程中的作用

光是植物进行光合作用的最基本的能源,能够影响植物各类光合器官的组分和生长发育。但是,过量的光对植物有害,会损害植物的光合器官并引起叶绿体的光氧化。不同波长的自然光(如红光、蓝光)会影响植物的生长并使植物的基因在转录水平上发生变化;而自然光中的 B 段紫外线(ultraviolet B,UV-B)辐射会引起蛋白质、脂类物质和 DNA 的损伤并使植物减产。近年来,有研究已经表明植物 miRNAs 的表达容易受到光照的影响。例如,与黑暗条件相比,蓝光处理的白菜中有 17 个保守的 miRNAs 和 226 个新的 miRNAs 的表达量发生 2 倍以上变化,许多 miRNAs 靶基因的功能涉及植物的生长发育、代谢调控等(Bo et al.,2016)。蓝光处理下 miR156 和 miR157 分别靶向 SPL9 和 SPL15 转录因子,进而调控白菜幼苗的光形态建成(Bo et al.,2016)。在拟南芥和小麦中均发现了对 UV-B 辐射敏感的 miRNAs;拟南芥的研究发现有 11 个 UV-B 敏感型 miRNAs(miR156/157、miR159/319、miR160、miR165/166、miR167、miR169、miR170/171、miR172、miR393、miR398 和 miR401),部分 UV-B 敏感型 miRNAs 可能涉及生长素信号转导通路(Zhou,Wang,and Zhang,2007)。小麦的研究发现共有 7 个 UV-B 敏感型 miRNAs,其中 miR159、miR167a 和 miR171 的表达量显著上调,而 miR156、miR164、miR395 和 miR6000 的表达量明显下调(Wang et al.,2013a)。

三、miRNA 在植物功能性代谢产物中的研究进展

目前,大量的研究表明 miRNA 在植物初生或次生代谢中发挥着关键的调控作用,而且植物初生或次生代谢产物对 miRNA 的功能也会产生影响(Brodersen et al.,2012;Gou et al.,2011;Ng et al.,2011)。

植物 miRNA 可以靶向转录因子,影响植物初生或次生代谢的过程,导致功能性代谢产物积累量的变化。拟南芥的 miR828 可以靶向 TAS4 和 MYB113,TAS4 经过 miR828 切割后,可以产生 ta-siRNA(反式作用干扰小 RNA),ta-siRNA 则可以靶向 MYB 转录因子家族的成员 PAP1、PAP2 和 MYB113,从而调控黄酮类化合物的次生代谢。拟南芥的 miR156 靶向 SPL 转录因子,而 SPL 转录因子可以调控花青素、黄酮醇和倍半萜类等次生代谢产物(Gou et al.,2011)。Wang 等(2016b)的研究发现拟南芥的 miR858a 靶向 MYB 转录因子,调节类黄酮生物合成途径中早期阶段的黄酮醇合成,说明 miR858a-MYB 网络是协调植物中类黄酮和木质素生物合成部分的重要"调控部门"。植物的 miRNA 除了能够靶向转录因子,还可以作用于限速酶的编码基因,如红豆杉的 miR164 和 miR171 可以靶向紫杉烷 13α-羟基化酶(taxane 13α-hydroxylase)和紫杉二烯 2α-O-苯甲酰转移酶(taxane 2α-O-benzoyltransferase)基因,从而参与紫杉醇的生物合成(Pantaleo et al.,2010)。此外,利用 smallRNA 测序技术,已经发现并鉴定了大量的 miRNAs 与植物次生代谢产物合成相关,如红豆杉(Taxus mairei)抗氧化相关物质合成、紫杉醇的合成、土沉香(Aquilaria sinensis)中沉香的合成中均有大量的 miRNAs 参与(Gou et al.,2011;Gao et al.,2012)。

miRNA 能够调控植物生物代谢途径,但其功能的发挥也受植物代谢产物的影响。在拟南芥中,类异戊二烯的代谢会影响细胞膜的结构和稳定性,进而通过影响膜蛋白 AGO1 的合

成作用于 miRNA(Brodersen et al.,2012);而类异戊二烯的代谢与糖苷生物碱的合成是一个协同调节的过程。

综上所述,miRNA 在植物功能性代谢产物合成过程中起着重要的调控作用,且与植物代谢在调控网络中相互作用、相互调节。

第六节 本书主要内容与意义

一、主要内容

(一)龙眼 EC 功能性代谢产物积累光照模式的优化

(1)测定龙眼 EC 多糖、生物素、生物碱、类黄酮的含量。
(2)通过 $L_9(3^4)$ 正交试验筛选龙眼 EC 功能性代谢产物积累的最优光照模式。
(3)测定龙眼不同组织部位的多糖、生物素、生物碱、类黄酮的含量。

(二)不同光质对龙眼 EC 氧化应激相关酶活性变化规律

不同光质作用下龙眼 EC 的 SOD、POD、PAL 的活性,H_2O_2 含量的变化分析。

(三)不同光质对龙眼 EC 功能性代谢产物累积的转录组学分析

(1)不同光质对龙眼 EC 的转录组产出数据分析。
(2)不同光质对龙眼 EC 差异表达基因的 GO 和 KEGG 富集分析。
(3)不同光质对龙眼 EC 差异表达基因聚类分析。
(4)不同光质对龙眼 EC 差异表达基因表达模式分析。
(5)龙眼功能性代谢产物蓝光信号网络的建立。

(四)不同光质对龙眼 EC 功能性代谢产物累积的 miRNAs 分析

(1)不同光质对龙眼 EC 的 miRNA 组学产出数据分析。
(2)不同光质对龙眼 EC 差异表达 miRNA 靶基因的 GO 和 KEGG 富集分析。
(3)不同光质对龙眼 EC 差异表达 miRNA 聚类分析。
(4)不同光质对龙眼 EC 差异表达 miRNA 及靶基因表达模式分析。
(5)miRNAs 参与蓝光信号网络影响龙眼功能性代谢产物积累。

(五)龙眼 miR396 的前体克隆及分子特性与表达分析

(1)植物 miR396 家族成员进化与分子特性分析。
(2)龙眼 miR396 前体序列克隆。
(3)龙眼 miR396 启动子分析。
(4)龙眼 miR396 在不同组织器官、不同光质及其不同光强的蓝光的表达模式分析。

（六）龙眼 *BRI1* 基因家族的全基因组鉴定及表达分析

（1）龙眼 *BRI1* 基因家族的全基因组鉴定及分析。

（2）龙眼 *BRI1* 基因家族不同成员在不同光质及其不同组织器官的表达模式分析。

（3）蓝光可能通过 miR390e 靶定 *DlBRI1-3* 调控龙眼功能性代谢产物积累。

（七）龙眼 miR390e 的靶标验证与功能研究

通过过表达和抑制表达 miR390e，验证 miR390e 与 *DlBRI1-3* 的调控关系，对龙眼 *BRI1* 其他家族成员和下游途径基因的影响，并测定 agomir390e、antmir390e、CK（对照组）的龙眼 EC 的功能性代谢产物含量。

（八）生物反应器中蓝光对龙眼细胞培养及功能性代谢产物的影响

（1）生物反应器中龙眼胚性悬浮细胞培养条件的初步优化。

（2）研究龙眼细胞在黑暗和蓝光的培养过程中细胞生长量、总黄酮含量、生物碱含量、细胞活力、培养液的底物消耗量（蔗糖、还原糖、磷酸盐）、培养体系的 pH 及溶氧的变化情况等。

（3）通过 qPCR 技术对前述关键基因进行表达量差异分析，验证生物反应器中蓝光对龙眼细胞功能性代谢产物合成的作用机制。

二、意义

龙眼是一种具有很高营养和药用价值的水果，其功能性代谢产物主要包括多糖、类黄酮，生物碱，类胡萝卜素等。这些物质不仅在龙眼体内具有重要生理学意义，而且个别物质还有着抗癌防癌、医疗保健等功效。目前，研究人员已通过不同的方法来调控龙眼功能代谢产物的合成，其中光调控是调控功能性代谢产物合成的重要方法之一。但是，关于光信号影响龙眼 EC 功能性代谢产物的分子机制，特别是基于高通量测序技术的组学分析，至今无人报道。鉴于此，本研究以龙眼 EC 为材料，对其进行不同光质的生理生化分析，利用高通量测序技术，进行不同光质对龙眼 EC 的转录组学分析和 miRNA 组学分析，并在转录组学数据及分析结果的基础上，对胚性愈伤组织光响应过程中部分差异表达的基因、miRNA 与靶基因关系进行 qPCR 验证；克隆若干个光响应相关基因（*BRI1* 基因家族）和 miR396 的前体序列，并对其光响应的表达模式进行验证。还通过 miRNA 成熟体人工模拟物和高效阻断剂的方法对龙眼 miR390e 与靶基因 *DlBRI1-3* 进行验证与功能研究。此外，为了进一步提升功能性代谢产物的产量，本研究首次尝试在生物反应器中建立龙眼胚性悬浮细胞培养体系，并在此基础上探索蓝光对其影响，同时还通过 qPCR 技术验证前文关键基因在培养过程中的变化。研究结果从生理生化、转录组学和 miRNA 组学角度解析光对龙眼 EC 功能性代谢产物的调控机制，为挖掘利用龙眼功能性代谢产物的光响应基因资源、龙眼细胞生物反应器培养提供科学依据。

第二章 不同光质对龙眼 EC 功能性代谢产物积累及生理生化指标的影响

龙眼是一种具有很高营养和药用价值的水果,其功能性代谢产物众多,主要包括多糖、类黄酮、生物碱、类胡萝卜素等(Sudjaroen et al.,2012;He et al.,2010;Hsieh et al.2009;贤景春、陈晨,2013)。目前,研究人员已通过不同的方法刺激代谢途径以调控功能性代谢产物的合成量,光调控被看作改变植物细胞功能性代谢产物合成的重要方法之一(Darko et al.,2014;Ouzounis,Rosenqvist,and Ottosen,2015)。有课题组在龙眼上建立了优良的胚性愈伤组织培养系统(赖钟雄,陈振光,1997),并利用此系统研究不同光质对龙眼 EC 功能性代谢产物积累及生理生化指标的影响。

第一节 龙眼 EC 功能性代谢产物积累光照模式的优化

植物生长发育和代谢合成的光环境主要包括光质、光强、光周期 3 个因素。在以往的科学研究中,对所用光源的定义和描述不够准确;许多植物培养箱都存在光照不均匀等现象,而这些问题往往都会影响到实验的准确性和可重复性。我们通过改进光调控技术基本解决了此类问题。目前,LED 均光培养箱的出现使科研人员可以根据植物代谢合成和生长发育的需要进行精确调控,有效实现光环境三因素的筛选优化。

近年来,光环境对植物代谢产物的合成已有初步进展。Liu 等(2018)的研究表明,不同光质引起了青钱柳叶(*Cyclocarya paliurus*)中黄酮含量的差异,蓝光能够促进黄酮的合成,红光却强烈抑制黄酮的积累。据报道,兰花组培苗在中等光强($270\ \mu mol \cdot m^{-2} \cdot s^{-1}$)下类胡萝卜素含量高于在低光强($175\ \mu mol \cdot m^{-2} \cdot s^{-1}$)和高光强($450\ \mu mol \cdot m^{-2} \cdot s^{-1}$)下(Jeon et al.,2005)。刘金花等(2014)的研究表明,适当延长光照时间能够促进光合色素的形成,从而促进功能性代谢产物的合成。然而,前人的研究大多只关注单因素或双因素组合对植物的影响。由于光环境调控的复杂性,目前三因素的综合研究分析鲜有报道。

因此,我们以龙眼 EC 为研究对象,采用四因素三水平正交试验设计方法设置龙眼 EC 的光环境,优化其功能性代谢产物合成的光照模式,为后续研究提供实验依据。

一、光照实验与功能性代谢产物测定

(一)实验设备改进和光照均匀性分析

传统的植物培养箱忽视光源的中心波长,光照不均匀,光强不可调控(Lin and Xu,2015)

（图 2-1A）。我们通过对植物培养箱的改进，将箱内四周进行反光处理，达到光照均匀的目的（图 2-1B）。将面光源的 LED 灯进行密集矩阵分布，其中每个 LED 灯的中心波长为确定值，红光中心波长为 660 nm，绿光中心波长为 515 nm，蓝光中心波长为 457 nm。通过 Origin 软件分析 LED 面光源，对比传统培养箱，本培养箱同一水平面上的光照均匀性基本一致（图 2-1C 和 D）。同时，本培养箱做到了光质、光强、光周期的可调控，最大限度地保证光照均匀、光合光子通量密度精确、波长确定等条件下，对龙眼 EC 进行光照培养，进而保证龙眼 EC 培养的一致性，实验的准确性与可重复性。

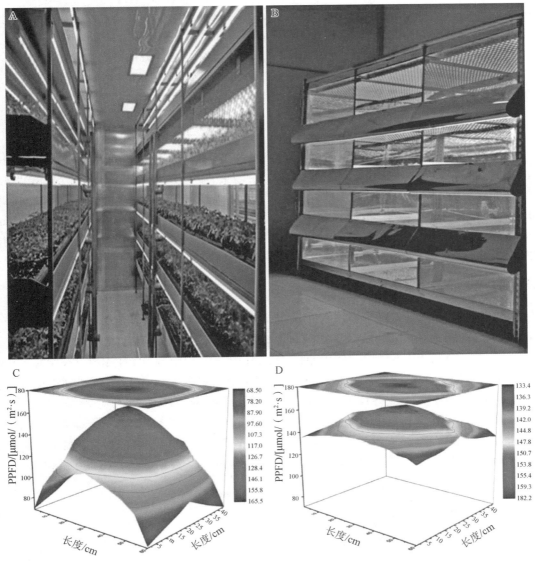

A—传统培养箱；B—均光培养箱；C—传统培养箱的光照均匀性三维图；D—均光培养箱的光照均匀性三维图。

图 2-1　植物光照培养箱

注：相应彩图请扫书末二维码，下同。

（二）植物材料和光照处理

龙眼 EC 是由赖钟雄和陈振光（1997）建立的龙眼"红核子 LC2"胚性细胞系诱导的胚性愈伤组织。根据董慧雪等（2014）的研究，选取 MS＋20 g/L 蔗糖＋6 g/L 琼脂＋1.0 mg/L 2,4-D 的培养基用于光照处理。本研究所用"红核子"龙眼的根、茎、叶、雄花、雌花、幼果、果肉、果皮和果核等不同组织器官的材料均采自福建农林大学创业园。

将龙眼 EC 置于均光培养箱内，以黑暗处理作为对照，分别对其进行黑暗、蓝光（457 nm）、红光（660 nm）、白光处理。每瓶接种 4 块大小均一的胚性愈伤组织，直径 5～7 mm（每块为 0.03 g），湿度 55％～60％，温度（25±2）℃，每次处理 30 瓶。对照和处理过的样品经液氮速冻后于－80 ℃冰箱保存，用于功能性代谢产物含量测定和核酸提取。

剔除褐化、污染的龙眼 EC，挑选出生长旺盛、状态良好的胚性愈伤组织 25 瓶。称量 25 瓶胚性愈伤组织鲜重，并计算出每瓶胚性愈伤组织的增殖率：增殖率＝（终鲜重－接种鲜重）/接种鲜重×100％。运用倒置显微镜（Leica）进行龙眼细胞观察。

（三）多糖含量测定

多糖含量测定参照王迎香等（2021）的方法并适当改良。将龙眼 EC 置于冷冻干燥机（LGJ-25C）进行冻干处理 2 d，称取 0.2 g 龙眼 EC 粉末，加入 15 mL 蒸馏水，通过超声波清洗器（KQ-200SPDE）提取 1 h（60 ℃，功率 300 W）。冷却静置 20 min 后，再通过离心机（TGL-15B）离心 10 min（8000 g，20 ℃）。接着，将 1 mL 上清液转移至新试管，分别加入 1 mL 9 g/mL 苯酚和 5 mL 浓硫酸，并用蒸馏水定容至 10 mL。最后，通过紫外可见分光光度计（T6）检测吸光度，波长设置为 485 nm，根据所建立的标准曲线计算出龙眼 EC 的多糖含量。

（四）生物素含量测定

生物素含量测定参照 Wang 等（2013b）的方法并适当改良。称取 0.2 g 龙眼 EC 冻干粉末，加入 10 mL 蒸馏水，超声提取 1 h（60 ℃，功率 300 w）。冷却至室温后，离心 10 min（10000 g，20 ℃），转移上清液至新试管中。然后，用 5 mol/L 的 HCl 溶液调节 pH 至 1.90，静置 2 min，再用 5 mol/L 的 NaOH 溶液调节 pH 至 4.70，用蒸馏水定容至 20 mL。接着，利用旋转蒸发仪蒸干提取液，加入 10 mL 蒸馏水，过 0.22 μm 微孔滤膜，即可上样分析。

色谱条件：仪器：Waters2695 系统。检测器：Waters2996 Photodiode Array Detector。色谱柱：Symmetry C18 4.6 mm×250 mm。流动相：A 是 0.1％甲酸水溶液，B 是色谱乙腈。采用梯度洗脱（A：B＝83.5％：16.5％）。流速：1.0 mL/min。进样量：10 μL。柱温：30 ℃。检测波长：210 nm。

（五）总黄酮含量测定

总黄酮提取参照 Dewey 和 Li（2011）的方法并适当改良。将龙眼 EC 进行冻干处理 2 d，称取 0.2 g 材料，加入 60％乙醇溶液 10 mL，超声提取 1 h（60 ℃，功率 300 W），冷却静置 20 min，再离心 10 min（8000 g，20 ℃）。然后吸取上清液于新试管中，并定容至 10 mL。取龙眼 EC 提取液 5 mL，精确加入 0.3 mL 5％亚硝酸钠溶液（NaNO$_2$），摇匀后放置 6 min，加入 0.3 mL 10％硝酸铝溶液［Al(NO$_3$)$_3$］，摇匀后放置 6 min，加入 4 mL 20％氢氧化钠溶液

(NaOH),加入 60% 乙醇溶液定容至 10 mL,摇匀并静置 15 min。最后,通过紫外可见分光光度计(T6)检测吸光度,波长设置为 510 nm,根据所建立的标准曲线计算出龙眼 EC 的总黄酮含量。

(六)生物碱含量测定

生物碱提取参照 Cheng 等(2006)的方法并适当改良。称取 0.2 g 龙眼 EC 冻干粉末,加入 0.5 mL 氨水,氯仿 9.5 mL,超声提取 1 h(60 ℃,功率 300 W)。接着,冷却静置 20 min,再离心 10 min(8000 g,20 ℃)。将上清液收集到新试管中并用氯仿定容至 5 mL。最后,采用显色反应法,通过紫外可见分光光度计检测吸光度,波长设置为 416 nm,根据所建立的标准曲线计算出龙眼 EC 的生物碱含量。

(七)正交试验

在本实验室关于龙眼 EC 光的单因素实验基础上(董慧雪等,2014;Li et al.,2018),本研究采用四因素三水平正交表进行正交试验,见表 2-1,选取光质为因素 A、光强为因素 B、光周期为因素 C、天数为因素 D。测定龙眼 EC 中多糖、生物素、生物碱、总黄酮的含量并进行综合评分。综合评分以 4 种功能性代谢产物作为考察指标,其中每种产物的权重各为 25%,综合评分=25%×多糖含量/最大多糖含量+25%×生物素含量/最大生物素含量+25%×生物碱含量/最大生物碱含量+25%×总黄酮含量/最大总黄酮含量(张海荥等,2021;郑礼娟、蔡皓、曹岗,2013)。正交试验结果见表 2-1。

表 2-1　因素水平

处理	A(光质)	B(光强)/(μmol·m^{-2}·s)	C(光周期)/h	D(天数)/d
T1	蓝光	16	8	20
T2	蓝光	32	12	25
T3	蓝光	64	16	30
T4	白光	16	12	30
T5	白光	32	16	20
T6	白光	64	8	25
T7	红光	16	16	25
T8	红光	32	8	30
T9	红光	64	12	20
CK	—	—	12	25

(八)数据分析

每个处理设 3 次生物学重复,实验数据统计分析使用 SPSS V19.0 软件,单因素方差分析采用 Duncan 法,显著性水平设为 $p < 0.05$,制图采用 GraphPad Prism 6.0 软件。

二、表型与功能性代谢产物分析

(一)多指标正交试验优化龙眼 EC 的光照模式

在本实验室关于龙眼 EC 光的单因素研究基础上(董慧雪等,2014;Li et al.,2018),本研究采用四因素三水平正交试验进行 EC 功能性代谢产物光照模式的优化。将光强(因素 B)梯度设置为 16 $\mu mol \cdot m^{-2} \cdot s^{-2}$、32 $\mu mol \cdot m^{-2} \cdot s^{-2}$、64 $\mu mol \cdot m^{-2} \cdot s^{-2}$;光周期(因素 C)梯度设置为 8 h、12 h、16 h;天数(因素 D)设置为 20 d、25 d、30 d。不同光质对植物功能性代谢产物的合成起到重要的调控作用,而 430~450 nm 的蓝光和 640~660 nm 的红光是植物吸收光谱最强的两个区域,也是影响植物光形态建成、生长发育、代谢进程最主要的光谱(徐文栋等,2015);白光为复合光。因此,将光质(因素 A)设置为蓝光、红光、白光。

通过四因素三水平的正交试验分析,结果见表 2-2。龙眼 EC 的功能性代谢产物合成的影响因素大小顺序为 A>D>C>B,即光质>天数>光周期>光强,光质能够显著影响其功能性代谢产物积累。以综合评分作为考察指标,影响龙眼 EC 的功能性代谢产物合成的最佳光照模式为 $A_1B_2C_2D_2$,即蓝光,32 $\mu mol \cdot m^{-2} \cdot s^{-2}$,12 h,25 d。

基于正交试验所得最佳光照模式,本研究选取黑暗、蓝光和白光,将光强设置为 32 $\mu mol \cdot m^{-2} \cdot s^{-2}$,光周期设置为 12 h,对龙眼 EC 培养 25 d。黑暗为对照,白光为复合光,蓝光为其功能性代谢产物合成的最优光质。比较蓝光和白光处理有利于进一步了解不同光质之间的区别。接着,分别对黑暗、蓝光和白光培养的胚性愈伤组织进行增殖率统计、功能性代谢产物含量测定。

表 2-2　正交试验结果

处理	因素				指标				综合评分
	A	B	C	D	多糖/(mg/g)	生物素/(mg/g)	生物碱/(mg/g)	总黄酮/(mg/g)	
T1	蓝	16	8	20	30.21 e	2.81 d	15.26 i	8.45 d	73.52
T2	蓝	32	12	25	34.58 a	3.75 a	21.89 c	13.19 a	99.28
T3	蓝	64	16	30	32.56 c	2.97 c	22.03 b	11.67 b	89.89
T4	白	16	12	30	30.31 e	1.66 g	22.54 a	7.13 e	71.49
T5	白	32	16	20	27.75 h	1.67 g	17.73 e	6.47 h	63.12
T6	白	64	8	25	33.43 b	1.87 f	19.06 d	8.95 c	74.74
T7	红	16	16	25	29.11 f	2.98 c	17.23 f	6.67 g	72.66
T8	红	32	8	30	28.22 g	3.12 b	16.54 g	6.97 f	72.76
T9	红	64	12	20	24.71 i	2.14 e	13.12 j	5.46 i	57.03
K1	199.37	192.36	192.89	155.78					
K2	178.57	181.88	215.06	192.71					
K3	156.27	177.97	178.84	185.72					
R	43.1	14.39	36.22	36.93					

注:不同小写字母表示在 0.05 水平下存在显著性差异,下同。

(二)不同光质对龙眼 EC 增殖率的影响

不同光质可以影响到龙眼 EC 的生长状态,图 2-2A 到 C 可以看出黑暗、蓝光下的龙眼 EC 生长旺盛,质地松脆,而白光生长状态较差,水分较多。但从图 2-2D 到 F 细胞显微观察中,并未看到不同光质下的龙眼细胞有显著变化。图 2-2G 显示通过对不同光质处理的龙眼 EC 的增殖率进行比对,发现蓝光处理下的龙眼 EC 增殖率高于暗培养,而白光的增殖率则低于暗培养。

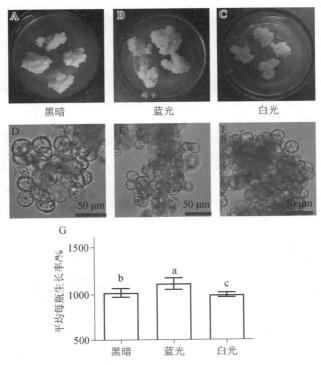

A 至 C—不同光质下龙眼 EC 25 d 的生长状态；D 至 F—显微观察不同光质下龙眼 EC 25 d 的生长情况（Bar＝50 μm）；
G—不同光质下龙眼 EC 25 d 每瓶的增殖率；不同的小写字母表示差异显著，$p < 0.05$，下同。

图 2-2　不同光质对龙眼 EC 的生长状态的影响

（三）不同光质对龙眼 EC 功能性代谢产物的影响

本研究对不同光质处理 25 d 的龙眼 EC 功能性代谢产物含量进行测定，结果如图 2-3 所示。蓝光处理下的龙眼 EC 多糖含量最高，为 35.72 mg/g，白光次之，为 31.76 mg/g，黑暗最低，为 31.42 mg/g（图 2-3A）。蓝光处理下的龙眼 EC 中生物素含量最高，为 3.58 mg/g，白光次之，黑暗最低，为 0.211 mg/g（图 2-3B）。蓝光处理下的龙眼 EC 中生物碱含量最高，为 21.23 mg/g，黑暗最低，为 15.84 mg/g（图 2-3C）。蓝光处理下的龙眼 EC 中总黄酮含量最高，为 12.77 mg/，白光次之，为 9.74 mg/g，黑暗最低，为 7.53 mg/g（图 2-3D）。综上所述，光照对龙眼 EC 中多糖、生物素、生物碱、总黄酮均起到促进作用，而蓝光对这 4 种功能性代谢产物的促进作用优于其他处理。

（四）龙眼不同组织部位功能性代谢产物的测定

本研究对龙眼不同组织部位功能性代谢产物含量进行测定，结果如图 2-4 所示。龙眼雌花的多糖含量最高，为 68.88 mg/g，雄花的多糖含量次之，而果肉最低，为 46.78 mg/g（图 2-4A）。龙眼果核的生物素含量最高，为 14.16 mg/g，老叶、新叶、幼果、果壳的生物素含量次之，而果肉最低，为 0.21 mg/g（图 2-4B）。龙眼老叶的生物碱含量最高，为 46.28 mg/g，新叶的生物碱含量次之，而雄花最低，为 15.45 mg/g（图 2-4C）。龙眼果壳的总黄酮含量最高，为 49.38 mg/g，幼果的总黄酮含量次之,而果肉最低,为 16.48 mg/g(图 2-4D)。综上所述,龙眼果核和果壳的多糖、生物素、生物碱、总黄酮含量均高于果肉,因此推测龙眼果核和果壳的功能性代谢产物较为丰富,且含量更高。

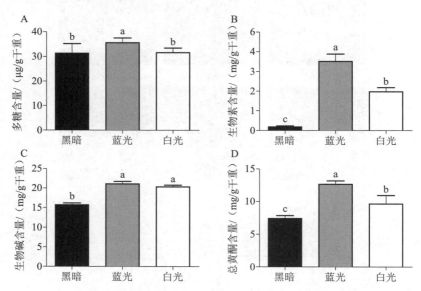

A—不同光质条件下多糖含量的变化;B—不同光质条件下生物素含量的变化;
C—不同光质条件下生物碱含量的变化;D—不同光质条件下总黄酮含量变化。

图 2-3 不同光质对龙眼 EC 功能性代谢产物的影响

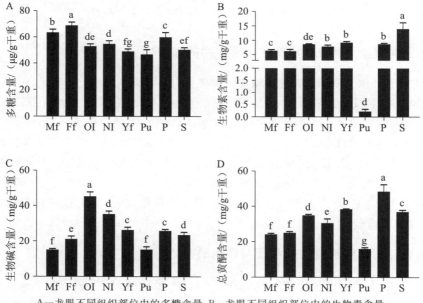

A—龙眼不同组织部位中的多糖含量;B—龙眼不同组织部位中的生物素含量;
C—龙眼不同组织部位中的生物碱含量;D—龙眼不同组织部位中的总黄酮含量;
Mf—雄花;Ff—雌花;Ol—老叶;Nl—新叶;Yf—幼果;Pu—果肉;P—果壳;S—果核。

图 2-4 龙眼不同组织部位中的代谢含量

三、不同光质对龙眼 EC 功能性代谢产物积累的影响

（一）光调控技术的精确化

光调控技术促进细胞培养次生代谢产物的合成,相比添加诱导子和转基因等方法有本质上的区别。光照方式不仅环保、副作用小,而且不必过多顾虑食品安全和生态环境方面的问题,对植物功能性代谢产物的研究有着重要的意义。尽管光调控植物细胞功能性代谢产物的研究已经取得一定的进展(Wang et al.,2012;Åman,2014),但笔者发现在研究过程中仍存在不少问题等待解决(Lin et al.,2015)。首先,很多文献对所用光源的定义和描述不够准确,没有给出所用光源的中心波长、光源的谱线分布。而这些参数对实验结果的准确性和可重复性非常重要(Galdiano et al.,2012)。其次,有关植物细胞培养光调控技术及其配套的调控设施仍有待进一步完善。光调控技术的难点在于解决光照均匀性的问题。而笔者在多年的园艺研究中发现,植物细胞培养方式多样且复杂化,仅靠一种类型的均光培养箱无法满足所有植物细胞培养方式,只能根据实际情况解决光照均匀性问题。最后,目前的研究中缺乏针对某种植物细胞培养次生代谢产物的光环境参数体系。本实验室通过对光环境参数的再认知、光调控技术的改进,现已可以完成较为精确的定量基础研究。

（二）蓝光促进龙眼 EC 多糖、生物素、生物碱、总黄酮的积累

光调控是影响植物功能性代谢产物合成的重要方法之一(Zoratti et al.,2014)。而红光、蓝光、白光等光质因其中心波长不同,对植物功能性代谢产物的作用机制也不同。植物对光质的吸收具有选择性和优适性,适宜的光质才能被植物高效利用(苏天星,2011)。拟南芥(Maier et al.,2013)、大豆芽苗菜(李娜等,2017)、生菜(Son and Oh,2013)、海带(Deng et al.,2012)、雪莲悬浮细胞(Tengyu,Yan,Dermatology,2018)等诸多研究已经表明蓝光对总黄酮的积累起到一定作用。红光促进青蒿素的生物合成(于宗霞,2018),提升了茶树(周琳等,2012)的茶多酚含量。不同光质培养龙眼 EC 的实验结果发现,对比黑暗处理,只有蓝光能够提升胚性愈伤组织增殖率。此外,光照都能促进龙眼 EC 多糖、生物素、生物碱、总黄酮的积累,其中蓝光促进作用优于其他光质处理。根据本实验结果推测,龙眼 EC 多糖、生物素、生物碱、总黄酮的合成可能是蓝光诱导型,这可能与它们的吸收光谱有关,由于吸收光谱的峰值均在短波处,因此短波的作用效率更高。

本章节测定龙眼雄花、雌花、老叶、新叶、幼果、果肉、果壳、果核等不同组织部位多糖、生物素、生物碱、总黄酮的含量,结果表明龙眼中果壳和果核中功能性代谢产物含量高于果肉,这与郑公铭等(2011)的研究结果一致。比对龙眼 EC 功能性代谢产物含量,发现其多糖、生物素、生物碱、总黄酮的含量均低于不同组织部位,而较为接近果肉。龙眼 EC 功能性代谢产物含量较低,但是通过组织培养或细胞培养能够达到提升功能性代谢产物的目的,该方法具有周期短、增殖系数高、产量高、一致性好、条件可控且不受外界环境条件影响等优点。

第二节　不同光质对龙眼 EC 抗氧化相关酶活性变化规律的影响

第一节的研究中已经优化龙眼 EC 功能性代谢产物积累的光照模式,在此基础上测定不同光质作用下龙眼 EC 功能性代谢产物的含量,但尚未研究其抗氧化相关酶活性。抗氧化相

关酶 SOD、POD 和 H_2O_2 含量通常被作为衡量植物响应外界因素的生理指标(方林川,2015);PAL 在连接初级代谢和次生代谢中起到重要作用(朱金勇等,2023)。本节将通过测定不同光质作用下 SOD、POD、PAL 相关酶的活性和 H_2O_2 含量的变化,进一步探讨不同光质对龙眼 EC 功能性代谢产物合成的作用机制。

一、抗氧化相关酶活性测定

(一) 植物材料

同第二章第一节。

(二) 实验器材及试剂

实验器材包括 T6 紫外可见分光光度计、TG18G 台式高速离心机、1 mL 石英比色皿、电子天平、IMS-20 制冰机、研钵、移液枪等。

超氧化物歧化酶(SOD)、过氧化物酶(POD)、过氧化氢(H_2O_2)、苯丙氨酸解氨酶(PAL)试剂盒购自苏州科铭生物技术有限公司。

(三) 龙眼 EC 抗氧化相关酶活性测定

1. SOD 活性的测定

取鲜重为 0.1 g 的龙眼 EC,液氮研磨匀浆后,加入 1 mL 提取液。混匀后 4 ℃、8000 g 离心 10 min,吸取上清液 1 mL,置于冰上待测。SOD 活性采用 SOD 科铭试剂盒方法进行加样,通过 T6 紫外可见分光光度计在 560 nm 处测定吸光值。根据试剂盒方法计算 SOD 活性。

2. POD 活性的测定

取鲜重为 0.1 g 不同光质处理的龙眼 EC,液氮研磨匀浆后,加入 1 mL 提取液。将匀浆在 4 ℃、8000 g 离心 10 min,取上清液,置于冰上待测。通过 T6 紫外可见分光光度计测定,波长设置为 470 nm,用蒸馏水调零。POD 活性采用 SOD 科铭试剂盒方法进行加样及计算,POD 活性单位是 U/g。

3. H_2O_2 含量的测定

取鲜重为 0.1 g 的龙眼 EC,液氮研磨匀浆后,加入 1 mL 提取液。混匀后 4 ℃、8000 g 离心 10 min,取上清液,置于冰上待测。通过 T6 紫外可见分光光度计测定,波长设置为 415 nm,用蒸馏水调零。加样及含量计算均根据 H_2O_2 科铭试剂盒的方法。

4. PAL 活性的测定

取鲜重为 0.1 g 不同光质处理的龙眼 EC,液氮研磨匀浆后,加入 1 mL 提取液。将匀浆在 4 ℃、8000 g 离心 10 min,取上清液,置于冰上待测。PAL 活性采用 PAL 科铭试剂盒的方法进行加样,在 290 nm 处测定吸光值,并计算待测液浓度,PAL 活性单位是 U/g。

(四) 数据统计分析

每个处理设 3 次生物学重复,实验数据统计分析使用 SPSS V19.0 软件,单因素方差分析采用 Duncan 法,显著性水平设为 $p < 0.05$。制图采用 GraphPad Prism 6.0 软件。

二、抗氧化相关酶活性分析

（一）不同光质对龙眼 EC 胞内 SOD 酶活性的影响

SOD 不仅是植物体中重要的活性氧清除剂，而且是 H_2O_2 主要的生成酶，在植物抗氧化系统中起到重要作用（张聪等，2020）。不同光质对龙眼 EC 的 SOD 活性的影响如图 2-5 所示。蓝光处理的 SOD 活性值为 23.82 U/g，白光为 13.04 U/g，黑暗为 5.19 U/g。蓝光处理的 SOD 活性显著高于黑暗和白光处理。

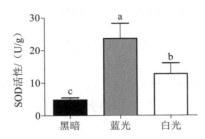

图 2-5　不同光质的龙眼 EC SOD 活性测定

（二）不同光质对龙眼 EC 胞内 POD 活性的影响

POD 是植物体产生的一类氧化还原酶，其能够以 H_2O_2 为电子受体催化底物氧化酶，可参与多种催化反应（王丽丽等，2020）。不同光质对龙眼 EC 的 POD 活性的影响如图 2-6 所示。蓝光处理的 POD 活性值为 3946.67 U/g，白光为 3600.21 U/g，黑暗为 3186.67 U/g。蓝光处理的 POD 活性最高，白光处理次之，黑暗最低。

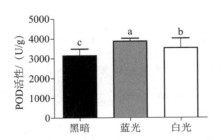

图 2-6　不同光质的龙眼 EC POD 活性测定

（三）不同光质对龙眼 EC 胞内 H_2O_2 含量的影响

H_2O_2 是植物体中重要的活性氧之一，更是活性氧相互转化的关键环节，主要由 SOD 催化产生，由 POD 和 CAT 等催化降解（谭钺等，2014）。H_2O_2 可间接或直接地氧化植物细胞内蛋白质、核酸等大分子，损害细胞膜，进而加快细胞的解体和衰老。此外，H_2O_2 也是多数氧化应激反应中的重要调节因子（谭钺等，2014）。不同光质对龙眼 EC 的 H_2O_2 含量的影响如图 2-7 所示，蓝光处理的 H_2O_2 含量最高，白光次之，黑暗最低。因此，H_2O_2 含量的升高应该是 SOD、POD 活性升高的一种生理应答，是龙眼细胞防止氧化损伤的自我保护性反应之一。

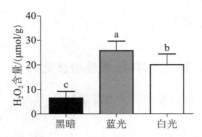

图 2-7　不同光质的龙眼 EC H_2O_2 含量测定

（四）不同光质对龙眼 EC 胞内 PAL 活性的影响

PAL 广泛存在于植物体中,是苯丙烷类代谢中最为关键的酶之一,与多数重要的次生代谢产物的合成密切相关,包括异黄酮类植保素、木质素、花青素、类黄酮等(孟雪娇,2011)。PAL 在植物体生长发育和适应外界因素过程中起到重要作用。不同光质对龙眼 EC 的 PAL 活性的影响如图 2-8 所示。蓝光处理的 PAL 活性值为 7.09 U/g,白光为 4.78 U/g,黑暗为 2.54 U/g。蓝光处理的 PAL 活性显著高于黑暗和白光处理。

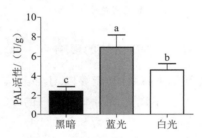

图 2-8　不同光质的龙眼 EC PAL 活性测定

三、不同光质对龙眼 EC 生理生化指标的影响

相关研究已经表明植物体中一些功能性代谢产物的合成与 POD、SOD、PAL 等相关酶的活性以及 H_2O_2 含量密切相关。因此,通过测定龙眼 EC 体内相关酶的活性,有助于初步了解光照对功能性代谢产物合成的影响。

光照影响了植物细胞内活性氧的产生和清除的平衡,导致活性氧的积累(刘冉,2015)。POD 作为一种植物细胞内的氧化还原酶,与细胞膜外表面紧密结合,能够自发或者通过 SOD 作用产生 H_2O_2,也能够通过氧化氢环境中的 NADH 产生 H_2O_2 和 O^{2-}(郭春梅等,2014);SOD 作为一种重要的活性氧清除剂,可以参与细胞膜脂过氧化防卫系统,可以有效地清除 O^{2-} 自由基(郭春梅等,2014);CAT 可以催化 H_2O_2 分解,也是植物体内清除 H_2O_2 的关键酶。本实验中,通过不同光质培养龙眼 EC,POD、SOD 活性和 H_2O_2 含量这 3 项指标均显著提高,且蓝光明显高于其他处理。以上结果表明,POD、SOD 是植物氧化应激防御系统中重要的抗氧化物酶。植物通过 POD、SOD、CAT 3 种酶的协同作用,抑制活性氧的产生,清除体内过多的活性氧以维持体内自由基的稳定与平衡,从而维持细胞的正常代谢。

PAL 是苯丙烷代谢途径中的关键酶和限速酶。苯丙氨酸在 PAL 的催化下转化成肉桂酸,其活性升高可使木质素、木栓质、黄酮类色素和异黄酮类植保素等含量的升高,进而提高应对外界因素的能力。本实验中,在不同光质培养龙眼 EC 过程中,光照处理的 PAL 活性显著高于黑暗处理,且蓝光的 PAL 活性最高。因此,蓝光能促进龙眼细胞功能性代谢产物的合成。这与刘长军和侯嵩生(2008)报道的 ANE 作用新疆紫草细胞后,PAL 的活性和紫草素的含量明显增加的结果相似。

在本章中,对比黑暗处理,光照显著提高了龙眼细胞内 POD、SOD、PAL 活性,H_2O_2 含量以及多糖、生物素、生物碱、总黄酮含量。这表明在光照影响下,H_2O_2 迸发,细胞出现氧化应激,通过胞内信号转导,发生防御性反应,导致一些功能性代谢产物在细胞内积累。在光响应过程中,为了防止氧化损伤,龙眼细胞内的 POD、SOD 和 PAL 活性升高,应对光照所引起的胞内生理变化。

第三章 不同光质对龙眼 EC 功能性代谢产物积累的转录组学分析

第二章已对不同光质影响龙眼 EC 功能性代谢产物及生理生化指标有了初步研究,然而其分子调控机制有待进一步研究。目前,植物中光与功能性代谢产物的分子调控机制已经取得一些进展。一些研究已经表明,光照处理能显著提高植物代谢途径结构基因表达量。Azuma 等(2012)的研究表明,光照处理导致葡萄果皮的总花青素含量显著提高,查尔酮合成酶(CHS)、黄酮 3′5′-羟化酶(F3′5′H)、二氢黄酮醇还原酶(DFR)、类黄酮 3-O-葡萄糖基转移酶(UFGT)等花青素合成基因的表达量也得到提升。关于金花茶悬浮细胞(钟春水等,2016)的研究表明,光照对 DFR、LAR 等儿茶素合成基因的表达量及儿茶素总量均有显著影响。另外,转录因子在光与植物代谢产物的调控中也起到了重要作用。关于葡萄(Koyama et al.,2012)、苹果(Gesell et al.,2014)、油桃(Ravaglia et al.,2013)和杨梅(Niu et al.,2010)的研究表明,光能够诱导 R2R3-MYB 转录因子调控植物类黄酮代谢合成。然而,植物功能性代谢产物合成途径非常复杂,涉及的酶种类繁多,其合成受到多种因素影响。因此,转录组分析已被应用于光照对植物影响的研究当中。

近年来,RNA-seq 被用在越来越多植物中以解释光信号如何影响植物形态建成,如拟南芥(Kathare and Huq,2021)、水稻(Jiao,Lau,and Deng,2007)、茶树(Wu et al.,2016)、葡萄(Li et al.,2017a)、马铃薯(Yan et al.,2017)、苹果(Xing et al.,2015)、荔枝(Zhang et al.,2016a)等。光诱导了多数基因重新转录,使得这些植物在光形态和暗形态下存在至少 20% 的差异表达,而这些差异基因可能涉及多种不同的生理途径(Fang et al.,2022;Li et al.,2023)。此外,一些研究也初步揭示光信号对植物功能性代谢产物的调控网络。Zhang 等(2016a)通过转录组分析揭示了光信号影响荔枝果皮花青素合成途径。在光照作用下,COP1/SPA 复合体激活了光感受器,通过直接的蛋白质与蛋白质之间的相互作用使 COP1 迅速钝化,继而消除了 COP1 引起的下游 bZIP 转录因子 HY5 和其他底物的降解,直接控制着光反应基因的表达。调节基因 MYB、WD40、bHLH 等的表达受光调控后通过与结构基因的启动子结合,共同响应光信号,并调节花青素结构基因的表达。但是,关于光信号影响龙眼 EC 功能性代谢产物的合成,至今无人报道,其光调控网络也不明确。

因此,为了研究光照对龙眼 EC 功能性代谢产物累积的分子机制,本章对不同光质处理下的龙眼 EC 进行高通量测序,比较分析差异表达基因及其对应生理途径;挖掘参与蓝光信号网络的关键候选基因,并绘制出龙眼功能性代谢产物合成的蓝光信号网络。

第一节　转录组测序

一、植物材料和光照处理

植物材料和光照处理同第二章第一节。

二、转录组文库的构建和测序

采用安捷伦 2100 生物分析仪（Agilent RNA 6000 Nano Kit）检测总 RNA 的质量和浓度等。采用紫外分光光度计（NanoDropTM）检测样本的纯度后进行文库构建。构建好的文库使用 Agilent 2100 Bioanalyzer 和 ABI StepOnePlus Real-Time PCR System 进行质检，质检合格后，通过 Illumina Hiseq 4000 平台（深圳，中国）对 mRNA 文库进行高通量测序。

三、参考序列比对和基因表达水平分析

采用 HISAT（Hierarchical Indexing for Spliced Alignment of Transcripts）软件（Kim et al.，2015）将 clean reads 定位到龙眼参考基因组（Lin et al.，2017）进行统计分析和序列比对。采用运用 Bowtie2（Langmead and Salzberg，2012）将 clean reads 比对到参考序列来统计基因比对率，接着采用 RSEM 方法（Dewey and Li，2011）计算转录本和基因的表达水平。

四、差异表达基因筛选

采用 PossionDis 算法进行差异基因检测，该方法由 Audic 和 Claverie（1997）在基因组研究期刊中发表。Fold change（倍数变化）≥2 和 FDR≤0.001 作为差异表达基因的鉴定标准。

五、差异表达基因 GO 和 KEGG 富集分析

对所有差异表达基因进行 GO（gene ontology）和 KEGG（Kyoto encyclopedia of genes and genomes）分析，同时运用 R 软件中的 Phyper 函数对 GO 和 KEGG 进行富集分析。

六、转录组数据的 qPCR 验证

龙眼 EC 的总 RNA 被进一步用于基因的 qPCR 验证。表达量验证采用 LightCycler480 实时 PCR 系统。相对基因表达水平均使用 Lin 等（2010；2013）描述的方法。相对表达水平的测定采用比较 $2^{-\triangle\triangle Ct}$ 方法。采用 DNAMAN V6.0 软件进行引物设计，且列于表 3-1。

表 3-1　龙眼基因引物信息

基因名	前体序列（5′→3′）	长度/bp	温度/℃
CRY1-QF	TGATGCTCTTGGTTGGCAGTA	157	60
CRY1-QR	TCCATTCAGTTGGTAGTCTGGC		

续表

基因名	前体序列(5′→3′)	长度/bp	温度/℃
CRY2-QF	TGGGCTTAGAGAATACTCCCG	163	60
CRY2-QR	TGGGCTTAGAGAATACTCCCG		
COP1-QF	ACGGCGTGTGGACATAGTTT	221	60
COP1-QR	AACTGACACCTCACAACCCTG		
HY5-QF	TGAACAGGAGCGAGTCTGAGT	188	60
HY5-QR	CAGAATCCAGAGGAGGACCA		
MYC2-QF	TTCGCTTTGGAGAGCCTATG	237	60
MYC2-QR	GAATCCCATTGCTGAAATCG		
PIF4-QF	GGGAACAAGTCAGCACAAAGA	223	60
PIF4-QR	CTGCCCATCCACATTACCTG		
SPA1-QF	TGTTGTGTCCAGTTTCCCTTG	195	60
SPA1-QR	GCTTCAATGTGTTATCCGTGG		
CIB1-QF	GCATACCTCCAGTTCAATCCAG	126	60
CIB1-QR	AGTAAGATGAGCCGAGGAACG		
CO-QF	CGTGTTCTTCAAGCAGCAGTAG	150	60
CO-QR	CAAGTATTCGCTTCCTCATTGG		

七、数据分析

龙眼基因表达和功能性代谢产物的定量结果至少 3 个生物学重复。采用 SPSS V19.0 单因素方差分析(analysis of variance,ANOVA)的 Duncan 测试法,分析不同光质条件对龙眼基因表达和功能性代谢产物含量的影响。制图采用 GraphPad Prism 6.0 软件和 Omic share 在线软件。

第二节　转录组测序数据分析

一、转录组测序基础数据的分析

为了研究不同光质影响龙眼 EC 功能性代谢产物相关的 mRNAs,本研究构建了 3 个 mRNAs 文库并对其进行了测序。去除接头序列后,因光质处理的不同,龙眼 EC 的 RNA-seq 数据分别产生了 65116948 到 66451578 个 reads。大多数的 reads(86.90%～87.86%)能够完全匹配到龙眼参考基因组,而(70.30%～71.55%)的 reads(读数)能匹配到龙眼参考基因组的单个位点上。测序结果表明,测序 reads 能够较好地匹配到龙眼参考基因组上,为进一步研究龙眼转录组提供高质量的数据。Q20、Q30 是衡量高通量测序质量的重要指标,其表示质量分数大于 20%、30%的碱基的比例。在本研究中,龙眼 EC 样品的 Q20 和 Q30 的值均高于 97%,表明本次龙眼 EC 转录组测序数据的高度可靠性(表 3-2)。

表 3-2　每个样本的测序数据统计

样品	黑暗	蓝光	白光
原始读取总数/Mb	74.35	74.35	74.35
清除读取总数	66,451,578	65308954	65116948
总清洁基底/Gb	6.65	6.53	6.51
Q20/%	99.20	99.26	99.28
Q30/%	97.26	97.43	97.47
总映射比率/%	86.90	87.41	87.86
唯一映射比率/%	70.30	71.21	71.55

二、不同光质下龙眼 EC 的差异基因

为进一步了解不同光质处理龙眼 EC 的转录组的变化,本研究利用泊松分布对每个基因的表达量进行了计算。在黑暗对蓝光(DB)、黑暗对白光(DW)和白光对蓝光(WB)组合中,本研究鉴定出差异表达基因数量分别为 4463 个、1639 个和 1806 个,其中上调差异表达基因数量分别为 3096 个、759 个和 416 个,下调差异表达基因数量分别为 1367 个、880 个和 1390 个(图 3-1A、C 和 E)。由 DB、DW 和 WB 这 3 个组合的韦恩图分析表明,共有的差异表达基因数量为 156 个,各组合特有的表达基因数量分别为 1819 个、205 个、250 个;共有的上调差异表达基因数量为 2 个,各组合特有的上调基因数量分别为 2497 个、111 个、365 个;共有的下调差异表达基因数量为 18 个,各组合特有的下调表达基因数量分别为 636 个、94 个、1317 个(图 3-1B、D 和 F)。这些结果表明蓝光对龙眼 EC 的作用明显高于其他处理。

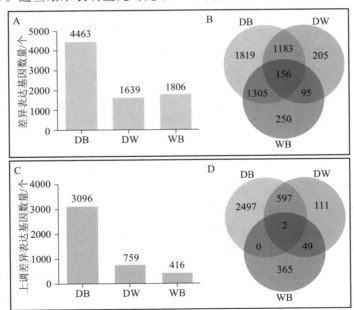

A—响应不同光质处理的差异 mRNAs 的数量(Fold Change≥2.00 和 FDR≤0.001);
B—维恩图代表不同光质处理的龙眼 EC 中特异和共有的 mRNAs;C—响应不同光质处理的上调 mRNAs 的数量;
D—维恩图代表不同光质处理的龙眼 EC 中特异和共有的上调 mRNAs;

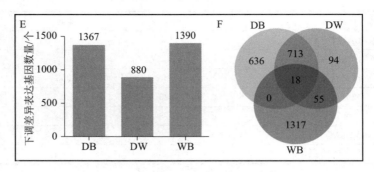

E—响应不同光质处理的下调 mRNAs 的数量；

F—维恩图代表不同光质处理的龙眼 EC 中特异和共有的下调 mRNAs。

黑暗处理的对照样本用 D 表示，其中"B"表示蓝光处理，而"W"表示白光处理；

"DB"表示黑暗对蓝，"DW"表示黑暗对白，"WB"表示白对蓝。

图 3-1　龙眼 EC 差异表达的 mRNAs

三、龙眼 EC 差异表达基因的 GO 富集分析

为了进一步了解在光刺激下龙眼 EC 转录组的变化，分别对 DB、DW、WB 这 3 个组合进行 GO 富集分析（图 3-2）。GO 富集分析结果将差异表达基因分为三大类：生物进程（BP）、细胞组分（CC）和分子功能（MF）。DB 组合中多数生物过程的富集程度明显高于 DW 组合，表明蓝光对龙眼 EC 的作用尤为明显（图 3-2）。WB 组合呈现高富集度，表明蓝光和白光对龙眼 EC 存在很大差异（图 3-2）。在 DB 组合中，生物进程的 GO 富集表明，差异表达基因的生物过程排在前 5 的包括跨膜转运（transmembrane transport）、钙离子转运（calcium ion transport）、单体过程（single-organism process）、离子输运（ion transport）和磷酸化（phosphorylation）（图 3-2 和附表Ⅱ-4）。而在 DW 组合中，显著相关的生物过程只有钙离子转运（图 3-2 和附表Ⅱ-5）。在 DB 组合中，细胞组分富集结果主要涉及膜（membrane）、膜固有成分（intrinsic component of membrane）、膜部件（membrane part）、膜组成部分（integral component of membrane）和肌球蛋白复合物（myosin complex）（图 3-2 和附表Ⅱ-6）。而在 DW 组合中，显著相关的细胞组分也只包括外部封装结构（external encapsulating structure）（图 3-2 和附表Ⅱ-7）。在 DB 组合中，分子功能的 GO 富集表明，差异表达基因的分子功能排在前 5 的包括三磷酸腺苷结合（ATP binding）、阴离子配位（anion binding）、嘌呤核苷结合（purine nucleoside binding）、嘌呤核糖核苷结合（purine ribonucleoside binding）和核苷结合（nucleoside binding）（图 3-2 和附表Ⅱ-8）。在 DW 组合中，差异表达基因的分子功能主要涉及有机酸跨膜转运蛋白活性（organic acid transmembrane transporter activity）、氧化还原酶活性（oxidoreductase activity）和 NADPH 脱氢酶活性（NADPH dehydrogenase activity）（图 3-2 和附表Ⅱ-9）。综上所述，龙眼 EC 在响应不同光质处理时存在很大差异，而蓝光对龙眼 EC 的作用更为明显。

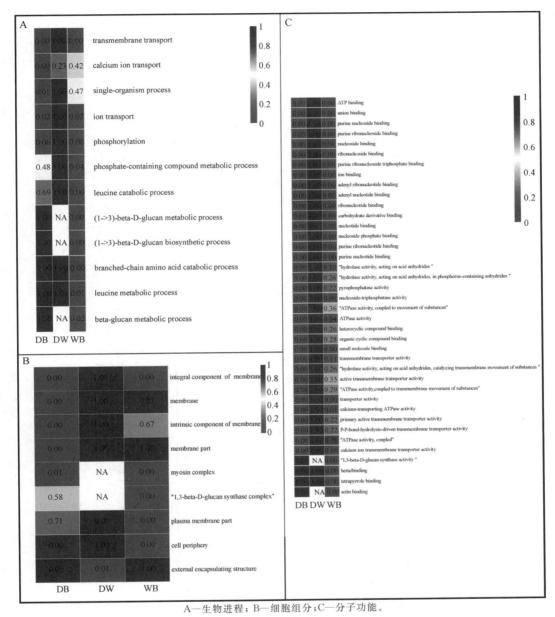

A—生物进程；B—细胞组分；C—分子功能。

图 3-2 不同光质条件下龙眼 EC 差异表达基因的 GO 富集分析［从红色到蓝色表示校正的 p 值和显著富集的 GO-terms 值（$p < 0.05$）从低到高］

四、龙眼 EC 差异表达基因的 KEGG 富集分析

为进一步了解光敏感基因的代谢途径和其他过程，本研究对差异表达的 mRNAs 前 20 KEGG 富集途径按富集因子进行散点图绘制（图 3-3）。在 DB 组合中，富集程度排在前 5 的途径包括牛磺酸与亚牛磺酸代谢（taurine and hypotaurine metabolism）、非同源末端连接（non-homologous end-joining）、生物素代谢（biotin metabolism）、丙酸代谢（propanoate metabolism）和赖

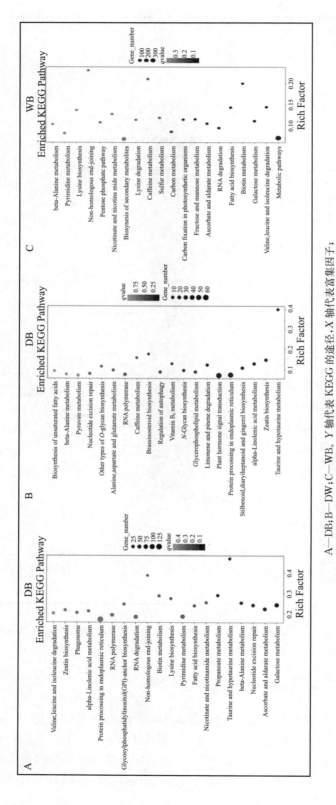

图 3-3　KEGG 富集分析前 20 途径

A—DB；B—DW；C—WB。Y 轴代表 KEGG 的途径，X 轴代表富集因子；深蓝表示低 q 值，浅蓝表示高 q 值。

氨酸生物合成(lysine biosynthesis)。在 DW 组合中,富集程度排在前 5 的途径包括牛磺酸与亚牛磺酸代谢、油菜素甾醇生物合成(brassinosteroid biosynthesis)、咖啡因代谢(caffeine metabolism)、玉米素生物合成(zeatin biosynthesis)和维生素 B_6 代谢(vitamin B_6 metabolism)。在 WB 组合中,半乳糖代谢(galactose metabolism)、生物素代谢、脂肪酸生物合成(fatty acid biosynthesis)、烟酸和烟酰胺代谢(nicotinate and nicotinamide metabolism)和赖氨酸生物合成等途径富集程度较高。以上结果表明,龙眼 EC 在响应不同光质处理时存在很大差异。

一些途径在 3 个组合富集到前 20(表 3-3),如烟酸和烟酰胺代谢、β-丙氨酸代谢(beta-alanine metabolism)在 DB、DW、WB 这 3 个组合中富集到前 20 个。烟酸和烟酰胺代谢与生物碱合成密切相关,β-丙氨酸代谢与生物素合成也有着紧密联系。这些结果表明黑暗、蓝光、白光对生物碱、生物素的合成存在显著差异。

一些途径在 2 个组合富集到前 20(表 3-3),如内质网中的蛋白质加工(protein processing in endoplasmic reticulum)、核苷酸剪切修复(nucleotide excision repair)均在 DB 和 DW 组合中富集到前 20 个,表明这些途径在蓝光和白光条件下可能起重要作用。半乳糖代谢、脂肪酸生物合成、赖氨酸生物合成、生物素代谢在 DB 和 WB 组合中富集到前 20 个,表明这些代谢途径可能在光照条件下发生显著变化。咖啡因代谢在 DW 和 WB 组合中富集到前 20 个,也表明这个代谢途径可能在光照条件下发生显著变化。

一些途径只在 1 个组合富集到前 20(表 3-3),牛磺酸与亚牛磺酸代谢、丙酸代谢只在 DB 组合中富集到前 20,表明这 2 个途径可能在蓝光影响龙眼 EC 功能性代谢产物合成过程中起到特异作用。次生代谢产物的生物合成(biosynthesis of secondary metabolism)、硫代谢(sulfur metabolism)、果糖与甘露糖代谢(fructose and mannose metabolism)、戊糖磷酸途径(pentose phosphate pathway)、糖酵解/糖异生(glycolysis/gluconeogenesis)只在 WB 组合中富集到前 20,表明龙眼次生代谢产物、硫代谢、多糖等,在蓝光和白光中存在显著差异。

对预测的 mRNAs 进行 GO 和 KEGG 富集分析,表明光照影响龙眼 EC 功能性代谢产物合成过程中存在着多条途径。龙眼 EC 可能通过光信号转导、细胞信号转导、植物激素信号转导、隐花色素的光激活、渗透平衡、ROS(活性氧)清除、气孔闭合、DNA 修复等途径响应不同光质处理,且起到重要的调控作用。

表 3-3　3 个组合差异表达基因 KEGG 富集分析前 20 途径

序号	富集途径	组合		
1	烟酸和烟酰胺代谢	DB	DW	WB
2	β-丙氨酸代谢	DB	DW	WB
3	RNA 聚合酶	DB	DW	
4	内质网中的蛋白质加工	DB	DW	
5	α-亚麻酸代谢	DB	DW	
6	核苷酸剪切修复	DB	DW	
7	玉米素生物合成	DB	DW	
8	半乳糖代谢	DB		WB
9	抗坏血酸和醛酸代谢	DB		WB
10	脂肪酸生物合成	DB		WB
11	嘧啶代谢	DB		WB

续表

序号	富集途径	组合		
12	赖氨酸生物合成	DB		WB
13	生物素代谢	DB		WB
14	非同源末端连接	DB		WB
15	RNA 降解	DB		WB
16	缬氨酸、亮氨酸和异亮氨酸降解	DB		WB
17	咖啡因代谢		DW	WB
18	牛磺酸与亚牛磺酸代谢	DB	DW	
19	丙酸代谢	DB		
20	糖基磷脂酰肌醇(GPI)-锚定生物合成	DB		
21	吞噬体	DB		
22	二苯乙烯、二芳基庚酸类和姜酚生物合成路径		DW	
23	植物激素信号转导		DW	
24	柠檬油精和松油精降解		DW	
25	甘油磷脂代谢		DW	
26	N-甘氨酸生物合成		DW	
27	维生素 B_6 代谢		DW	
28	自噬的调节		DW	
29	油菜素甾醇生物合成		DW	
30	丙氨酸、天冬氨酸和谷氨酸代谢		DW	
31	其他类型的 O-聚糖生物合成		DW	
32	丙酮酸代谢		DW	
33	不饱和脂肪酸的生物合成		DW	
34	代谢途径			WB
35	次生代谢产物的生物合成			WB
36	果糖和甘露糖代谢			WB
37	光合生物的固碳作用			WB
38	硫代谢			WB
39	戊糖磷酸途径			WB
40	糖酵解/糖异生			WB

五、龙眼 EC 光响应基因的 Mapman 代谢通路的分析

为进一步了解龙眼 EC 基因的代谢途径和其他过程,本研究对不同光质中上调和下调的差异基因分别进行了 Mapman 分析,对相关基因转录水平上的代谢途径进行了可视化分析(图 3-4)。Mapman 分析表明,不同光质条件下龙眼 EC 差异基因在初生代谢上有着显著的差异性表达。DB 组合中每个途径的差异表达基因数目均多于 DW 组合,表明蓝光对龙眼 EC 代谢途径影响程度比白光更为显著。在图 3-4A 和 B 初级代谢的 Mapman 分析中,均发现多数差异基因均分布在细胞壁(cell wall)、脂类(lipids)、蔗糖(sucrose)、淀粉(starch)、氨基酸(amino acids)途径中。细胞壁主要涉及细胞信号转导;脂类与生物素合成密切相关;蔗糖、淀粉主要与多糖的合成有关,表明光照能够促进龙眼 EC 多糖、生物素等初生代谢产物的合成。

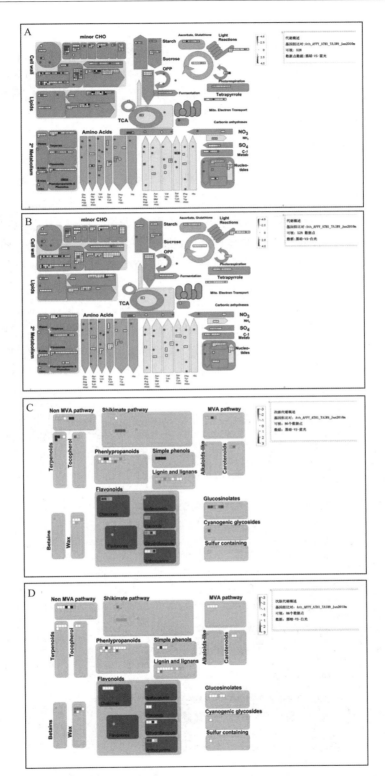

A 和 C 为黑暗对蓝光；B 和 D 为黑暗对白光。

图 3-4 龙眼 EC 响应不同光质的初生及次生代谢通路

在图 3-4C 和 D 次生代谢的 Mapman 分析中，发现多数差异基因均分布在非甲羟戊酸途径（non MVA pathway）、莽草酸途径（shikimate pathway）、苯丙烷类化合物（phenlypropanoids）、单酚（simple phenols）、木质素和木脂素类（lignin and lignans）、类黄酮（flavonoids）、硫代葡萄糖苷（glucosinolates）途径中。莽草酸途径、苯丙烷类化合物均为类黄酮和生物碱合成的上游途径，表明光照能够促进龙眼 EC 总黄酮和生物碱的积累。

（一）涉及多糖生物合成的结构基因

龙眼主要功能性代谢产物包括多糖，多糖不仅参与结构组织和提供能量，而且具有多种生物功能。半乳糖代谢在 DB 和 WB 两个组合被富集到前 20。半乳糖代谢途径（附图Ⅰ-7G）中包括果糖、甘露糖、半乳聚糖等多糖。在龙眼 EC 差异表达基因中，UGP2（UTP-葡萄糖-1-磷酸尿苷酰转移酶）、GALM（醛糖 1-差向异构酶）、GALT（UDP 葡萄糖-己糖-1-磷酸尿苷酰转移酶）、GALE（UDP-葡萄糖 4-差向异构酶）、USP（UDP-糖焦磷酸化酶）、lacZ（β-半乳糖苷酶）、raffinose synthase（棉子糖合成酶）（除 Dlo_018739.3）、GLA（α-半乳糖苷酶）、HK（己糖激酶）、sacA（β-呋喃果糖苷酶）（除 Dlo_011663.1）、MGAM（麦芽糖酶糖化酶）、pfkA（6-磷酸果糖激酶 1），这些基因在光照条件下均呈现上调表达，在 DB 组合的表达量明显高于 DW 组合。GOLS（肌醇 3-α-半乳糖基转移酶）（除 Dlo_002749.1）、stachyose synthetase（水苏糖合成酶）这两个基因在光照条件下呈现下调表达。以上结果表明，光照能够促进龙眼 EC 多糖的积累，而蓝光作用更为明显（图 3-5）。

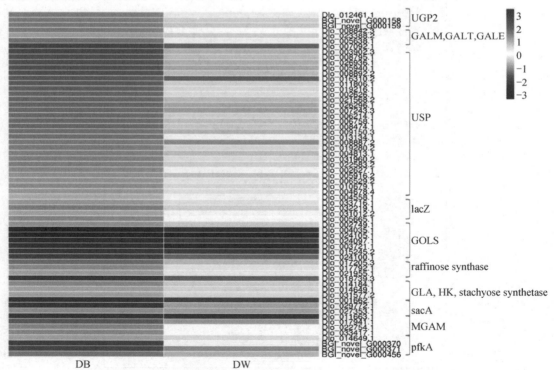

从红色到蓝色表示 $\log_2 \mathrm{FoldChange(B/D)}$ 或 $\log_2 \mathrm{FoldChange(W/D)}$ 值从高到低。

图 3-5　龙眼 EC 多糖生物合成相关基因的表达量热图

（二）涉及生物素生物合成的结构基因

生物素作为植物中重要的功能性代谢产物之一，具有较高的商业和药用价值。生物素代谢在 DB 和 BW 两个组合中被富集到前 20。在龙眼 EC 差异表达基因中，FabF（3-氧酰基［酰基载体蛋白］合酶Ⅱ）、FabG（3-氧酰基［酰基载体蛋白］还原酶）、FabZ（3-羟基酰基［酰基载体蛋白］脱水酶），FabI（烯醇基［酰基载体蛋白］还原酶Ⅰ）是生物素合成的关键基因，起着重要的调控作用（附图Ⅰ-7-H）。这些基因在龙眼 EC 光响应过程中多数呈现上调表达。其中，*FabF*（BGI_novel_G000756，Dlo_010718.2，Dlo_026721.1，BGI_novel_G000754，Dlo_017397.2）和 *FabI*（BGI_novel_G000386）基因，DB 组合的表达量明显高于 DW 组合。以上结果表明，不同光质处理龙眼 EC 中，蓝光最有利于促进生物素的积累（图 3-6）。

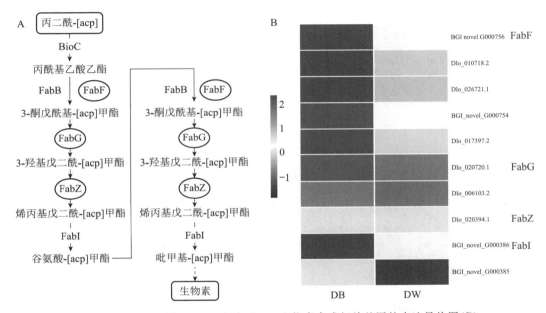

图 3-6　生物素代谢途径（A）与龙眼 EC 生物素合成相关基因的表达量热图（B）

（三）涉及生物碱生物合成的结构基因

生物碱是龙眼中重要的次生代谢产物之一。烟酸酯和烟酰胺代谢在 DB、DW 和 WB 这 3 个组合中被富集到前 20，赖氨酸代谢在 DB 和 WB 两个组合中被富集到前 20，并且两者均在 DB 组合显著富集。相关研究已经证明烟酸、赖氨酸、酪氨酸均为生物碱合成的前体物质（胡丽松等，2016；祝传书等，2017）。赖氨酸为前体主要产生石松碱、毒芹碱等（胡丽松等，2016）；酪氨酸为前体主要产生去甲乌药碱、苯并菲啶生物碱、网状番荔枝碱、罂粟碱等（胡丽松等，2016）（图 3-7A）。在龙眼 EC 差异表达基因中，L-半乳糖脱氢酶（GalDH）和单脱氢抗坏血酸还原酶（E1.6.5.4）这两个基因是烟酸合成途径中的关键基因。GalDH（Dlo_028431.1、Dlo_022852.1）在 DB 组合的表达量显著高于 DW 组合。在差异基因中，天冬氨酸激酶（lysC）、4-羟基四氢吡啶甲酸还原酶（dapB）、左旋二氨基庚二酸氨基转移酶（E2.6.1.83）、二氨基庚二酸差向异构酶（dapF）这 4 个基因是赖氨酸合成途径中的关键基因（附图 I-7I），且这 4 个基因在

DB 组合的表达量也显著高于 DW 组合。差异表达基因中,谷草转氨酶(GOT2)、酪氨酸脱羧酶(TYDC)这两个基因也是生物碱合成途径中的关键基因。谷草转氨酶(Dlo_018944.1)和酪氨酸脱羧酶(Dlo_002836.1、Dlo_029453.1、Dlo_017402.1、Dlo_006757.1、Dlo_006214.1、Dlo_009150.3、Dlo_005189.1)的基因表达量在 DB 组合都是显著上调,并且 DB 组合的表达量均高于 DW 组合。以上结果表明,对比白光处理,蓝光是最有利于促进龙眼 EC 生物碱合成的(图3-7)。

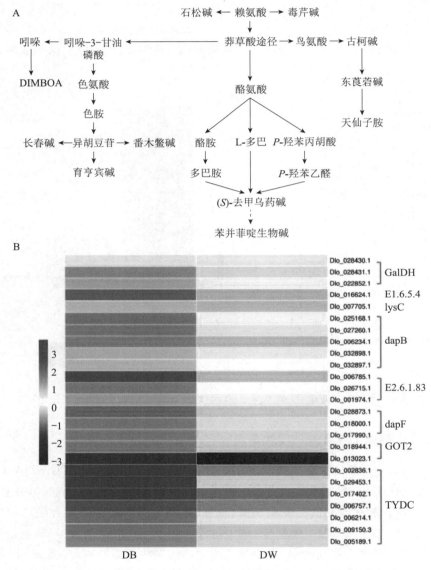

图 3-7 生物碱代谢途径(A)与龙眼 EC 生物碱合成相关基因的表达量热图(B)

(四) 涉及类黄酮生物合成结构基因

龙眼中功能性代谢产物众多,其中主要包括黄酮类物质,该物质具有较高的生理学功能和药用价值。类黄酮生物合成是被很多合成酶催化的动态和复杂进程,共有 26 个龙眼 EC 差异基因参与到类黄酮代谢途径的合成过程中。

类黄酮结构基因的表达水平,如龙眼 *PAL*、*CHS*、*CHI*、*FLS* 在响应光照过程中的基因表达量基本都是上调的,而 *F3′H*、*DFR*、*ANS* 的表达量均下调。3 种已确定的苯丙氨酸解氨酶(*PAL*),Dlo_006554.2、Dlo_017440.1 在 DB 组合中是上调的;相反,Dlo_006554.2、Dlo_017440.1、Dlo_011085.1 在 DW 组合中是下调的。4 种已确定的查尔酮合成酶(*CHS*)中,Dlo_025138.1、Dlo_024323.3 的基因表达量只有在 DB 组合中为上调,Dlo_000768.1、Dlo_014741.1 基因表达量在 DB 和 DW 组合中均被抑制。DB 组合中黄酮醇合成酶(*FLS*)(Dlo_023234.1、Dlo_031048.1、Dlo_031135.1、Dlo_023237.1、Dlo_016805.1、Dlo_024402.2)基因表达量是高于 DW 组合的。另外,类黄酮 3-羟化酶(F3′H,Dlo_005519.1、Dlo_024557.1、Dlo_029607.1),二羟黄酮醇还原酶(*DFR*,Dlo_025848.1)和花青素合成酶(*ANS*,Dlo_031135.1)等几个基因都展现了相同的表达模式,即在光照刺激下基因表达量均下调。同时,DB 组合中这些基因的表达量水平是低于 DW 组合的。总之,光照对龙眼 EC 类黄酮代谢途径起到重要的调控作用(图 3-8)。

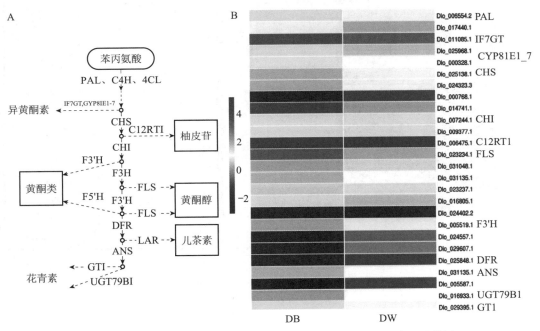

图 3-8　类黄酮代谢途径(A)与龙眼 EC 类黄酮合成相关基因的表达量热图(B)

六、激素相关基因筛选及表达模式分析

植物激素在龙眼 EC 光响应过程中扮演重要作用。采用差异基因的筛选及聚类分析,鉴定了一些与激素生物合成及动态、激素信号转导等相关的基因可能参与光响应(图 3-9 和附表Ⅱ-10)。以黑暗、蓝光、白光的差异基因进行聚类表达模式分析,获得 8 种亚类型(图 3-9B),亚类型 1 包含 26 个基因,从黑暗至蓝光的表达量显著下调,蓝光至白光的表达量略微下调,其中主要为生长素响应基因 *SAUR*,油菜素内酯响应基因 *TCH4*,乙烯响应基因 *EIN3*、*ERF1/2*。亚类型 2 包含 21 个基因,从黑暗至蓝光的表达量显著下调,蓝光至白光呈现略微上调表达趋

势。亚类型 3 包含 5 个基因,从黑暗至蓝光呈现为显著下调表达趋势,蓝光至白光呈现显著上调表达趋势,其中 2 个 IAA 相关基因(B-ARR、$SAUR$)、1 个乙烯信号转导基因($EIN3$)、1 个脱落酸响应基因(PYR)。亚类型 4 包含 7 个基因,从黑暗至蓝光呈现为显著下调表达趋势,蓝光至白光呈现显著上调表达趋势。水杨酸相关基因 $PR1$、IAA 相关基因 AUX 属于亚类型 5 的表达模式,从黑暗至蓝光至白光呈现逐渐上调的表达趋势。亚类型 6 包含 8 个基因,从黑暗至蓝光呈现显著上调表达趋势,蓝光至白光略微下调。亚类型 7 包含 26 个基因,从黑暗至蓝光的表达量显著上调,蓝光至白光的表达量显著下调,此类基因主要包含油菜素内酯信号转导受体激酶 $BRI1$、BSK,赤霉素信号转导基因 TF,细胞分裂素响应基因 A-ARR、$CRE1$、B-ARR。此外,脱落酸信号关键基因 $PP2C$、ABF,乙烯信号关键基因 $CTR1$ 均属于亚类型 8(包含 18 个基因),从黑暗至蓝光呈现上调表达,蓝光至白光呈现下调表达。

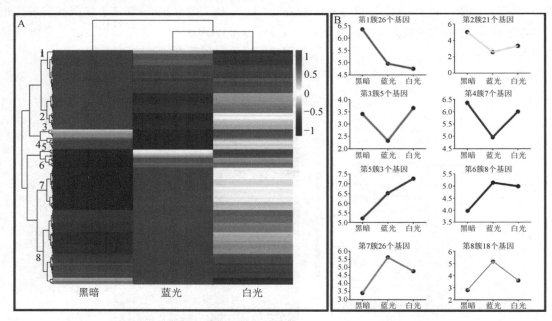

A—聚类分析激素相关基因表达模式,FRKM 值用于聚类分析;

B—A 图中不同聚类模式相关基因的主要表达趋势线形图(聚类模式 1 至 8)。

图 3-9　龙眼 EC 激素相关基因表达模式分析

七、龙眼 EC 光响应重要转录因子分析

本研究通过 RNA-seq 技术在龙眼 EC 的转录本上共比对分析出 1884 个转录因子。龙眼 EC 光响应过程中,一些差异表达转录因子以较高频率出现(图 3-10)。例如,MYB(13.3%)、MYB-related(11.3%)、AP2-EREBP(7.1%,APETALA2/ethylene-responsive element binding proteins)、bHLH(6.3%,basic helix-loop-helix domain)、NAC(6.1%,NAM、ATAF 1、ATAF 2 和 CUC2)、MADS(6.0%)、ABI3VP1(5.4%)、C3H(3.4%)、WRKY(3.2%)等转录因子出现频率均大于 3%,表明这些 TFs 可能在光对龙眼 EC 功能性代谢产物合成中起到重要的调控作用。诸多研究已经表明,TFs 在光诱导的苯丙烷次生代谢中具有重要作用,其中主要包括 MYB、MYB-related、bHLH(张婧娴、赵淑娟,2015)。而这些 TFs 在本研究中出现频率较高,

进一步佐证了 Mapman 分析中苯丙烷代谢途径、类黄酮代谢途径和木质素代谢途径的差异表达基因数目较多,这些途径能够影响到龙眼 EC 总黄酮的积累。此外,AP2-EREBP、bHLH、MYB 能够参与激素信号转导响应外界环境(张婧娴,赵淑娟,2015;姚良玉,2012)。本研究也发现 AP2-EREBP、bHLH、MYB 等多数转录因子与植物激素信号转导密切相关。例如,*PIF4*(Dlo_030081.1)为龙眼 EC 受光照影响最大的转录因子(第一位),是赤霉素(GA)合成重要的调控基因(Filo et al.,2015);*ARF*(BGI_novel_G000726)为本研究的第二位转录因子,是生长素(auxin)途径中的关键基因(Guo et al.,2016);*BRI1*(Dlo_031916.2)为本研究的第二十三位转录因子,是油菜素内酯(BR)合成的重要基因(Yang et al.,2020);表明激素信号转导在龙眼 EC 光响应过程中扮演重要角色。本研究还发现一些 bHLH 转录因子为光信号网络中的重要调控基因(Jiao,Lau,and Deng,2007),这些结果表明 TFs 可单独或协同其他 TFs 共同调控光信号网络对龙眼 EC 功能性代谢产物产生影响。

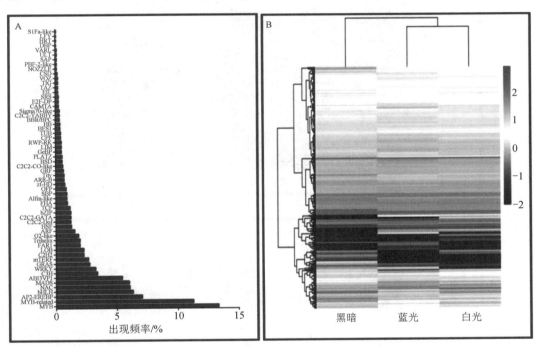

图 3-10　转录因子频率分布图(A)与转录因子表达模式热图(B)

八、龙眼蓝光信号相关基因筛选及表达分析

前文分析已经证实光照对龙眼 EC 功能性代谢产物积累有重要作用。本研究在拟南芥等模式植物的研究基础上(Jiao,Lau,and Deng,2007;Yu et al.,2010;王琴,2013;Meng et al.,2013;Liu et al.,2013;Yang et al.,2017b),对龙眼转录组数据进行挖掘,筛选出光信号网络相关基因(图 3-11A),从中选取蓝光相关基因进行 qPCR 验证。结果表明 *CRY1*、*CRY2*、*COP1*、*SPA1*、*HY5*、*MYC2*、*PIF4*、*CO* 8 个基因的表达模式,均为蓝光最高,白光次之,黑暗最低。而 *CIB1* 的表达模式为白光最高,黑暗次之,蓝光最低。综上所述,qPCR 验证结果表明蓝光相关基因的相对表达量符合转录组测序结果。

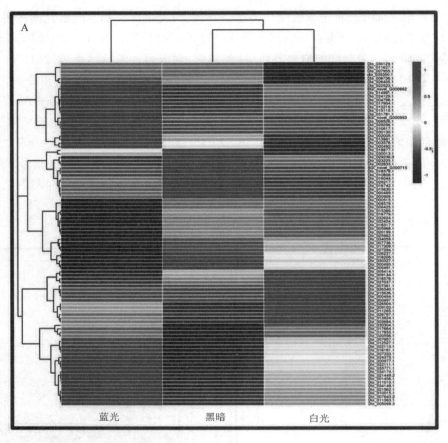

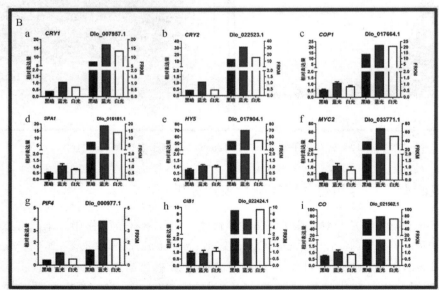

CRY1—隐花色素 1；CRY2—隐花色素 2；COP1—组成型光形态建成 1；HY5—细长的下胚轴；
MYC2—碱性螺旋-环-螺旋转录因子；PIF4—光敏色素相互作用因子；SPA1—光敏色素 A 浓缩物 1；
CIB1—隐花色素相互作用的基本螺旋-环-螺旋 1；CO—CONSTANS。

图3-11 蓝光信号网络上下调基因热图（A）与 qRT-PCR 分析涉及蓝光响应的候选基因（B）

第三节　转录组讨论

一、龙眼 EC 光响应过程中信号感知和转导

内质网中的蛋白质加工（protein processing in endoplasmic reticulum）在 KEGG 的 DB 和 DW 组合中被富集到前 20。吞噬体（phagosome）、糖基磷脂酰肌醇-锚定生物合成[glycosylphosphatidylinositol(GPI)-anchor biosynthesis]只在 KEGG 的 DB 组合被富集到前 20。跨膜转运、磷酸化只在 GO 的 DB 组合中显著富集。以上这些途径均涉及龙眼 EC 对光信号的感知和转导。

当植物细胞受外界因素影响时，细胞壁组分会做出相应的改变，即细胞壁能够参与调节对外界因素的应答。例如，徐卫平等（2017）利用抑制剂异恶酰草胺（isoxaben）处理拟南芥植株，细胞壁纤维素含量降低，引起 ET（乙烯）或 JA（茉莉酸）信号途径相关基因的表达，同时也引起非生物胁迫、病原体入侵应答相关激素的合成。外界因素感应元件分布于细胞壁和细胞膜之间的周质空间内，可导致细胞质溶胶内 Ca^{2+} 浓度的升高，而细胞膜是阻止外界物质自由进入细胞内的屏障，是细胞和外界因素发生信息、能量、物质交换的载体，它可以维持细胞内环境的稳定，使得植物体内生理代谢途径有序进行（Graier et al.，1998）。

糖基磷脂酰肌醇（GPI）-锚定蛋白是一种普遍存在于植物细胞表面的蛋白（附图Ⅰ-7C）。GPI-锚定蛋白的前体主要由内质网合成，经高尔基体转运到细胞膜，在此过程中通过特殊的酶促反应经 GPI-锚定蛋白与膜连接，分选与选择性装配。相关研究表明，GPI-锚定蛋白主要参与外界因素与细胞、细胞与细胞间的作用，包括信号转导、跨膜转运、膜蛋白转运、细胞黏附等（Abdullahi，Nzelibe，and Atawodi，2015）。外界因素短暂提高细胞液内钙离子浓度，诱导细胞内底物的酪氨酸磷酸化，从而引起细胞增殖和分化。GPI-锚定蛋白连接的脂肪酸链插入膜胞质层，与膜胞质层中信号分子 PTK 等相关脂肪酸链相互作用，诱导微域中胞外层和胞质层的重排，使 Lck、Fyn 等 PTK 在膜内重分配和聚合（Shams-Eldin，Debierre-Grockiego，and Schwarz，2011）。聚合的 PTK 相互酪氨酸磷酸化并活化，再酪氨酸磷酸化下游分子，引起细胞内信号传递和细胞的胞饮作用。

因此，龙眼 EC 的细胞壁受光照影响，使细胞壁的组分和结构处于动态变化中，维持细胞壁完整和适应细胞生长的功能统一相结合。细胞壁与膜外侧分布有多种蛋白质成分，是最先感应外界因素变化的感应元件，这些感应器与多糖成分、受体蛋白（如 GPI-锚定蛋白）一起，启动对光照的应答，通过信号级联反应将信息传到龙眼细胞内，并通过反馈机制调节细胞壁成分及胞外蛋白的表达（张楠等，2022）。

二、光照通过 Ca^{2+} 信号通路影响龙眼 EC 功能性代谢产物积累

差异基因的 GO 分析发现跨膜转运、钙离子转运、离子输运等生物进程被显著富集，说明龙眼 EC 光响应过程中 Ca^{2+} 的关键作用。植物体中的 Ca^{2+} 作用包括作为营养元素，维持细胞膜与细胞壁的结构刚性。在应对外界因素时，Ca^{2+} 还是一种重要的第二信使，进而诱发植物

体内对外界环境的响应机制。在外界因素影响下，植物 Ca^{2+} 浓度瞬时上升，可通过各种 Ca^{2+} 感应器与结合蛋白进行感应，这些结合蛋白和感应器含有"EF-hand"结构单元的聚合体。目前，根据蛋白中含有 EF-hand 的氨基酸序列相似度、组织结构及数量，其可分为三大类：CaM (camodulin)/CaM-like(calmodulin-like)、CBL (calcineurin B-like protein) 和 CDPK (calcium-dependent protein kinase)。CaM 和 CBL 没有激酶活性，只能将 Ca^{2+} 信号传递给其下游的蛋白激酶，所以 CaM 和 CBL 被称为信号传递子(Nesci et al. ,2021)。CaM 可作用于细胞核、液泡及细胞膜等细胞器(Agarie et al. ,2020)，参与植物体内多种重要的生理生化过程的调节，也是植物初生和次生代谢的重要调节因子。CaM 与 Ca^{2+} 结合后具备活性，也可调控其下游多种靶蛋白的活性，具有重要的生物学功能，包括细胞分裂、酶活性调节、激素反应、代谢进程等(Branka et al. ,2015)。Wang 等(2010b)关于马铃薯块茎的研究就已经表明 CaM 参与光照对糖苷生物碱代谢的合成。曹蓉蓉等(2013)的研究发现，水杨酸(SA)作为诱导子能够结合细胞质膜特异性受体，提升细胞内钙离子浓度，通过信号级联放大，活化苯丙氨酸解氨酶(PAL)和酶酪氨酸氨基转移酶(TAT)的活性，使得细胞核编码相关蛋白的表达，最终促进功能性代谢产物的合成。因此，光照可能通过钙离子信号通路影响龙眼 EC 功能性代谢产物的合成。

三、龙眼 EC 启动 ROS 清除和 DNA 修复应对光照

在龙眼 EC 光响应的过程中，本研究发现过氧化物酶、过氧化氢酶在 GO 分析中显著富集。同时，抗坏血酸和醛酸代谢、核苷酸剪切修复在 KEGG 的 DB 和 DW 组合中被富集到前 20，这些都与 ROS 信号途径和 DNA 修复有关。在正常植物细胞中，ROS 作为一种副产物产生于一些代谢通路或特定代谢系统中。ROS 的清除或降解受到精细调控，且维持在低稳态水平。而当植物细胞受到外界环境影响时，这种代谢平衡将被破坏，引起 ROS 的过量产生，并对植物造成伤害(Lushchak,2011)。ROS 会对植物体产生一系列有害的作用，主要包括生物膜结构和功能改变、DNA 链断裂、蛋白质变性和交联等(Miller,Shulaev,and Mittler,2010)。植物细胞中主要通过 DNA 吸收光照，光照导致 ROS 积累，细胞中的染色体受到损伤，从而损伤 DNA 上的基因，包括 DNA-DNA 交联、嘧啶二聚体以及 AP 位点等，而细胞针对 DNA 损伤的第一反应就是修复(史崇丽、缪锦来、刘均洪,2019)。对于植物来说，其拥有一套完善的内部保护酶系统以清除 ROS 所引起的损伤，从而维持植物细胞正常功能的运行。植物细胞主要通过酶促和非酶促两种抗氧化系统减少氧化损伤，酶促系统中的酶主要包括超氧化物歧化酶(SOD)、过氧化物酶(POD)、过氧化氢酶(CAT)、抗坏血酸过氧化物酶(APX)(庞强强等，2020)；非酶促系统中的酶主要包括一些低分子量的抗氧化物，如类胡萝卜素、类黄酮、抗坏血酸盐、谷胱甘肽类等(庞强强等,2020)。高效地清除植物体内的 ROS 需要各类抗氧化物和抗氧化酶的协同作用。在细胞质、叶绿体和线粒体和过氧化物酶体中，SOD 能将 O^{2-} 歧化，生成维持高活性的抗氧化物酶，提高植物细胞的氧化损伤修复能力以及 ROS 清除能力，进而增强了植物应对外界因素的能力(Zhang et al. ,2022)。龙眼 EC 中核苷酸剪切修复富集于前 20，这说明光响应过程中 DNA 修复途径被激活。

四、龙眼 EC 通过可溶性糖和脯氨酸维持渗透平衡响应光照

半乳糖代谢在 KEGG 的 DB 和 WB 组合中被富集到前 20,β-丙氨酸代谢在 KEGG 的 3 个组合中被富集到前 20,并且在 DB 组合中富集程度最高。半乳糖代谢包括蔗糖、葡萄糖、果糖等可溶性糖,β-丙氨酸代谢包括精氨酸、鸟氨酸等脯氨酸。植物在受光照、低温、干旱等外界因素影响时,会迅速积累可溶性糖、脯氨酸以及可溶性蛋白等渗透调节物质,从而增强植物应对外界环境的能力(Zhang et al. ,2016b)。可溶性糖能够有效地提升细胞渗透浓度,降低水势,并且它还是重要的能量来源和构成生物大分子的碳架(Ma et al. ,2007)。脯氨酸作为植物蛋白的组成成分之一,是维持细胞渗透平衡的重要调节物质,并且其具有偶极性,在稳定细胞膜结构方面也起到关键作用(Xu et al. ,2015a)。此外,脯氨酸调节物质的合成就需要通过可溶性糖提供能量和碳源(Xu et al. ,2015b)。

龙眼 EC 响应光的过程中,可溶性糖和脯氨酸合成相关基因,如蔗糖合成相关基因 α-半乳糖苷酶(alpha-galactosidase)、肌醇 3-α-半乳糖基转移酶(inositol 3-alpha-galactosyltransferase),果糖合成相关基因麦芽糖酶糖化酶(maltase-glucoamylase),葡萄糖合成相关基因 β-呋喃果糖苷酶(beta-fructofuranosidase),以及脯氨酸合成相关基因精胺氧化酶(spermine oxidase)、亚精胺合酶(spermidine synthase),这些差异表达基因被检测到(附图 I-7B 和 F)。这些结果表明龙眼细胞产生更多糖和脯氨酸来保持胞内渗透平衡,以应对光照处理。总之,在龙眼 EC 响应光照过程中,可能激活可溶性糖和脯氨酸合成相关基因的表达,从而维持胞内渗透平衡,同时也在一定程度上影响到龙眼 EC 多糖的积累。

五、龙眼 EC 通过抗坏血酸和醛酸代谢响应光照

抗坏血酸和醛酸代谢在 KEGG 的 DB 和 WB 组合中被富集到前 20,并且在 DB 组合中富集程度最高。环境因子是影响植物抗坏血酸(Asc)积累的重要因素,包括光照、氧化胁迫、温度、湿度等(Gest,Gautier,and Stevens,2013)。高海拔植物 Asc 的含量主要与高光、低温以及紫外线等高山环境密切相关。圆币草叶片在高山低温条件下的 Asc 含量显著提升(Streb et al. ,2003)。Li 等(2021)对番茄果实进行遮阴抑制了 Asc 含量,而光照对番茄成熟果实 Asc 的积累起到促进作用。用红光处理花椰菜(*Brassica oleracea* var. *botrytis*)将有效延缓其体内 Asc 的降解,表明红光可以促进 Asc 合成途径关键酶基因的表达。

诸多研究已经发现 Asc 在植物体中具有多种重要的生物学功能。① 抗氧化作用。Asc 可以参与活性氧的迅速反应,如单线态氧(singlet oxygen)、超氧阴离子(superoxide)以及羟基自由基(hydroxyl radical,OH)等均参与有氧代谢过程中活性氧的清除。此外,Asc 还能够维持脂溶性抗氧化剂的还原状态,进而保护机体和避免正常代谢免受氧化胁迫损伤(Uchendu et al. ,2010)。② 酶的辅助因子(Mandl,Szarka,and Bánhegyi,2010)。Asc 作为羟化酶的辅助因子可以参与羟赖氨酸和羟脯氨酸的合成,而富含羟脯氨酸的糖蛋白是细胞壁结构蛋白的主要成分,因此 Asc 作为羟化酶的辅助因子间接参与调控植物细胞的分裂和生长(Matamoros et al. ,2006)、细胞壁的代谢与膨大(Schopfer,Lapierre,and Nolte,2001)。同时,Asc 还在赤霉素、生长素、乙烯、花青素等多条代谢途径(Norma and Fernie,2021)中充当辅助因子,所以

Asc 在植物整个生长发育过程中都扮演着重要角色。拟南芥研究中发现,缺失突变体 vtc1 叶片的 Asc 含量比野生型植株叶片低 70%,而脱落酸(ABA)含量以及关键酶 9-顺环氧类胡萝卜素双加氧酶(NCED)的表达量均高于野生型(Pastori et al.,2013)。GalLDH 超表达转基因水稻叶片的 Asc 含量提升 40%,孕穗期和灌浆期叶片的茉莉酸与脱落酸含量都显著低于野生型,从而改善了转基因水稻的灌浆和结实(Pastori et al.,2013)。因此,Asc 在植物激素信号网络中起关键的调节作用,其可能参与激素合成与信号转导过程中相关基因的调控,进而影响植物的生长发育。③ 信号调控元件。脱氢抗坏血酸(DHA)能够形成胞壁草酸,草酸可以与细胞间隙的 Ca^{2+} 形成结晶,而 Ca^{2+} 又是细胞信号转导途径的关键因子,所以通过控制细胞 Ca^{2+} 的浓度进而调控其他代谢途径(Mahajan,Pandey,and Tubeja,2008)。总之,在龙眼 EC 响应光照过程中,可能激活抗坏血酸和醛酸代谢合成相关基因的表达(附图 I-7E),从而影响龙眼细胞生长发育及其代谢途径。

六、硫代谢途径在光影响龙眼 EC 功能性代谢产物方面的重要作用

牛磺酸与亚牛磺酸代谢在 KEGG 的 DB 和 DW 组合中被富集到前 20,硫代谢在 KEGG 的 WB 组合中富集到前 20,并且牛磺酸与亚牛磺酸代谢在 DB 和 DW 组合中均为显著富集(附图 I-7A)。相关研究报道,亚牛磺酸是一种 S^{2-} 清除剂,植物体内亚牛磺酸含量将影响整个硫代谢途径(邱睿,2009)。硫作为植物生长发育的基本元素之一,是氨基酸、蛋白质的组成成分,是叶绿素、辅酶、谷胱甘肽等合成的关键介质,也是酶反应活性中心的必需元素。同时,硫还可以参与植物细胞质膜结构和功能表达(Gigolashvili and Kopriva,2014)、生长调节、呼吸作用、光合作用、抗逆和代谢等生物进程(Hubberten et al.,2012;Sharma et al.,2020)。植物体内的硫主要存在形式包括有机硫化合物和无机硫酸盐,有机硫化合物多数以胱氨酸、半胱氨酸、谷胱甘肽等化合物存在于植物器官中,无机硫酸盐多数以 SO_4^{2-} 的形式在细胞液泡中积累(邱睿,2009)。

当外界环境影响植物时,将产生硫衍生物(RSS)和活性氧,使得细胞膜、蛋白质和 DNA 受到损伤,继而发生代谢紊乱,激活防御机制。谷胱甘肽作为首要的氧化还原缓冲物,对于植物响应外界环境具有重要作用(申洁等,2021)。

H_2S 在植物细胞中由半胱氨酸分解产生,半胱氨酸是细胞内的中间产物,也是整个硫元素转化途径的枢纽;分解产生 H_2S 的同时,伴随有丙酮酸的产生,而丙酮酸又作为碳代谢过程中糖酵解途径的重要物质,参与碳素的转化(Shan et al.,2011;Xiao,2021)。孙菲菲(2016)在关于玉米的研究中,发现 H_2S 可以调控碳代谢和硫代谢,同时可促进三萜化合物的积累。在龙眼 EC 光响应的过程中,牛磺酸与亚牛磺酸代谢途径中半胱胺双加氧酶(cysteamine dioxygenase)和谷氨酸脱羧酶(glutamate decarboxylase)的表达量均为下调表达,导致牛磺酸与亚牛磺酸(S^{2-} 清除剂)含量减少,S^{2-} 增加。硫代谢途径中 $3'$-磷酸腺苷 $5'$-磷酸硫酸盐合酶($3'$-phosphoadenosine $5'$-phosphosulfate synthase)和腺苷硫酸还原酶(adenylyl-sulfate reductase)的表达量显著上调,导致腺苷酰硫酸酯以及 S^{2-} 增加。S^{2-} 浓度增加可能影响到龙眼 EC 生物素、脂肪酸、甲羟戊酸盐(mevalonate pathway)、萜类合成途径(Wen et al.,2022)。

七、龙眼 EC 通过 TCA、PPP 途径响应光照

烟酸和烟酰胺代谢，赖氨酸生物合成，缬氨酸、亮氨酸和异亮氨酸降解，丙氨酸、天冬氨酸和谷氨酸代谢，戊糖磷酸代谢在 KEGG 的 3 个组合中被富集到前 20，这些代谢途径主要涉及三羧酸循环（TCA）和戊糖磷酸途径（PPP）。碳水化合物代谢（carbohydrate catabolism）是最易受到外界环境影响的代谢过程，其主要包括 3 个途径：PPP、TCA、糖酵解途径（EMP）。EMP 是将葡萄糖转化为 H^+ 和丙酮酸，同时伴有高能物质（ATP 和 NADH）的释放产生，是植物细胞呼吸的第一阶段（Pan et al.，2015）。TCA 是细胞呼吸的第二阶段，主要是将有机质降解，以氧的形式吸附能量，从而满足细胞生长和分裂的需要（Nunes-Nesi，Sweetlove，and Fernie，2010；Marrero et al.，2010）。PPP 位于 TCA 中的旁路，产生戊糖和 NADPH，从而为植物细胞物质的生物合成提供基体物质和还原力。PPP 主要作用是参与合成代谢，而不是分解代谢（Ronimus and Morgan，2015；Komati et al.，2015）。龙眼 EC 中 PPP 和 TCA 的显著富集，将促使大量的乙酰辅酶 A 合成，可能导致通过 MVA/MEP 途径的类胡萝卜素、单萜类生物碱、类固醇等的含量提升，而这些物质能够增强 ROS 的清除力，以应对光响应。

八、一些代谢途径与龙眼 EC 的生物素、多糖、类胡萝卜素、单萜类生物碱合成密切相关

在龙眼 EC 光响应的过程中，本研究发现半乳糖代谢、果糖和甘露糖代谢、PPP、糖酵解/糖异生、N-糖生物合成（N-glycan biosynthesis）、其他类型的 O-聚糖生物合成（other types of O-glycan biosynthesis）等这些途径被富集到前 20 个，而这些途径都与糖代谢（Sugar metabolism）合成密切相关，这些结果也表明光照促进龙眼 EC 多糖的合成（图 3-12）。β-丙氨酸代谢、丙酸代谢、丙酮酸代谢（pyruvate metabolism）、脂肪酸代谢、不饱和脂肪酸代谢、生物素等这些途经被富集到前 20，且这些代谢途径都能够显著影响到乙酰辅酶 A（acetyl coenzyme A）、丙二酰辅酶 A（malonyl coenzyme A）的合成。乙酰辅酶 A 是植物体内能源物质代谢中的枢纽性产物，蛋白质、脂肪、糖三大营养物质都因其汇聚成一条共同的代谢通路（Nakanishi and Numa，2010）。乙酰辅酶 A 还可作为合成酮体、脂肪酸等产物的前体物质，也是单萜类生物碱、类固醇、类胡萝卜素的前体物质（Kushalappa and Gunnaiah，2013）。例如，丙酸代谢中的乙酰-CoA C-乙酰转移酶（acetyl-CoA C-acetyltransferase）、丙二酸-半醛脱氢酶（malonate-semialdehyde dehydrogenase）、乙酰辅酶 A 羧化酶（acetyl-CoA carboxylase）；β-丙氨酸代谢中的丙二酸-半醛脱氢酶；脂肪酸生物合成中的乙酰辅酶 A 羧化酶，这些差异基因在龙眼 EC 光响应过程中显著上调，提升了乙酰辅酶 A 的合成量。乙酰辅酶 A 作为两条途径的前体物质，一方面促进丙二酰辅酶 A 的合成，从而影响脂肪酸和酮体途径，进而促进生物素积累；另一方面影响甲羟戊酸盐途径，进而促进类胡萝卜素、单萜类生物碱的合成（Kushalappa and Gunnaiah，2013）（图 3-12）。烟酸和烟酰胺代谢、赖氨酸代谢等这些途径被富集到前 20，烟酸、赖氨酸均为生物碱合成的前体，表明光照促进龙眼 EC 生物碱的合成，其合成也能够影响类黄酮的积累（图 3-12）。因此，以上结论可能为光照促进龙眼 EC 的生物素、多糖、类胡萝卜素、生物碱、总黄酮积累的原因之一。

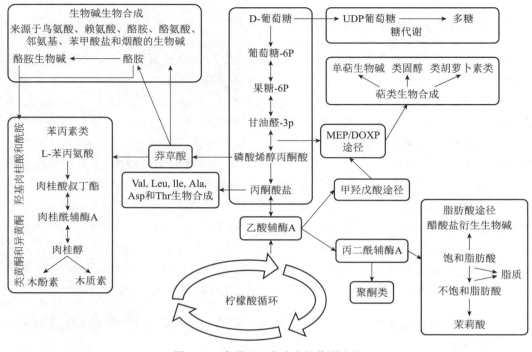

图 3-12　龙眼 EC 光响应的代谢途径

九、受体激酶可能激活龙眼 EC 响应光照

在龙眼差异表达基因中,蛋白激酶出现频率最高(约占总差异基因的 8%),其中 *RLKs* 约占 31%。其主要包括 *BRI1*、*FLS2*、*RPK2*、*EFR* 等。*RLKs* 是植物体内广泛存在的一类蛋白激酶,在信号传递过程中起关键作用,其可以通过催化功能蛋白的磷酸化位点致其构象发生变化,还可以感知外界因素和生长发育的信号(Giarola,2016)。

前人研究发现大多数 *RLKs* 与响应外界因素密切相关,拟南芥中接近 50% 的 *RLKs* 基因受胁迫条件影响,表明 *RLKs* 家族在响应外界因素中起重要作用(Lehtishiu et al.,2009)。LRR 型 *RLKs* 是与植物防御反应和逆境应答反应相关的最重要基因,Yang 等(2017a)等在拟南芥的研究中证实了新的 LRR-RLK(*GsLRPK*)能够提升自身的抗旱能力;γ 射线诱导 LRR-RLK1(*OsGIRL1*)基因能够促进水稻增产(Park et al.,2014)。*RLKs* 还可以参与细胞信号转导,其不仅是一种跨膜蛋白,而且还具有蛋白激酶和受体的活性,对外界信号的接收、跨膜运输及其胞内传递均能够由 *RLKs* 独立完成。受体蛋白激酶需通过其复合物之间相互作用来传递信号,以单体形式存在则不具有活性。激活的必要条件就是受体蛋白激酶聚合成二聚体或寡聚体,如植物油菜素内酯信号转导就需要 *BRI1* 和 *BAK1* 两者相互作用组成受体复合物才能完成(Yun et al.,2009);*RLKs* 由上游和下游的组分的复杂信号组成,并通过磷酸化发送信号调节植物的信号反应(Antolin-Llovera et al.,2012)。相关研究还发现受体激酶与抗病基因之间具有关联性,模式识别受体 *FLS2* 和 *EFR* 通过识别病原菌保守的鞭毛蛋白或翻译延长因子来启动植物的基本防御反应(Newman et al.,2013a;2013b)。此外,还有一些具有重要生理意义的受体激酶,如参与植物胚胎径向轴发育的 *RPK2* 可能参与植物生长素效应的 *TMK1* 受体激酶进行结构生物学研究（Kinoshita et al.，2011；Gruber and Zeilinger，2014）。因此，在龙眼 EC 光响应过程中，*RLKs* 可能起到重要的调控作用。

十、龙眼功能性代谢产物蓝光信号网络的建立

光在植物初生和次生代谢合成途径中扮演重要角色。在拟南芥的研究中已初步揭示了影响光形态建成的蓝光信号网络（Jiao，Lau，and Deng，2007；Yu et al.，2011a；王琴，2013；Meng et al.，2013；Liu et al.，2013；Yang et al.，2017b），其中包括 COP1/SPA 途径、CIB1 途径、PIFs 途径（图 3-12）。

COP1/SPA 途径：CRYs 也能在转录后调控水平上与 SPA1/COP1 复合物相互作用来间接调节基因的表达，拟南芥的 CRY1 和 CRY2 与 SPA1 相互作用只对蓝光响应而不响应红光（王琴，2013）。CRY1 抑制蓝光下 COP1 对 HY5、HYH、HFR1 蛋白的降解，这些转录因子调节去黄化的基因的表达（Jiao，Lau，and Deng，2007；Yang et al.，2017b）。CRY2 也能抑制蓝光下 COP1 对转录因子 CO 蛋白的降解。CRYs 抑制蓝光依赖的 COP1 的活性从而促进 CO 的积累和花发育启动来对光周期信号进行转导（Liu et al.，2008）。即 CRYs 与 SPA 蛋白的相互作用，抑制 SPA 激活 COP1 活性，从而抑制了 COP1 对 HY5、HYH、CO 和其他转录调节因子的降解，促进了光调控基因的表达。

CIB1 途径：CIB1 是植物中发现的第一个蓝光依赖的 CRY2 相互作用蛋白（Liu et al.，2008）。拟南芥的 CRY2 能与碱性螺旋-环-螺旋（bHLH）转录因子 CIB1 在蓝光下相互作用。通过与转录因子 CIB1 及其他 CIBs 相互作用来对转录进行调控。

PIFs 途径：有学者证实在光照条件下 CRY1 和 CRY2 与 PIF4 和 PIF5 结合（Ma et al.，2016；Pedmale et al.，2016）。此外，CRY1 还能够与 PIF3 结合（Ma et al.，2016）。CRY2 的 PHR 结构域结合 PIF5 的 *N*-末端的一半，具有独立的 APB 基序（Pedmale et al.，2016；He et al.，2020），表明 CRY2 和 phyB 能够识别出不同结构的 PIFs。CRY 和 PIFs 之间的相互作用可调节低蓝光诱发的避荫回应和适温诱发的细胞生长（Zhang et al.，2019；Monte，2020）。与 CRY2-CIB 相互作用不同，CRYs-PIF4/5 相互作用抑制 PIF4/5 活性。

本研究发现蓝光最有利于促进龙眼 EC 多糖、生物素、生物碱、总黄酮的积累。因此，我们在拟南芥等模式植物的研究基础上，对龙眼转录组数据进行挖掘，筛选出光信号网络相关基因（图 3-11A），初步构建了影响龙眼功能性代谢产物的蓝光信号网络（图 3-13）。

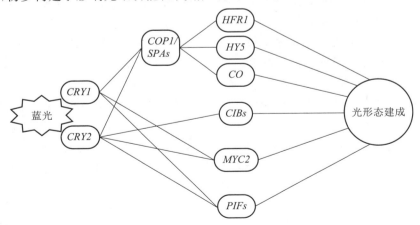

图 3-13　龙眼光形态建成的蓝光信号网络

植物能够通过多种光感受器精确感知从 UV-B 到远红光的光照条件,从而协调光照的响应(Su et al.,2017)。而植物响应蓝光主要通过 CRYs 光受体介导(Yang et al.,2017b)。大多数植物都包含几种 CRY 基因,CRY1、CRY2 和 CRY-DASH 已经在拟南芥中被分离鉴定(Opseth et al.,2015)。此外,CRY1、CRY2 也已经在龙眼中被证实。本研究发现蓝光和白光能够促进 CRY1(Dlo 007957.1)和 CRY2(Dlo 022523.1)的表达量提升,并且蓝光的表达量是高于其他处理的(图 3-11B)。

COP1 是光信号转导过程中起决定性作用的光形态建成抑制因子,位于 CRYs 下游的分子开关(朱婷婷等,2015),在蓝光影响植物光形态建成中扮演着重要角色,包括开花(Nakai et al.,2020)、生长发育(Hong et al.,2010)、初生和次生代谢产物合成(Li et al.,2012)。在光照条件下,COP1 与 SPA 能够在细胞核内形成复合体,调控着植物功能性代谢产物的合成(Huang,Ouyang,and Deng,2014)。本研究发现 COP1(Dlo 017664.1)的表达量在光照条件下显著上调,且蓝光处理略高于白光处理(图 3-11B),这与龙眼 EC 多糖、生物素、生物碱、总黄酮含量的变化趋势一致。

HY5 作为光信号转导的关键因子,在植物功能性代谢产物调控方面也起着重要作用。拟南芥的研究已经证实蓝光可以通过光信号转录因子 HY5 调控 PAP1 的表达,进而调控类黄酮代谢合成(Shin et al.,2013;Liu et al.,2020)。光照对茶籽苗的酚酸类、非酯型儿茶素、黄酮醇苷等次生产物积累与 HY5 的表达量显著相关(Meng et al.,2020)。本研究发现 HY5(Dlo 017904.1)的表达量与龙眼 EC 的功能性代谢产物含量的变化趋势一致(图 3-11B)。

PIFs 在光调节植物生长和代谢中起着核心的作用(Liu et al.,2011c)。拟南芥的研究表明,PIF1 和 PIF3 能够负调节叶绿素的合成(Moon et al.,2008;Stephenson,Fankhauser,and Terry,2009),而 PIF3 对花青素的积累起正调节作用(Gao et al.,2019)。关于光质对挪威云杉[Picea abies(L.)Karst.]的转录组分析发现,蓝光促进 PIF3 上调,进而调控类黄酮代谢的合成(Ouyang et al.,2015)。蓝光和白光处理的 PIF4 的表达水平是明显上调的,初步证实了 PIF4 为龙眼代谢产物合成的正调控因子(图 3-11B)。

MYC2 是蓝光信号调控植物代谢合成的一个节点(Liu et al.,2011a)。在关于长春花的研究中发现,MYC2 能够促进生物碱的积累(Gangappa et al.,2013;Zhang et al.,2011a)。拟南芥 MYC2 通过正调节其他转录因子来正调控类黄酮的生物合成。与此相反,MYC2 负调节 JA 响应的色氨酸衍生物吲哚族芥子油苷的生物合成(Zhang et al.,2011a)。本研究发现 MYC2(Dlo 012527.1)的表达量在蓝光和白光处理下显著上调(图 3-11B)。因此,MYC2 可能作为正调控因子,在光照条件下促进龙眼多糖、生物素、生物碱、总黄酮的合成,蓝光尤为显著。

综上所述,本研究推测蓝光可以通过 3 条路径影响到龙眼功能性代谢产物的合成(图 3-13)。第一,蓝光作用下,CRYs 与 SPA 蛋白的相互作用,抑制 SPA 激活 COP1 的活性,从而抑制了 COP1 对 HY5 和其他转录因子的降解,光调控基因的表达量上调,进而促进龙眼功能性代谢产物的合成。或者 COP1 也可以直接作用于 MYB-bHLH-WD40 转录因子去调控代谢途径。第二,通过转录因子 MYC2 调控功能性代谢产物的合成。第三,CRYs 结合 PIF4 以及其他的 PIFs 家族成员,从而调控功能性代谢产物的合成。

第四章 不同光质对龙眼EC功能性代谢产物积累的miRNA分析

miRNAs是对基因表达的转录后调控,能够以近乎完全互补的方式匹配转录本,通过对转录本的剪切和抑制实现对靶基因表达水平的调控(Zhang and Wang,2015)。miRNAs已经被认为是植物中重要的调控因子,在调控植物器官的形态建成、生长发育、胁迫响应、信号转导、表观遗传现象方面都有重要的调控功能(Zou et al.,2020)。

近年来,在一些植物研究中,已经报道了miRNAs能够参与光对植物功能性代谢产物的调控。越来越多的学者采用高通量测序技术以研究miRNAs来解释植物光响应的研究。Yan等(2017)关于马铃薯miRNAs和转录组的整合分析中,就已经发现miRNAs能够参与光调控马铃薯生物碱、脂类、糖苷生物碱等功能性代谢产物的合成。关于沉香高通量测序的研究表明,红光/远红光条件下葫芦素代谢相关基因上调,这些都与miRNAs的调控密切相关(Kuo et al.,2015)。Wang等(2012)在关于白菜miRNAs组学的研究中,发现miRNAs能够参与光照对花青素的调控。然而,诸多研究已指出植物RNA-seq在不同物种miRNAs响应光信号有所差异(Bo et al.,2016),因此对龙眼EC响应光信号的miRNA组学研究是有必要的。迄今为止,还未见有关龙眼EC光响应的miRNAs组学的报道。

本研究通过高通量测序技术来鉴定miRNAs,研究其在不同光质条件下龙眼EC的表达谱,且找出不同光质条件下龙眼EC所涉及的生理途径及miRNAs的靶基因。由于蓝光在龙眼EC功能性代谢产物中的重要作用,因此通过比较分析光照组和对照组的测序数据,找出miRNAs参与蓝光调控生物素代谢合成、多糖代谢合成、生物碱代谢合成和类黄酮代谢合成的依据,并建立其调控网络。这些结果将为光调控龙眼EC代谢的分子机制提供新思路。

第一节 miRNA测序

一、植物材料和光照处理

植物材料和光照处理同第二章第一节。

二、sRNA文库的构建及测序

根据生产商的说明书,采用TriPure Isolation试剂(Roche Diagnostics,Indianapolis,IN,USA)从龙眼EC中分离出总RNAs。采用1%琼脂糖凝胶电泳和NanoDrop 2000分光光度计(Thermo Scientific,Wilmington,DE)检测RNAs的质量和浓度。RNAs被存储于−80 ℃

冰箱为后续使用。

通过安捷伦 2100 生物分析仪进一步检测每个 RNA 样品的完整性和浓度。用 PAGE 凝胶从总 RNAs 中分离出不同大小的 sRNAs，并连接到 3′接头序列。将这些连接的 sRNA 序列里的 RT 引物利用 Super-script Ⅱ Reverse Transcriptase Kit(Invitrogen)进行反转录反应，将逆转录产生的 cDNA 进行 PCR 扩增，建立 sRNA 文库。最后，通过 Illumina Hiseq 4000 平台（深圳，中国）对 sRNA 文库进行高通量测序。

三、sRNAs 的常规分析及靶基因预测

这些有效的读段通过 AASRA 软件被对映到参考基因组和其他 miRNAs 的数据库（Tang，Xie，and Yan，2017）。sRNAs 被对映到 miRBase 20.0 用于发现已知的 miRNA。利用 miRNAs 前体的发夹结构特征预测新的 miRNAs。采用 RIPmiR 软件预测新的 miRNAs（Breakfield et al.，2012）。采用 psRobot（Wu et al.，2012）和 TargetFinder（Fahlgren and Carington，2010）在线软件对 miRNAs 的靶基因进行预测。

四、龙眼 EC 差异表达 miRNAs 的鉴定

为了计算龙眼 EC 中每个 miRNAs 的表达水平，通过周（'T Hoen et al.，2008）的标准 TPM 法（每 100 万转录本）来估算读段数量。采用 Bonferroni 方法对两个样品进行差异 miRNAs 表达分析（Abdi，2007）。通过 q 值校准 FDR 值。FDR≤0.001 和 $|\log_2(ratio)|\geqslant1$ 默认设定为显著差异表达的阈值。

五、龙眼 EC 差异表达基因和功能注释的鉴定

采用 Bowtie2 方法将有效读段对映到龙眼参考基因组（Lin et al.，2017；Langmead and Salzberg，2012）。采用 RSEM 软件计算基因和转录本的表达水平（Li and Dewey，2011）。采用 PossionDis 方法对差异表达基因进行鉴定，并且这个方法是由 Audic 和 Claverie（1997）在基因组研究期刊中发表。采用严格的阈值（Fold change≥2 和 FDR≤0.001）进行差异表达基因的鉴定。对所有差异表达基因进行 GO 和 KEGG 分析，同时运用 R 软件对 GO 和 KEGG 富集进行分析。

六、miRNAs 和靶基因的 qPCR 验证

龙眼 EC 的总 RNA 被进一步用于 miRNA 及其靶基因的 qPCR 验证。表达量验证通过 LightCycler480 实时 PCR 系统。相对基因和相对 miRNAs 表达水平均使用 Lin 和 Lai（2010）描述的方法。相对表达水平的测定采用比较 $2^{-\triangle\triangle Ct}$ 方法。采用 DNAMAN V6.0 软件进行引物设计，且列于表 4-1。

表 4-1　龙眼基因引物信息

基因名	引物序列(5′→3′)	长度/bp	温度/℃
miR159b_1	TTTGGATTGAAGGGAGCTCTC		62
miR164a_3	AGAAGCAGGGCACGTGCA		62
miR171f_3	GAGCCGCGCCAATATCACT		62

续表

基因名	引物序列(5′→3′)	长度/bp	温度/℃
miR390a-5p	AAGCTCAGGAGGGATAGCGC		62
miR390e	AGCTCAGGAGGGATAGCGC		62
miR319_1	TTGGACTGAAGGGAGCTCC		62
miR319c_3	CTTGGACTGAAGGGAGCTCC		62
miR394a	TTGGCATTCTGTCCACCTCC		62
miR395a_4	CTGAAGTGTTTGGGGGAACTC		62
miR396a-3p_2	GTTCAATAAAGCTGTGGGAA		62
miR396b-5p	TTCCACAGCTTTCTTGAACTT		62
miR5139	AAACCTGGCTCTGATACCA		62
Dlo_030035.1-QF	ACCGTCATCATCTGGCTTGT	122	60
Dlo_030035.1-QR	GCTCCCGCTATCATTGAACTAA		
Dlo_008108.1-QF	CCCTAAATGGCACACTTCCAG	238	60
Dlo_008108.1-QR	GTTCGGAATAAATCCTCGCA		
Dlo_022440.1-QF	CGTCTCTTTGGAGCCTCAGA	109	60
Dlo_022440.1-QR	GTCTATTTGAGCCACAGCCCT		
Dlo_005916.2-QF	TGGAAACCTGCTGTTCTGGA	149	60
Dlo_005916.2-QR	CTTATTCCTCTCCACAGACCCA		
Dlo_017772.2-QF	CGGAAGACGGAGTTGTTCAT	141	60
Dlo_017772.2-QR	CAGATACCGCCTTCTCATTGG		
Dlo_027169.1-QF	TTCGCCCAAACACATCAGTA	104	60
Dlo_027169.1-QR	CAGCACCATCACTCACTTGG		
Dlo_025852.1-QF	AACCGTCACTTATCTCGCACA	100	60
Dlo_025852.1-QR	CACTTCTTTCCTGCTTCTCCAG		
Dlo_023950.1-QF	ATGGCTCCAAGAGAGTTCGG	147	60
Dlo_023950.1-QR	GATGCTGCTGCTGATGTAGGA		
Dlo_032585.1-QF	GGTTGAGGCTGATGACTTGAGT	226	60
Dlo_032585.1-QR	TCTTGTGTTCTCTTCCTCCACG		
Dlo_000086.1-QF	CAACTCGGTCCTTTACGGGT	188	60
Dlo_000086.1-QR	TGAATCAACGGTGACGATGA		
Dlo_013415.1-QF	AGCACCAGAAGAAGGACGAAC	156	60
Dlo_013415.1-QR	CTGAAGTTGGAAGGCTGTCG		
Dlo_020305.1-QF	AATACTTGCGGCAGATTTGC	106	60
Dlo_020305.1-QR	CAGACAACCAATGCTGACGAC		
Dlo_023418.1-QF	AGTTATGGCAGCAGTGTCCAA	221	60
Dlo_023418.1-QR	CCAAGTTGAGGAGGGATGGT		
Dlo_008108.1-QF	CGAGGATTTATTCCGAACGA	177	60
Dlo_008108.1-QR	CAAGGTTCCATAGTGACGAAGG		

七、数据分析

龙眼基因表达和功能性代谢产物的定量结果至少 3 个生物学重复。采用 SPSS V19.0 单因素方差分析(ANOVA)的 Duncan 测试法,分析不同光质条件对龙眼基因表达和功能性代谢产物含量的影响。制图采用 GraphPad Prism 6.0 软件和 Omic share 在线软件。

第二节 miRNA 测序数据分析

一、龙眼 EC 的 sRNA 测序基础数据的分析

为了研究功能性代谢产物合成相关的 miRNAs,在不同光质条件下,本研究构建了 3 个 sRNA 测序文库(黑暗、蓝光、白光),并对其进行了高通量测序。在去除无效序列和接头序列之后,获取了 18～30 nt 的 sRNA 的 reads,以上这些序列被加工成特有序列并计算了相应序列的数量。3 个 sRNA 测序文库中共检测出 19599379 条、17402032 条和 17988944 条 reads(表 4-2)。3 个 sRNA 测序文库的 reads 分别有 91.51%、90.84% 和 91.35% 可以匹配到龙眼基因组(表 4-2)。黑暗、蓝光、白光的龙眼 EC sRNAs 序列长度分布相似,大部分范围在 20～24 nt,其中数量最多的为 24 nt(图 4-1),表明植物 sRNAs 长度分布情况不因光质不同而改变。

表 4-2 sRNA 测序文库统计

文库	总读数/条	匹配读数/条	百分比率/%
黑暗	19599379	17935756	91.51
蓝光	17402032	15808568	90.84
白光	17988944	16433147	91.35

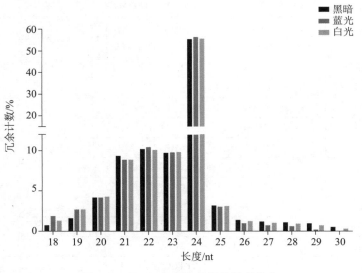

图 4-1 sRNA 文库中序列的长度分布

二、不同光质下龙眼 EC 的已知 miRNAs、新 miRNAs 的鉴定

以龙眼基因组为参考基因组,对比 miRBase 22.0 数据库,结果见表 4-3。miRNAs 的成熟体和前体分别为 111 条和 34 条(不允许错配)。黑暗处理 miRNAs 成熟体 97 条、前体 19 条;蓝光处理 miRNAs 成熟体 96 条、前体 19 条;白光处理 miRNAs 成熟体 96 条、前体 21 条。进一步分析表明,111 个已知 miRNAs 分别属于 30 个 miRNA 家族(图 4-2 和附表Ⅱ-13)。16 个 miRNA 家族包含 2 个或多个 miRNA 成员,其中 miR166 有 17 个成员,miR156 有 12 个成员,miR396 有 11 个成员,miR319 有 10 个成员,miR167 有 6 个成员。14 个 miRNA 家族只含有 1 个 miRNA 成员,分别为 miR160、miR169、miR170、miR394、miR397、miR403、miR477、miR530、miR535、miR827、miR845、miR3711、miR4995、miR5139。另外,新 miRNAs 的 miRNAs 成熟体共有 103 条,而黑暗处理新 miRNAs 的 miRNAs 成熟体有 88 条;蓝光处理新 miRNAs 的 miRNAs 成熟体有 89 条;白光处理新 miRNAs 的 miRNAs 成熟体有 89 条(表 4-3)。

表 4-3 每个样品检测到的 miRNA 概述

样品	蓝光	黑暗	白光
已知 miRNA 总数	111		
已知 miRNA 前体总数	34		
总的新 miRNA 计数	103		
已知 miRNA 计数	96	97	96
已知 miRNA 前体计数	19	19	21
新的 miRNA 计数	88	89	89

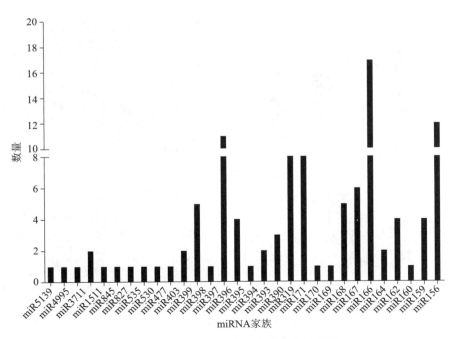

图 4-2 龙眼每个 miRNA 家族成员的数量

三、不同光质下龙眼 EC 的 miRNAs 的差异表达分析

对所有的 miRNAs 进行分析,以检测差异表达的 miRNAs。这些结果表明,miRNAs 可以受到不同光质调控。在 DB 组合中,一共有 29 个差异表达的 miRNAs 被鉴定,包括 11 个上调和 13 个下调的已知 miRNAs,2 个上调和 3 个下调的新 miRNAs(图 4-3A)。另外,在 DW 组合中,22 个差异表达的 miRNAs 被鉴定,包括 8 个上调和 8 个下调的已知 miRNAs,2 个上调和 4 个下调的新 miRNAs(图 4-3A)。14 个 miRNAs 是被 DB 和 DW 组合共同调控的,其中包括 3 个新 miRNAs(图 4-3B)。一共有 10 个差异表达的 miRNAs 只在 DB 组合中表达,6 个上调和 4 个下调(图 4-3B)。同时,共有 13 个差异表达的 miRNAs 只在 DW 组合中表达(图 4-3B)。

聚类分析结果表明,响应不同光质处理的 29 个差异表达已知 miRNAs 可分为 4 种表达模式(图 4-3C)。其中 miR395a_4 和 miR166u 属于类型Ⅰ,且在蓝光处理下的表达量高于其他处理。5 个已知 miRNAs 属于类型Ⅲ,在龙眼 EC 所有已知 miRNAs 中均表现为高表达,包括 miR159b_1、miR319a_1、miR319c_3、miR398b、miR162a-3p。另外,12 个已知 miRNAs 属于类型Ⅱ,在龙眼 EC 所有已知 miRNAs 中基本表现为低表达。

聚类分析结果表明,响应不同光质处理的 8 个差异表达新 miRNAs 可分为 3 种表达模式(图 4-3C)。只有 1 个新 miRNAs(novel_miR61)属于类型Ⅰ,且蓝光处理下的表达量高于其他处理。4 个新 miRNAs 属于类型Ⅲ,在龙眼 EC 所有新 miRNAs 中呈现高表达,包括 novel_miR82、novel_miR6、novel_miR88、novel_miR32。

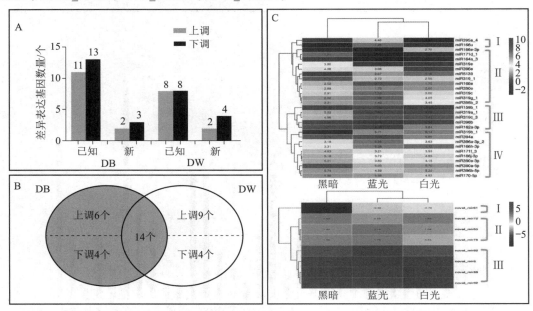

A—DB 和 DW 组合中上调或下调 miRNAs 的数量;B—维恩图表示 DB 和 DW 组合中特有和共有的 miRNAs;
C—光响应差异表达的 miRNAs。从红色到蓝色表示 $\log_2$(TPM)值从高到低。

图 4-3　DB 和 DW 组合中的差异表达 miRNAs

四、龙眼 EC 差异表达 miRNAs 靶基因功能分类

本研究对不同差异表达 miRNAs 靶基因进行了 KEGG 富集分析（图 4-4A 和 B）。DB 组合中富集最高的是硫辛酸代谢（lipoic acid metabolism），其次是苯并恶嗪酮生物合成（benzoxazinoid biosynthesis）和核黄素代谢（riboflavin metabolism）。DW 组合中富集前 3 的包括硫辛酸代谢、苯并恶嗪酮生物合成、单环 β-内酰胺生物合成（monobactam biosynthesis）。WB 组合中富集前 3 的包括硫辛酸代谢、单环 β-内酰胺生物合成、不饱和脂肪酸生物合成（biosynthesis of unsaturated fatty acids）。

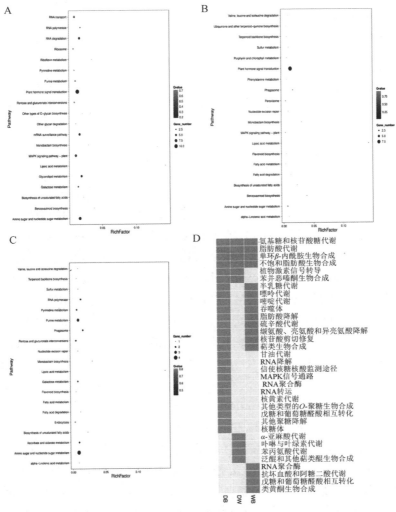

为了充分描述这些表达的基因，采用 KEGG 途径分析 A、B、C。

A—DB；B—DW；C—WB。左边的 y 轴表示 KEGG 路径，x 轴表示富集因子。

低 q 值以深蓝色显示，高 q 值以淡蓝色表示。D—3 个组合差异表达 miRNAs 靶基因 KEGG 富集分析前 20 途径。

绿色表示该组合包含这条途径，黄色表示该组合不包含这条途径。

图 4-4　不同光质下龙眼 EC 中差异表达基因的 KEGG 富集分析

分别对 3 个组合(DB,DW,WB)前 20 个富集途径进行分析,一些途径在 3 个组合中均富集到前 20,如氨基糖和核苷酸糖代谢(amino sugar and nucleotide sugar metabolism)、硫辛酸代谢、单环 β-内酰胺生物合成和不饱和脂肪酸生物合成(图 4-4D),表明这些途径在黑暗、蓝光和白光处理下均有显著差异。

还有一些途径在 2 个组合中富集到前 20,如植物激素信号转导(plant hormone signal transduction)和苯并恶嗪酮生物合成在 DB 和 DW 组合中富集到前 20 个(图 4-4D),表明植物激素信号转导和苯并恶嗪酮生物合成在蓝光和白光处理下可能起重要作用。硫代谢(sulfur metabolism)、萜类生物合成(terpenoid backbone biosynthesis)、核苷酸剪切修复(nucleotide excision repair)在 DW 和 WB 组合中富集到前 20 个(图 4-4D),表明蓝光对硫代谢、萜类生物合成、核苷酸剪切修复的作用更为明显。

一些途径只在 1 个组合中富集到前 20,如植物 MAPK 信号通路(MAPK signaling pathway-plant)与核黄素代谢(riboflavin metabolism)只在 DB 中富集到前 20 个(图 4-4D)。植物 MAPK 信号通路可能涉及细胞信号转导,表明蓝光对细胞信号转导影响更为显著。核黄素代谢可能涉及隐花色素光激发的过程。类黄酮生物合成(flavonoid biosynthesis)只在 WB 中富集到前 20,表明类黄酮在蓝光和白光条件下差异显著。

五、miRNAs 与其潜在靶基因的互作网络

为进一步了解光响应功能性代谢产物和其他进程的 miRNAs,本研究通过 Cytoscape 软件构建了差异表达 miRNA-mRNA 互作网络(图 4-5A 和图 4-5B)。DB 组合中,miR396b-5p 的靶基因最多为 26 个,其次 miR5139 的靶基因为 20 个,它们都最有可能参与蓝光信号对龙眼 EC 的影响(图 4-5A)。miR396b-5p 主要涉及途径包括植物激素信号转导、硫辛酸代谢、植物 MAPK 信号通路、其他多糖降解(other glycan degradation)(表 4-4)。miR5139 主要涉及途径包括氨基糖和核苷酸糖代谢、植物 MAPK 信号通路、RNA 转运(RNA transport)、戊糖和葡糖醛酸盐相互转化(pentose and glucuronate interconversions)、核糖体(ribosome)(表 4-4)。miR394a 的表达量上调最为显著,其主要涉及途径为氨基糖和核苷酸糖代谢;miR171d_1 的表达量下调最为显著,其主要涉及途径为植物激素信号转导(表 4-4)。miR319、miR166、miR390、miR171 分别有 6 个、4 个、2 个、2 个成员参与到蓝光调控(图 4-5A)。另外,在 DB 组合中还发现一些靶基因受到不同的 miRNAs 调控。例如,Dlo_000613.1、Dlo_030035.1、Dlo_021198.2 这 3 个基因受到 miR159 和 mi319 共同调控(图 4-5A)。

而在 DW 组合中,miR396e、miR395b_2、miR171d_1 的靶基因最多,最有可能参与白光对龙眼 EC 的影响(图 4-5B)。miR396e 主要涉及途径包括硫辛酸代谢与吞噬体(phagosome)(表 4-5)。miR395b_2 主要涉及途径包括单环 β-内酰胺生物合成,不饱和脂肪酸生物合成,脂肪酸降解作用(fatty acid degradation),硫代谢,α-亚麻酸代谢,缬氨酸、亮氨酸和异亮氨酸降解(valine,leucine and isoleucine degradation),萜类生物合成(表 4-5)。miR171d_1 主要涉及途径包括植物激素信号转导、苯丙氨酸(phenylalanine metabolism)代谢、泛醌和其他萜类醌生物合成(ubiquinone and other terpenoid-quinone biosynthesis)(表 4-5)。miR394a 的表达量上调最为显著,其主要涉及途径为氨基糖和核苷酸糖代谢;miR319e 的表达量下调最为显著,其主

要涉及途径也为氨基糖和核苷酸糖代谢(表 4-5)。miR319、miR166 分别有 6 个、2 个成员参与白光调控(图 4-5B)。

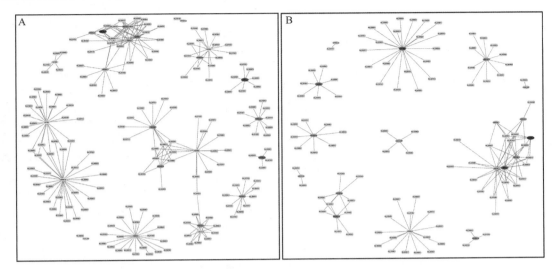

使用 Cytoscape 软件进行网络分析。A—DB 组合中的交互网络;

B—DW 组合中的交互网络。椭圆形节点表示 miRNAs,方形节点表示 mRNAs;低表达呈深蓝色。

高表达呈暗红色;实线表明 miRNAs 和 mRNA 之间的相互作用关系。

图 4-5　miRNAs 与其潜在光响应靶基因的网络分析

表 4-4　DB 组合中差异表达 miRNAs 对应的代谢途径

miRNA id	靶基因 id	$\log_2(B/D)$	途径
miR394a	Dlo_025852.1	6.897	氨基糖和核苷酸糖代谢
miR394a	Dlo_001984.1	6.897	氨基糖和核苷酸糖代谢
miR395a_4	Dlo_027169.1	4.522	不饱和脂肪酸的生物合成,脂肪酸降解,α-亚麻酸代谢,缬氨酸、亮氨酸和异亮氨酸降解
miR395a_4	Dlo_033690.1	4.522	嘌呤代谢、单环 β-内酰胺生物合成、硫辛酸代谢
miR396a-3p_2	Dlo_005916.2	3.359	氨基糖和核苷酸糖、RNA 聚合酶代谢、半乳糖代谢、嘌呤代谢、戊糖和葡萄糖醛酸相互转化、嘧啶代谢、抗坏血酸和阿糖二酸代谢
miR396a-3p_2	Dlo_019280.2	3.359	氨基糖和核苷酸糖代谢、RNA 聚合酶、半乳糖代谢、嘌呤代谢、戊糖和葡萄糖醛酸相互转化、嘧啶代谢、抗坏血酸和阿糖二酸代谢
miR319c_3	Dlo_014539.1	2.306	苯并恶嗪酮生物合成
miR5139	Dlo_017065.1	2.045	戊糖和葡萄糖醛酸相互转化
miR5139	Dlo_008108.1	2.045	MAPK 信号通路
miR5139	Dlo_009458.1	2.045	核糖体
miR5139	Dlo_000268.1	2.045	氨基糖和核苷酸糖代谢
miR5139	Dlo_009459.1	2.045	核糖体
miR5139	Dlo_001632.2	2.045	RNA 转运

续表

miRNA id	靶基因 id	$\log_2(B/D)$	途径
miR5139	Dlo_009461.2	2.045	核糖体
miR319_1	Dlo_000516.1	2.026	氨基糖和核苷酸糖代谢
miR319_1	Dlo_024143.1	2.026	植物激素信号转导
miR171d_1	Dlo_023482.1	−3.688	植物激素信号转导
miR171d_1	Dlo_023483.1	−3.688	植物激素信号转导
miR171d_1	dlo_036515.1	−3.688	植物激素信号转导
miR171d_1	dlo_034891.1	−3.688	植物激素信号转导
miR171d_1	Dlo_022680.1	−3.688	植物激素信号转导
miR171d_1	Dlo_000086.1	−3.688	植物激素信号转导
miR164a_3	Dlo_033392.1	−3.170	氨基糖和核苷酸糖代谢
miR164a_3	Dlo_014673.1	−3.170	甘油代谢、RNA 降解、mRNA 监测途径、RNA 转运
miR164a_3	Dlo_013789.1	−3.170	RNA 聚合酶、嘌呤代谢、嘧啶代谢
miR164a_3	Dlo_010364.1	−3.170	甘油代谢、RNA 降解、mRNA 监测途径、RNA 转运
miR164a_3	Dlo_008599.1	−3.170	甘油代谢、RNA 降解、mRNA 监测途径、RNA 转运
miR164a_3	Dlo_017772.2	−3.170	核黄素代谢
miR164a_3	Dlo_021973.1	−3.170	甘油代谢、RNA 降解、mRNA 监测途径、RNA 转运
miR390a-5p	Dlo_030496.1	−2.733	植物激素信号转导
miR390a-5p	Dlo_013415.1	−2.733	植物激素信号转导
miR390a-5p	Dlo_023418.1	−2.733	核糖体
miR166e	Dlo_005877.1	−1.742	氨基糖和核苷酸糖代谢、丙氨酸、天冬氨酸和谷氨酸代谢
miR166e	Dlo_033465.2	−1.742	半乳糖代谢、其他聚糖降解、糖鞘脂生物合成-神经节系列、糖氨基聚糖降解
miR166e	Dlo_011332.1	−1.742	RNA 降解、其他类型的 O-聚糖生物合成
miR166e	Dlo_012282.1	−1.742	甘氨酸、丝氨酸和苏氨酸代谢
miR390e	Dlo_022440.1	−1.180	MAPK 信号通路
miR390e	Dlo_032642.1	−1.180	信使核糖核酸监测途径
miR390e	Dlo_021751.1	−1.180	甘油代谢、RNA 降解、mRNA 监测途径、RNA 转运、甘氨酸、丝氨酸和苏氨酸代谢
miR390e	Dlo_007636.1	−1.180	甘油代谢、RNA 降解、mRNA 监测途径、半乳糖代谢、戊糖和葡萄糖醛酸相互转化
miR390e	Dlo_023418.1	−1.180	MAPK 信号通路
miR396b-5p	Dlo_029844.1	−1.145	其他聚糖降解
miR396b-5p	Dlo_023950.1	−1.145	植物激素信号转导、MAPK 信号通路
miR396b-5p	Dlo_025562.1	−1.145	MAPK 信号通路
miR396b-5p	Dlo_025566.1	−1.145	MAPK 信号通路
miR396b-5p	Dlo_009028.1	−1.145	脂肪酸代谢
miR396b-5p	Dlo_032585.1	−1.145	植物激素信号转导、MAPK 信号通路

注:代谢途径 q 值<0.5。

表 4-5　DW 组合中差异表达 miRNAs 对应的代谢途径

miRNA id	靶基因 id	$\log_2(D/W)$	途径
miR394a	Dlo_025852.1	5.197	氨基糖和核苷酸糖代谢
miR166e-3p	Dlo_025745.1	3.775	核苷酸剪切修复
miR319c_3	Dlo_014539.1	2.574	苯并恶嗪酮生物合成
miR319_1	Dlo_024143.1	2.253	植物激素信号转导
miR395b_2	Dlo_017806.1	1.232	萜类骨架生物合成
miR395b_2	Dlo_027169.1	1.232	不饱和脂肪酸生物合成、脂肪酸降解、α-亚麻酸代谢、缬氨酸、亮氨酸和异亮氨酸降解
miR395b_2	Dlo_033690.1	1.232	单环 β-内酰胺生物合成、硫辛酸代谢
miR319e	Dlo_000516.1	−3.812	氨基糖和核苷酸糖代谢
miR396e	Dlo_009028.1	−3.767	硫辛酸代谢
miR396e	Dlo_023100.1	−3.767	吞噬体
miR171d_1	Dlo_023482.1	−2.130	植物激素信号转导
miR171d_1	Dlo_023483.1	−2.130	植物激素信号转导
miR171d_1	dlo_036515.1	−2.130	植物激素信号转导
miR171d_1	dlo_034891.1	−2.130	植物激素信号转导
miR171d_1	Dlo_031340.2	−2.130	苯丙氨酸代谢、泛醌和其他萜类醌生物合成
miR171d_1	Dlo_022680.1	−2.130	植物激素信号转导
miR171d_1	Dlo_000086.1	−2.130	植物激素信号转导
miR390a-5p	Dlo_030496.1	−2.069	植物激素信号转导
miR390a-5p	Dlo_013415.1	−2.069	植物激素信号转导
miR390a-5p	Dlo_009003.1	−2.069	卟啉与叶绿素代谢
miR162a-3p	Dlo_009630.1	−1.876	吞噬体

注:代谢途径 q 值<0.5。

六、龙眼代谢途径相关的 miRNAs 与靶基因

本研究运用 Mapman 软件分析 miRNAs 的靶基因在龙眼初生代谢途径中的分布情况。DB 组合的结果发现,细胞壁涉及的靶基因最多,其次分别为脂质(lipids)、苯丙烷类(phenylpropanoids)、淀粉(starch)等(图 4-6A)。DW 组合的结果发现细胞壁涉及的靶基因最多(图 4-6B)。将 DB 组合与 DW 组合的结果进行比对,DB 组合涉及的靶基因明显高于 DW 组合(图 4-6A 和 B)。以上结果进一步说明,蓝光最有利于促进龙眼 EC 初生代谢的积累。

脂肪酸途径(fatty acid pathway)与生物素合成密切相关,脂质的显著富集也有可能影响到龙眼 EC 生物素的积累。DB 组合和 DW 组合中均有靶基因调控脂质(图 4-6A 和 B),且蓝光条件下所有靶基因的表达量均高于其他处理(图 4-6C)。脂质途径所涉及的 miRNAs 包括

miR171d_1、miR171f_3、miR319_1、miR319e、miR395b_2、miR396b-5p、miR396e、miR5139（附表Ⅱ-11）。另外，DB和DW组合中也有靶基因调控淀粉和蔗糖（starch and sucrose）（图4-6A和B），且蓝光条件下的表达量上调的靶基因个数高于其他处理（图4-6C）。淀粉和蔗糖所涉及的miRNAs包括miR394a、miR396b-5p、miR319_1、miR319e（附表Ⅱ-11）。这些结果进一步验证了蓝光对龙眼的生物素、多糖的促进作用。细胞壁与植物细胞信号转导密切相关，DB和DW组合中多数靶基因涉及细胞壁（图4-6A和B），且蓝光条件下全部靶基因的表达量（除去Dlo_015966.1）高于其他处理（图4-6C），这也说明了蓝光对龙眼细胞信号转导作用更为明显。

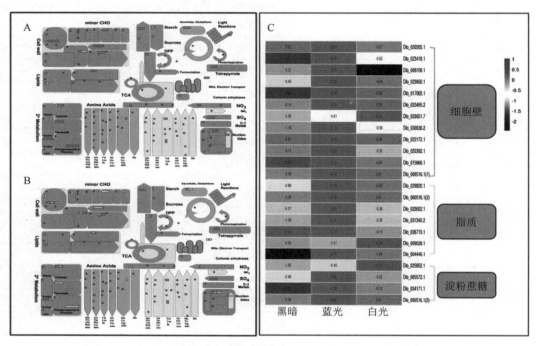

A—DB组合中差异靶基因的初生代谢途径；B—DW组合中差异靶基因的初生代谢途径；

C—不同光质条件下差异表达靶基因表达量的热图。从红色到蓝色表示 $\log_2$(TPM)值从高到低。

图4-6 不同光照条件下龙眼初生代谢途径

本研究运用 Mapman 软件分析 miRNAs 的靶基因在龙眼次生代谢途径中的分布情况。Mapman 分析表明不同，光质的差异靶基因数量在次生代谢上有着显著的差异。对 DB 组合的分析结果发现，类黄酮途径涉及的靶基因最多，其次分别为简单酚类途径、芥子油苷途径（图4-7A）。对 DW 组合的分析结果发现，硫代葡萄糖苷途径涉及的靶基因最多（图4-7B）。将 DB 与 DW 组合的结果进行比对，DB 组合中涉及的靶基因明显高于 DW 组合（图4-7A 和 B）。以上结果进一步表明，蓝光能够显著影响到龙眼 EC 次生代谢的积累。

本研究发现 DB 组合中涉及类黄酮代谢的靶基因明显多于 DW 组合（图4-7A 和 B），靶基因 Dlo_007636.1 的表达量表现为蓝光最高，其次白光、黑暗，这恰与对应的 miR390e 的表达模式呈负相关；靶基因 Dlo_025470.1 的表达量也表现为蓝光最高，其次白光、黑暗，但与其对应的 miR5139 的表达模式呈正相关；靶基因 Dlo_031447.1 的表达量表现为白光和蓝光显著高于黑暗处理,其对应的 miR396a-3p_2 的表达模式不呈负相关(图 4-7C 和附表Ⅱ-12)。以上分析表明光照能够促进类黄酮含量,其中蓝光最有利于类黄酮积累。另外,还发现涉及硫代葡萄糖苷途径靶基因数目较多(图 4-7A 和 B),蓝光和白光处理的靶基因 Dlo_023483.1、Dlo_021198.2(对应的 miRNAs 数量为 7 个)的表达量高于黑暗处理(图 4-7C 和附表Ⅱ-12)。

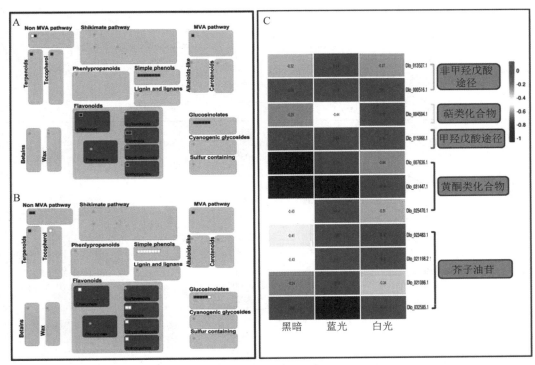

A—DB 组合中差异靶基因的次生代谢途径;B—DW 组合中差异靶基因的次生代谢途径;
C—不同光照条件下差异表达靶基因表达量的热图。

图 4-7　不同光照条件下龙眼次生代谢途径

七、龙眼蓝光信号网络相关的 miRNAs 与靶基因

上述研究已经表明,蓝光最有利于促进龙眼 EC 多糖、生物素、生物碱、类黄酮的积累。因此,本研究想要找到 miRNAs 参与蓝光信号网络,进而影响龙眼功能性代谢产物合成的调控机制。

前人的研究已对蓝光信号网络进行了初步阐述(Jiao,Lau,and Deng,2007;Wang et al.,2013a;Yang et al.,2017b),本研究通过挖掘龙眼 miRNAs 组学数据,发现差异表达 miRNAs 只与蓝光信号网络 COP1 和 PIFs 两类基因存在关联性。miR171f_3 的靶基因 DELLA(Dlo_034891.1、Dlo_000086.1、Dlo_022680.1、Dlo_036515.1、Dlo_023482.1、Dlo_023483.1),miR390e 的靶基因 BRI1(Dlo_013415.1),miR396b-5p 的靶基因 EBF1/2(Dlo_023950.1)、EIN3(Dlo_032585.1)均能够参与蓝光信号网络(表 4-6 和图 4-8)。有趣的是,这类靶基因 DELLA、BRI1、EBF1/2、EIN3 恰好与激素信号转导相关(表 4-6)。同时,这些 miR171f_3、miR390e、miR396b-5p 均为 DB 组合差异表达 miRNAs(表 4-4 和表 4-6)。

表 4-6　龙眼蓝光信号网络相关的 miRNAs 与靶基因

靶基因	miRNAs	TargetFinder 分数	相应激素
Dlo_013415.1	miR390e	1.5	油菜素甾醇
Dlo_023950.1	miR396b-5p	2.2	乙烯
Dlo_032585.1	miR396b-5p	2.5	
Dlo_034891.1	miR171f_3	2.2	
Dlo_000086.1	miR171f_3	0.5	
Dlo_022680.1	miR171f_3	0.5	赤霉素
Dlo_036515.1	miR171f_3	1.8	
Dlo_023482.1	miR171f_3	0.5	
Dlo_023483.1	miR171f_3	0.5	

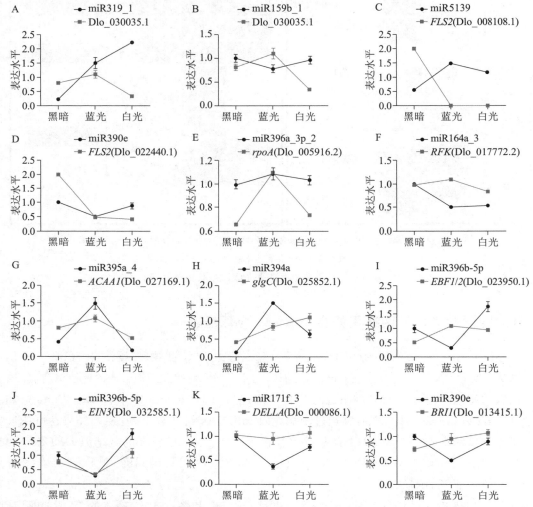

FLS2—LRR 受体样丝氨酸/苏氨酸蛋白激酶；*ACAA1*—乙酰辅酶 A 酰基转移酶 1；*glgC*—葡萄糖-1-磷酸腺苷酸转移酶；
ropA—DNA 导向的 RNA 聚合酶亚基 α；*RFK*—核黄素激酶；*EBF1/2*—EIN3 结合的 F-box 蛋白；
EIN3—乙烯不敏感蛋白 3；*DELLA*—DELLA 蛋白；*BRI1*—蛋白类油菜素不敏感 1。

图 4-8　不同光质下龙眼 EC 部分 miRNAs 及其靶基因的 qPCR 验证

八、不同光质下龙眼 EC 差异表达 miRNAs 及靶基因的 qPCR 分析

对 12 组 miRNAs 和靶基因进行 qPCR 验证,结果如图 4-8 所示。只有 miR5139 与靶基因 *FLS2*,miR396b-5p 与靶基因 *EBF1/2*,miR164a_3 与靶基因 *RFK* 的表达模式为负相关,表明这 3 个靶基因被其相应的 miRNA 负调控。这可能是因为一个靶基因在植物体响应光环境变化中受到 miRNAs 家族不同成员或其他 miRNAs 的同时调控。例如,miR319_1 和 miR159b_1 的共同靶基因 Dlo_030035.1,当一些阶段 miR319_1 的表达量与 Dlo_030035.1 不成负相关时,miR159b_1 将互补其功能(图 4-8A 和 B)。在不同光质处理中,这些 miRNAs 之间存在着分工,当一些 miRNA 成员不能调控 mRNA 的表达时,另外一些成员则对其功能进行互补,从而实现靶基因表达水平的调控。

一些 miRNAs 的靶基因与蓝光处理过程中细胞信号感知和转导相关。例如,miR5139、miR390e 靶定 *FLS2* 调控 MAPK 信号转导途径(图 4-8C 和 D)。一些 miRNAs 的靶基因参与隐花色素光激活。例如,miR396a-3p_2 靶定 *rpoA* 调控嘌呤代谢,miR164a_3 靶定 *RFK* 调控核黄素代谢(图 4-8E 和 F)。还有一些 miRNAs 可以通过靶定代谢途径结构基因,进而调控药用功能代谢产物的积累。例如,miR395a_4 靶定 *ACAA1* 调控不饱和脂肪酸的生物合成,进而影响生物素积累量。*ACAA1* 在蓝光的表达量高于黑暗和白光处理,表明蓝光能够促进龙眼生物素的合成(图 4-8E)。miR394a 靶定 *glgC* 调控龙眼 EC 多糖的合成。*glgC* 在光照条件下均高于黑暗处理,表明光照能够促进龙眼 EC 多糖的合成(图 4-8H)。而一些 miRNAs 可以通过靶定蓝光信号网络,进而调控药用功能代谢产物的合成。*EIN3*、*DELLA*、*BRI1* 均为蓝光信号网络基因,蓝光处理的 *EIN3* 与 *DELLA* 的表达量下调,可能通过负调控的表达模式进而影响龙眼 EC 代谢产物积累(图 4-8J 至 L)。

第三节　miRNA 组学讨论

一、龙眼 EC 光响应的 miRNAs

本研究发现黑暗、蓝光和白光的龙眼 EC sRNAs 的序列长度分布范围为 18~30 nt,大部分 sRNAs 为 24 nt,其次是 21 nt、22 nt 和 23 nt,这与林玉玲关于龙眼的研究结果一致(Lin and Lai,2013)。前人的研究表明,植物 sRNAs 的长度多数分布在 20~24 t,21 nt 数量最多的物种有葡萄(Pantaleo et al.,2010)、小麦(Yao et al.,2007);甘蔗(Thiebaut et al.,2014)数量最多的 sRNA 为 22 nt;黄瓜属(Liu et al.,2015a)数量最多的 sRNA 为 23 nt;24 nt 数量最多的物种有拟南芥(Ekinci et al.,2021)、土豆(Lakhotia et al.,2014)、番茄(Gao et al.,2020)。

本研究共获得 30 个 miRNA 家族的 111 个已知 miRNAs,DB 和 DW 组合特异表达 miRNAs 分别为 24 个和 16 个,表明有很多 miRNAs 参与龙眼 EC 响应不同光质处理。同时,也获得 103 个新 miRNAs,DB 和 DW 组合特异表达新 miRNAs 分别为 5 个和 6 个,其在龙眼 EC 响应不同光质的过程中也起到关键作用。

在所有差异表达 miRNAs 中,多数已被证明是响应光照处理的,如 miR156、miR159、

miR160、miR166、miR167、miR169、miR170、miR171、miR156、miR319、miR393、miR398（Bo et al.，2016）。然而，只有 miR393、miR394、miR395 在龙眼 EC 响应光照处理中被初步报道过（Li et al.，2018）。不同物种在光响应过程中 miRNAs 的表达分析表明，不同物种的 miRNAs 的表达模式存在差异。拟南芥（Pashkovskiy et al.，2016）和龙眼中 miR398 在蓝光条件下均为上调表达（附表Ⅱ-11 和附表Ⅱ-12）。芸薹属植物中蓝光处理的 miR159 为上调表达（Bo et al.，2016），但是在龙眼中蓝光处理的 miR159 为下调表达（附表Ⅱ-11 和附表Ⅱ-12）。拟南芥（Pashkovskiy et al.，2016）中蓝光处理的 miR167 为下调表达，但在龙眼中没有表达（附表Ⅱ-11 和附表Ⅱ-12）。一些 miRNAs 甚至在不同品种中表达模式也不同（Zhang et al.，2016a）。有意思的是，本研究还发现同一家族成员的 miRNAs 却具有不同的表达模式，如 miR319e、miR319-1 属于Ⅱ类，miR319a-1、miR319b-1 属于Ⅲ类，miR319b-1 属于Ⅳ类（图 4-3C）。一些非同一家族成员的 miRNAs 却具有相同的表达模式，如 miR395a-4 和 miR166u（图 4-3C）。这些都表明 miRNAs 具有功能特异性和多样性的特点。

二、龙眼 EC 蓝光响应过程中细胞信号感知和转导

本研究发现植物 MAPK 信号通路只在 DB 组合富集到前 20 个（附图Ⅰ-12B）。植物 MAPK 信号通路可能涉及细胞信号转导，表明蓝光能够显著影响龙眼 EC 细胞信号感知和转导。而 MAPK 是信号从细胞表面转导到细胞核内部的重要传递者（Hettenhausen，Schuman and Wu，2015）。例如，miR5139、miR390e 靶定 FLS2。FLS2 作为细胞质膜上的受体，感知外界环境变化时，能够触发下游响应，主动关闭气孔，构筑起防卫反应的第一道防线（Arnaud，and Hwang，2015）。FLS2 也作为黄酮醇合成基因，可以促进保卫细胞黄酮醇的积累（Zhao et al.，2016），从而影响气孔的发育和运动（Zeng，Melotto，and He，2010）。植物在响应外界环境的过程中，FLS2 能够调控 ROS 的平衡，而植物体内的多酚类物质又是一类重要的抗氧化物质，包括多酚、类黄酮、木酚素等次生代谢产物，能够参与细胞内 ROS 的清除（Wang，Liu，and Li et al.，2012；He et al.，2015）。另外，FLS2 和 BRI1 同属于 LRR-RLK 家族中的两个典型蛋白，它们都能够与 BAK1 形成配体依赖的异源复合物，可能参与植物发育和防御之间的平衡。即增加 BRI1 的表达水平会拮抗 FLS2 的信号，反之，促进 FLS2 的信号。这也再次证明了 BRI1 在光对龙眼 EC 响应过程中起到重要作用。又如，miR396b-5p 靶定 EBF1/2、EIN3。植物体内激素信号转导过程中都涉及 MAPK 级联途径，包括乙烯、脱落酸等（Banton and Tunnacliffe，2012）。MAPK 能够被植物激素活化，被激活的 MAPK 可以通过酶类、磷酸化转录因子、细胞骨架相关蛋白等多种底物来调节植物的生理过程（Banton，2012）。

三、miRNAs 通过靶定代谢途径结构基因进而调控功能性代谢产物的合成

氨基糖和核苷酸糖代谢、不饱和脂肪酸生物合成、硫辛酸代谢在 3 个组合（DB、DW 和 WB）中都富集到前 20 个。氨基糖和核苷酸糖代谢与龙眼 EC 多糖的积累量密切相关。而长链不饱和脂肪酸合成过程中，生物素起着十分重要的作用；硫辛酸也属于生物素中的一类化合物（Cronan，2014）。因此，硫辛酸代谢、不饱和脂肪酸生物合成都会影响到龙眼 EC 生物素的合成。

在不同光质处理下的龙眼 EC 中，DE miRNAs 的靶基因功能多数涉及代谢途径结构基因。例如，不饱和脂肪酸生物合成中的结构基因 *ACAA1* 被 miR395a_4 靶定。硫辛酸代谢途径的结构基因 *lipB* 被 miR396b-5p 靶定。miR395a_4 可通过靶定 *ACAA1* 导致乙酰辅酶 A 的增加，也进一步影响了脂肪酸生物合成和降解途径，从而促进不饱和脂肪酸生物合成，生物素也随之增加。另外，乙酰辅酶 A 的增加，还导致 MVA/MEP 途径的生物碱、类黄酮、类固醇、类胡萝卜素的生物合成（Kushalappa and Gunnaiah，2013）。又如，氨基糖和核苷酸糖代谢途径的结构基因被多个 miRNAs（miR394a、miR396a-3p_2、miR5139、miR319_1、miR164a_3、miR166e）靶定。miR5139 通过靶定几丁质酶（chitinase）进而调控多糖的合成。通常情况下，大多数高等植物中的几丁质酶基因不表达或者表达水平很低，只有受到 UV 辐射、激素、光照、机械损伤等因素诱导时，其表达活性就会提高。miR394a 通过靶定 *glgC* 进而调控淀粉合成，而淀粉属于多糖中的一类。

植物细胞代谢的调控主要包括结构基因和调节基因，而 miRNAs 靶定代谢途径结构基因起到了最为直接的调控作用（Zoratti et al.，2014）。茶树降解组测序分析 miRNAs 靶基因中，发现 Csn-miR167a 靶定类黄酮结构基因 *CHI*，Csn-miR2593e 靶定类黄酮结构基因 *ANR* 等，从而调控类黄酮的合成（Sun et al.，2017）。红豆杉的研究发现，miR164 和 miR171 可直接靶向紫杉醇合成途径中的紫杉烷 13α-羟基化酶和紫杉二烯 2α-O-苯甲酰转移酶基因，说明 miRNAs 参与调控紫杉醇的生物合成（Zhou，Bai，and Lu，2013）。因此，光照处理下，miRNAs 通过靶定代谢途径结构基因，进而调控龙眼 EC 生物素、多糖、生物碱、类黄酮代谢的合成。

四、miRNAs 的功能涉及隐花色素的光激活

在拟南芥等模式植物响应蓝光的过程中，伴随着隐花色素的光激活（Liu et al.，2010）。CRY 的脱辅基蛋白包括两个结构域：C-末端扩展区域（CCE）和 N-末端光裂解酶同源结构域（PHR），PHR 是 CRYs 的发色团结合结构域，它以非共价键与发色团黄素腺嘌呤二核苷酸（FAD）结合。黄素腺嘌呤二核苷酸是双电子载体，能以 3 种不同的氧化还原状态或 5 种不同的质子化形式存在：半氧化态（自由基负离子 FAD·ˉ 或 FADH·）、氧化态（FAD）和还原态（负离子 FADHˉ 或 FADH2）。

不同氧化还原形式中，只有半氧化态自由基负离子 FAD·ˉ 和氧化态 FAD 吸收大部分的蓝光。由于氧化态 FAD 具有很强的蓝光吸收能力，因此认为氧化态 FAD 是植物体内隐花色素的基态。基于上述结论，提出光还原循环作为拟南芥隐花色素的光激活机制。根据这一假说，黑暗中的隐花色素（基态）包含氧化态 FAD；在吸收蓝光时 FAD 还原为 FADH·，其可能会进一步还原为 FADH2（或 FADH·ˉ）；由氧化态 FAD 到半氧化态 FADH· 的变化触发隐花色素的构象变化及其后续的信号传递；继而还原型的黄素再度被氧化，从而完成整个光循环（Liu et al.，2011b）。蓝光激发隐花色素产生一系列生化变化，从而影响其与其他蛋白的相互作用，最终导致植物基因表达和生长发育的改变，进而影响植物的初生代谢和次生代谢（Li et al.，2011；Liu et al.，2013）。

本研究只在龙眼 EC 响应蓝光的过程中，DE miRNAs 的靶基因 *rpoA*、*PAPSS*、*RFK* 被预测到，这些靶基因的功能主要涉及嘌呤代谢（purine metabolism）、核黄素代谢（riboflavin metabolism）（附图Ⅰ-12C）。因此，推测蓝光处理下 miRNAs 参与隐花色素的光激活，而后调

控龙眼 EC 功能性代谢产物的合成。

五、miRNAs 参与激素信号转导影响龙眼 EC 功能性代谢产物积累

在光照处理下的龙眼 EC 中，DE miRNAs 的靶基因功能涉及植物激素信号转导（附图 I-12A），包括生长素、赤霉素、油菜素内酯、乙烯等。植物激素信号转导与功能性代谢合成密切相关（Horinouchi and Beppu, 2010; Chu, Wegel, and Osbourn, 2011）。一方面，植物初生或次生代谢途径是多种内源激素合成的前体物质，包括脱落酸、细胞分裂素和赤霉素，它们均为类异戊二烯途径产生的次生代谢产物（Oudin et al., 2007）；外界环境会打破初生代谢和次生代谢之间的平衡，改变激素浓度，各类激素承担相应的调控效应，使得植物达到对外界环境的适应（Kerchev et al., 2012）。另一方面，植物激素可以调节植物产生的次生代谢产物，如莨菪（*Anisodus tanguticus*）毛状根中添加 IAA 或 NAA 将促进莨菪碱的合成（Liu et al., 2024）。

当植物在初生代谢的过程中，通过细胞膜受体蛋白建立识别机制，激活多种内源激素信号转导途径和促有丝分裂原活化蛋白激酶（MAPK），从而激活植物的防御反应，并通过生物碱、苯丙素类、异戊二烯代谢途径产生次生代谢产物，从而应对外界环境变化（张辉等，2017）。

乙烯合成后，受体 ETR 在铜离子和铜离子转运蛋白 RAN1 的协助下与乙烯结合，MAPKK 激活后将信号传给膜蛋白 EIN2，从而激活了膜蛋白 EIN2 的活性，使乙烯信号继续向细胞核传递（Kim et al., 2021）。EIN2 与定位于细胞核的乙烯信号起正向调控作用的转录因子 *EIN3/EIL1* 结合。*EIN3/EIL1* 能结合到 *ERF1* 启动子的 PERE 元件上，*ERF1* 再特异性结合到下游乙烯反应基因的反式作用元件 GCC-box 上而调控其表达。这类含 GCC-box 基因编码的乙烯信号途径末端效应蛋白，最终执行乙烯应答反应，如生长发育、非生物胁迫、功能性代谢产物合成等（Fujimoto et al., 2000）。例如，烟草（*Nicotiana tabacum*）的 *ERF163* 与 *ERF189* 等可以特异性结合到尼古丁代谢途径合成基因 *PMT2* 启动子区域的 GCC-box 上，进而提升烟草生物碱的含量（Shoji and Hashimoto, 2011）。

赤霉素合成后，可以降解 DELLA 蛋白，GAs 与 GAs 受体 GID1 结合后，促进了 GID1 与 DELLA 的结合（Harberd and Yasumura, 2009）。被 GID1-GA 结合后，DELLA 蛋白与 SCF 复合体的亲和力增加（Harberd and Yasumura, 2009）。SCF 是一种 E3 泛素-连接酶复合体，与 DELLA 蛋白结合后可促进 DELLA 的泛素化，再由 26S 蛋白酶体系统将 DELLA 蛋白降解。此外，DELLA 蛋白需与其他转录因子的相互作用去调控基因表达。DELLA 能够与其靶基因的启动子结合，而靶基因能够被赤霉素下调，同时被 DELLA 上调。很多 DELLA 的靶基因能够编码 GA 的合成酶或者编码 GA 的受体，说明 DELLA 可以通过反馈调节 GA 通路上游的正调节元件来维持 GA 的稳态（Zentella et al., 2007）。例如，DELLA-PIF 的相互作用能够调控植物生长发育和多糖、花青素等代谢产物合成（刘忠娟，2011）。

综上所述，miRNAs 可能参与植物激素信号转导影响龙眼 EC 功能性代谢产物积累。

六、miRNAs 参与蓝光信号网络影响龙眼 EC 功能性代谢产物积累

前面的研究已经表明，蓝光促进龙眼 EC 功能性代谢产物积累最为显著，并且筛选出一些 miRNAs 可能通过其靶基因参与蓝光信号网络（Jiao, Lau, and Deng, 2007; Wang et al.,

2013a；Shi et al.，2016；Yang et al.，2017b)，进而调控龙眼 EC 代谢的积累。同时，这类 miRNAs 的靶基因与植物激素信号转导密切相关。诸多研究已经表明，植物代谢可由光和植物激素共同调控，其中植物激素主要包括乙烯(C_2H_4)、赤霉素(GA)、脱落酸(ABA)、生长素(auxin)、细胞分裂素(CK)和油菜素内固醇(BR)(Meng et al.，2024)。植物既要感受外部环境信号及内部发育信号，同时也要对内外信号进行传递并做出相应的反应，从而来调控生长发育(Meng et al.，2024)。因此，本研究在前人对蓝光信号网络的研究基础之上(Jiao，Lau，and Deng，2007；Wang et al.，2013a；Shi et al.，2016；Yang et al.，2017b)，通过挖掘龙眼 miRNAs 组学数据，建立了图 4-9 的调控网络。

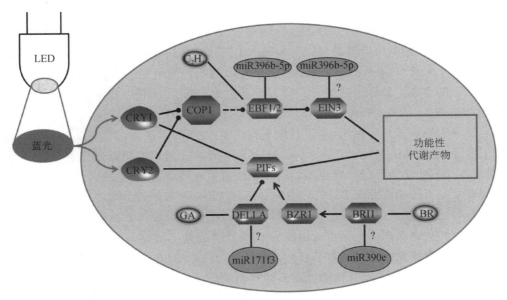

C_2H_4—乙烯；GA—赤霉素；BR—油菜素内酯；CRY1—隐花色素 1；CRY2—隐花色素 2；

COP1—E3 泛素连接酶组成型光形态建成 1；PIFs—光敏色素相互作用因子；EBF1/2—EIN3 结合 F-box 蛋白；

EIN3—乙烯蛋白激酶 3；DELLA—DELLA 蛋白；BRI1—油菜素内酯激酶 1；BZR1—抗油菜素内酯 1。

虚线表示基因被省略，问号表示不确定的关系有需进一步验证。

图 4-9　miRNA 参与蓝光调控龙眼功能性代谢产物合成的模型

miR171f_3 的靶基因 *DELLA* 能够参与蓝光信号网络，其与赤霉素信号转导密切相关。诸多研究已经表明，赤霉素能够响应光信号对植物生长发育和代谢的影响(Ouyang et al.，2015；Zhang et al.，2011b)。光信号调节因子 PIFs 能够与 DELLA 蛋白中的 RGA 和 GAI 的启动区直接结合，从而对赤霉素信号进行调节(Wang et al.，2022)。此外，PIFs 在糖(Liu et al.，2015b)、类黄酮(Min et al.，2014)、叶绿素(Moon et al.，2008；Stephenson，Fankhauser，and Terry，2009)等代谢合成中都起到重要的调控作用。因此，推测靶基因 *DELLA* 与 PIFs 结合，参与到蓝光信号网络，进而调控龙眼代谢产物合成(图 4-9)。

miR390e 的靶基因 *BRI1* 能够参与蓝光信号网络，其与油菜素内酯信号转导密切相关。内源激素能够影响到植物代谢的积累(Xi，Zhao，and Miao，2011)。通过植物生长调节剂 24-表油菜素内酯(EBR)喷施果实之后，在葡萄转色初期使得 *VvPAL* 和 *VvUFGT* 的基因表达量上调,且果皮中花色苷、单宁和黄酮醇含量都得到提升(Symons et al.,2016;Xu et al.,2015a;Xi et al.,2013)。*BZR1* 作为靶基因 *BRI1* 下游基因,与 *PIF4* 通过识别基因组中重叠的目的基因,共同调控几百个光和油菜素类固醇响应的基因(Oh,Zhu,and Wang,2012)。这种通过相互作用来识别相同位点的机制,使得 BZR1-PIF4 复合体能够共同调控相同的基因,从而对光和油菜素类固醇激素信号做出响应来调控植物的生长发育及代谢合成(Stephenson,Fankhauser,and Terry,2009;Oh,Zhu,and Wang,2012;Wang et al.,2013c;Min et al.,2014)。因此,靶基因 *BRI1* 作为 PIFs 的上游调控基因,可能参与到蓝光信号网络,进而调控龙眼代谢产物积累(图4-9)。

miR396b-5p 的靶基因 *EBF1/2*、*EIN3* 也能够参与蓝光信号网络,其与乙烯信号转导密切相关。乙烯促进了葡萄中花青素代谢途径中相关合成基因的表达,使得花青素含量提高 10 倍以上,也能够促进烟草中吡啶类生物碱和尼古丁的合成。关于长春花(Chang et al.,2018)、橡树(Zhang et al.,2017)、人参悬浮细胞(Zhu et al.,2011)的研究表明,乙烯能够影响植物功能性代谢产物的合成。最近一项关于拟南芥的研究充分证实,*EIN3* 能够参与花青素的调控(徐梦珂等,2018)。因此,靶基因 *EBF1/2*、*EIN3* 作为 COP1 的下游调控基因(Shi et al.,2016),可能参与到蓝光信号网络,进而调控龙眼代谢产物积累(图4-9)。

综上所述,miR171f_3、miR390e、miR396b-5p 可能通过它们的靶基因参与到蓝光信号网络,进而调控龙眼功能性代谢产物积累。这类调控机制有待后文进一步验证。

本研究鉴定了光响应龙眼 EC 的 miRNAs 和靶基因,分析表明光响应的 miRNAs 主要涉及光信号转导、植物激素信号转导、细胞信号转导、植物代谢合成等。目前,对于靶基因所涉及代谢通路产生的代谢终产物是否由 miRNAs 的调控引起并不确定,这类调控机制有待遗传转化进一步验证。本研究通过转录组分析初步探明了 miRNAs 参与蓝光信号网络对龙眼 EC 功能性代谢产物的合成,为揭示光调控龙眼代谢产物的分子机制提供新思路。

第五章　龙眼 miR396 的前体克隆及分子特性与表达分析

miRNAs 在植物光响应过程中起着重要的调控作用,已鉴定出大量参与光响应的 miRNAs。在龙眼 EC miRNAs 组学分析中,也发现大量光响应的 miRNAs,从中选取光对龙眼 EC 功能性代谢产物调控起到关键作用且差异表达的 miR396a-3p、miR396b-5p 进行深入研究。目前,关于 miR396a 和 miR396b 参与光调控植物功能性代谢产物的研究鲜有报道,尤其是在龙眼中。

植物 miR396 最初在拟南芥和水稻中克隆鉴定获得,被认为是一类保守 miRNA(Bazin et al.,2013)。拟南芥(Rodriguez et al.,2010;Wang et al.,2010a)、烟草(Yang et al.,2009;Baucher et al.,2013)、苜蓿草(Bazin et al.,2013)、玉米(Bari et al.,2014)、杨树(周厚君,2016)等的植物研究表明,miR396 可以通过介导靶基因的表达调控细胞分裂和分化,进而影响植物组织器官的生长发育;miR396 也能够影响植物应对外界因素的能力。

植物 miR396 家族不同成员之间启动子顺式元件的组成存在差异,这也影响其时空表达特异性(Zhu et al.,2011)。miR396 不同成员在植物生长发育过程中的功能也不同。拟南芥中过表达 ath-miR396a 和 ath-miR396b 将导致叶柄变短、叶片变窄、花果异常(Liu,Zhong,and Lin,2010;Debernardi et al.,2014)。水稻中超表达 osa-miR396c 使得根系变短(Gao et al.,2010),而 osa-miR396d 能够参与花器官的发育调控(Liu et al.,2014a)。此外,miR396 不同成员在响应外界因素方面也有差异。拟南芥 ath-miR396a 和 ath-miR396b 在干旱(Liu,Zhong,and Lin,2010)、UV-B 辐射(Casadevall et al.,2013)、渗透胁迫(Kim et al.,2012)过程中扮演重要角色。水稻 osa-miR396c 则在抗盐和抗碱能力中有着重要作用(Gao et al.,2010)。

综上所述,miR396 家族成员的功能具有多样性,不同成员功能具有特异性,并且表达具有组织特异性。而植物 miR396 家族成员的进化规律及分子特性暂时未见系统性的研究。因此,本研究通过 miRBase 数据库中已登录的植物 miR396 家族的前体和成熟体,对植物 miR396 家族进行进化规律及分子特性分析,以期为植物 miR396 家族功能研究提供理论基础。在此基础上进一步对龙眼 miR396a 和 miR396b 的前体进行克隆,同时对龙眼 miR396a 和 miR396b 在不同光质、不同光强的蓝光以及不同组织部位的表达模式进行分析。通过以上研究进一步了解 miR396a 和 miR396b 在龙眼 EC 光响应过程中的作用。

第一节　miR396 生物信息学方法

一、植物材料

植物材料参照第二章第一节。

二、植物 miR396 家族成员的物种分布

对 miRbase 21.0 数据库(http://www.mirbase.org/)中已登录的所有 miR396 的前体和成熟体序列进行下载,获得水稻(*Oryza sativa*)、拟南芥[*Arabidopsis thaliana*(L.)Heynh.]、葡萄(*Vitis vinifera* L.)、玉米(*Zea mays* Linn.)、大豆[*Glycine max*(Linn.)Merr.]、苹果(*Malus domestica*)、甜橙[*Citrus sinensis*(L.)Osbeck]、马铃薯(*Solanum tuberosum* L.)等 49 个物种,共计 174 个 miR396 前体序列和 222 个成熟体序列。对以上序列进行统计分类,了解 miR396 在不同物种之间的特征及分布规律。

三、植物 miR396 家族成员进化树构建

采用 MEGA 7.0 软件对 49 个物种的 miR396 家族的 174 前体和 222 个成熟体,以及 4 个科类植物与龙眼的前体和成熟体进行系统进化树的构建,采用 Maximum Parsimony(MP)、Minimal Evolution(ME)和 Neighbor-Joining(NJ)的遗传距离建树法构建进化树,手动删除同源差异较大的序列,并对生成的树进行 Bootstrap 校正,设置 1000 次重复检测。

四、植物 miR396 家族成员二级结构预测及生产的成熟体位置特点分析

采用 Mfold 3.5 软件进行植物 miR396 家族成员二级结构预测及成熟体特征分析。采用 Rfam 12.0 软件对 miR396 家族成员二级结构特征和顺式作用元件进行预测分析。

五、植物 miR396 家族成员的靶基因预测

采用 psRNATarget 软件对植物 miR396 家族成员的靶基因进行预测分析。

六、龙眼 gDNA 和总 RNA 的提取及 cDNA 逆转录

不同光强的蓝光 EC 采用 TriPure 试剂盒(Invitrogen)进行总 RNA 的提取;龙眼不同组织部位的 RNA 提取采用天根多糖多酚 RNA 提取试剂盒。选取紫外分光光度计检测 OD260/280 值范围在 1.8～2.0,并且凝胶电泳显示其完整性良好的 RNA 备用。取龙眼 EC 进行 gDNA 提取,用于龙眼 miR396a、miR396b 的前体克隆。不同光照处理的龙眼 EC、不同组织部位总 RNA 采用 SYBR ExScript™(Takara,日本)进行逆转录,以用于实时定量 PCR 分析。相关引物信息见表 5-1。

表 5-1　引物信息

引物名称	引物序列	退火温度/℃	延伸时间/s	用途
dlo-miR396a-F	ACCCACTCCCTGAATCAACA	60	30	miR396a-3p_2 克隆
dlo-miR396a-R	ACCATTGAAGGAGCAGTCAGAC			
dlo-miR396b-F	GTGAGTGAGATAGAACCCTACTC	60	30	miR396b-5p 克隆
dlo-miR396b-R	TGAAACGAATTGTAAATCAGCAAC			

引物名称	引物序列	退火温度/℃	延伸时间/s	用途
miR396a-3p_2-Q	GTTCAATAAAGCTGTGGGAA	60	—	qPCR
miR396b-5p-Q	AAGCTCAGGAGGGATAGCGC	62	—	qPCR
GRF2-QF	GCAGACTTTGGTGTGTGATTGA	60	—	qPCR
GRF2-QR	TGACCCATTTGTCTCCTCCA			
RD21a-QF	GGGTGAGGCAGGCTACATTA	60	—	qPCR
RD21a-QR	GGAGGAGATGGTCCAGGATT			
rpoA-QF	TGCTAAGTGGTATTCGTCATCG	60	—	qPCR
rpoA-QR	CTCGGCTTGACATCACAATG			

七、龙眼 miR396a、miR396b 前体的克隆

对龙眼转录组数据库的筛选,获得龙眼 miR396a-3p、miR396b-5p 成熟体及前体序列。采用 RT-PCR 克隆的方法进行龙眼 miR396a、miR396b 前体序列的克隆。

八、龙眼 miR396a、miR396b 前体序列分析及二级结构预测

采用 DNAMAN V6.0 软件对龙眼 miR396a、miR396b 前体序列进行比对分析。采用 Mfold 3.5 软件对龙眼 miR396a、miR396b 进行前体二级结构预测及成熟体特征分析。

九、龙眼 miR396a、miR396b 初级体转录起始位点预测及启动子顺式元件预测分析

采用 BDGP 软件对龙眼 miR396a、miR396b 初级体转录起始位点进行预测分析。从龙眼基因组数据库(Lin et al.,2017)提取得到 miR396a、miR396b 的启动子序列。采用 PlantCARE 软件(http://bioinformatics.psb.ugent.be/webtools/plantcare/html/)对龙眼 miR396a、miR396b 启动子顺式元件进行预测分析。

第二节　miR396 生物信息学分析

一、植物 miR396 家族前体和成熟体分布

在 miRBase 21.0 数据库已登录的 223 个物种中,有 49 个物种存在 miR396。miR396 家族成员前体和成熟体在各物种中的分布数量见表 5-2。49 个物种中有 43 个物种属于被子植物,其中包括十字花科(6 种)、禾本科(8 种)、豆科(3 种)、大戟科(3 种)、茄科(3 种)、蔷薇科(3 种)、芸香科(2 种)等。其余门类物种分别为裸子植物(3 种)、蕨类植物(1 种)、草本植物(1 种)和木本植物(1 种)。被子植物的数量远高于其余门类植物。不同物种 miR396 家族成

员的前体(1~21 个)和成熟体(1~22 个)数量差异也比较大。其中裸子植物松科的云杉数量最多,是目前 miR396 家族成员分布最多最全的物种,推测 miR396 在云杉中进化得最为完整,在云杉的生长过程中可能发挥重要的调控作用。另外,植物 miR396 家族成员的前体和成熟体数量都符合 $2n_{前体} \geqslant n_{成熟体}$ 这一规则。

表 5-2 植物 miR396 家族成员前体和成熟体物种分布和数量

门	科	物种	简写	成熟体	前体
				miR396	miR396
被子植物	十字花科	拟南芥	ath	4	2
		琴叶拟南芥	aly	4	2
		芜菁	bra	2	1
		油菜	bna	1	2
		蒺藜苜蓿	mtr	5	3
		亚麻荠	cas	2	2
	禾本科	水稻	osa	13	8
		高粱	sbi	5	4
		甘蔗	sof	1	1
		玉米	zma	13	8
		短柄草	bdi	10	5
		小麦	tae	1	1
		高羊茅	far	1	1
		节节麦	ata	10	5
	豆科	大豆	gma	15	11
		相思树	amg	1	1
		大叶相思	aau	1	1
	大戟科	橡胶树	hbr	2	2
		木薯	mes	6	6
		蓖麻	rco	1	1
	茄科	番茄	sly	3	2
		马铃薯	stu	2	1
		烟草	nta	3	3
	蔷薇科	苹果	mdm	7	7
		野草莓	fve	8	5
		巴旦木	ppe	2	2
	芸香科	甜橙	csi	10	6
		柚	ccl	1	1

续表

分类				miR396	
门	科	物种	简写	成熟体	前体
被子植物	葡萄科	葡萄	vvi	4	4
	葫芦科	甜瓜	cme	5	5
	杨柳科	毛果杨	ptc	9	7
	亚麻科	亚麻	lus	5	5
	菊科	刺棘蓟	cca	4	1
	番木瓜科	番木瓜	cpa	1	1
	梧桐科	可可	tcc	5	5
	无油樟科	无油樟	atr	5	5
	红树科	木榄	bgy	2	2
	凤梨科	莺歌凤梨	vca	4	2
	桃金娘科	红果仔	eun	4	2
	天门冬科	芦笋	aof	2	2
	玄参科	毛地黄	dpr	1	1
	锦葵科	陆地棉	ghr	2	2
	豆科	百脉根	lja	1	1
裸子植物	松科	火炬松	pta	1	1
		高山松	pde	1	1
		云杉	pab	22	21
蕨类植物	卷柏科	卷柏	smo	1	1
草本植物	唇形科	南欧丹参	ssl	1	1
木本植物	马鞭草科	海榄雌	ama	2	1

在 miRBase 数据库中已登录的植物 miR396 家族的 174 个 miR396 前体和 222 个成熟体中,前体长度分布在 74～277 nt,成熟体长度分布在 19～24 nt,其长度差异较大,推测各物种 miR396 家族成员在形成过程中存在复杂的机制,物种特异性是最重要的因素之一。马铃薯(*Solanum tuberosum* L.)的 1 个 miR396 前体、拟南芥(*Arabidopsis thaliana*)的 2 个 miR396 前体、短柄草(*Brachypodium distachyon*)的 5 个 miR396 前体都有在 3p 臂上和 5p 臂上形成成熟体;有 28 个物种的 miR396 成员的成熟体没有区分是来自 3p 臂或 5p 臂,其余物种的 miR396 成员部分含有 5p 臂或 3p 臂的成熟体。已登录的植物 miR396 成员中共有 48 条 5p 臂上和 48 条 3p 臂上形成成熟体序列。

二、植物 miR396 家族前体和成熟体进化分析

(一) 植物 miR396 家族前体进化分析

为了进一步了解植物 miR396 家族成员的进化关系,对 miRBase 数据库已登录的 49 个物

种的共 174 个 miR396 前体序列和 222 个成熟体序列分别构建进化树,结果如图 5-1 和图 5-2
所示。从图 5-1 可知,除少数物种外,多数物种的 miR396 家族成员前体有着物种聚集更近的
现象。逆时针依次为第一支到第三支。例如,被子植物十字花科的拟南芥主要分布于第三支;
被子植物禾本科的水稻主要分布于第二支和第三支;裸子植物松科的云杉也主要聚集于第二
支和第三支,只有 Pab-miR396S 单独分布于第一支,可能除物种亲缘关系外,还有其他因素影
响着云杉 Pab-miR396S 的进化,又或者 Pab-miR396S 有着不同功能。综上所述,物种的亲缘
关系是影响植物 miR396 家族成员前体进化特性的主要因素,此外还存在其他因素。

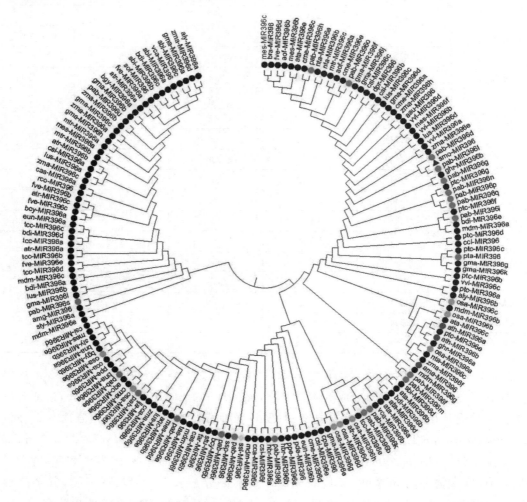

黑色图标—被子植物;绿色图标—裸子植物;蓝色图标—蕨类植物;黄色图标—草本植物;

红色图标—木本植物;浅蓝色—水稻;紫色—拟南芥。

图 5-1　利用 NJ 法构建植物 miR396 家族成员前体进化树

(二) 植物 miR396 家族成熟体进化分析

　　从图 5-2 可知,植物 miR396 成熟体也可划分为三大支,裸子植物少数成员和木本植物分
布于第一支;裸子植物多数成员、蕨类植物、草本植物均分布于第三支(逆时针依次为第一支到

第三支）。miR396 家族成员分布呈现聚集规律,其中第一支和第二支 miR396 家族成员的 3p 臂形成的成熟体分布较为集中。第三支 miR396 家族成员的 5p 臂形成的成熟体分布较为集中。此外,聚类分析结果表明,物种相关性不是影响植物 miR396 家族成员成熟体进化的主要因素。

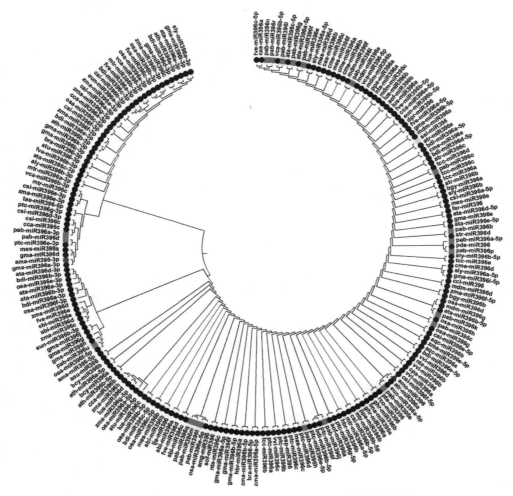

图 5-2　利用 NJ 法构建植物 miR396 家族成员成熟体进化树

三、植物 miR396 家族二级结构特点

为了解植物 miR396 家族成员的分子特性,利用 Refam 12.0 在线软件对其进行序列保守性分析和基序(motif)预测,结果如图 5-3 所示。从图 5-3A 可知,植物 miR396 前体 3p 臂上与 5p 臂上的序列保守性较为一致。miR396 家族成员可以形成典型的茎环结构,并且茎序列的保守性比环序列高。从图 5-3B 可知,在植物 miR396 前体序列中预测到一种类型的保守基序:UNCG 环(UNCG tetraloop motif)。在 miR396 发夹结构中包含 UNCG 环,其氢键作用将促使结构和热动力学的稳定。

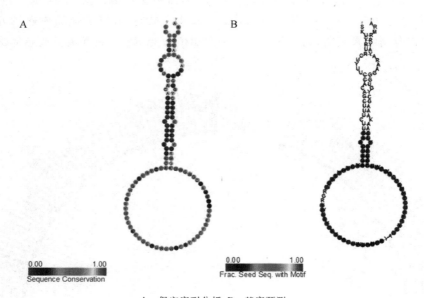

A—保守序列分析；B—基序预测。

图 5-3　植物 miR396 家族成员前体序列保守性分析及基序预测

四、植物 miR396 家族成员二级结构预测及成熟体形成位置的分析

查找 miRBase 数据库已登录的植物 miR396 家族成员，发现其前体生成成熟体数量最多为 2 个。为了进一步了解植物 miR396 家族成员前体形成成熟体的特点，本研究选取不同物种 miR396 家族成员前体（hbr-miR396a、sbi-miR396b、ptc-miR396c、vvi-miR396d、gma-miR396e），不同物种的同一 miR396 家族成员前体（vvi-miR396a），以及形成 3p、5p 成熟体的 miR396 前体（ath-miR396a、ath-miR396b、osa-miR396a、osa-miR396b）进行二级茎状结构预测，结果如图 5-4 所示。所有 miR396 家族成员前体均存在典型的二级发夹结构，3～7 个不等。形成成熟体的位置有的靠近 5′端，有的靠近 3′端；有的成熟体部分位于环状上，有的成熟体全部位于茎上等。

五、植物 miR396 家族成员的靶基因预测与分析

为进一步了解植物 miR396 家族成员的功能，本研究分别选取了拟南芥（ath-miR396a-5p、ath-miR396a-3p、ath-miR396b-5p、ath-miR396b-3p）、水稻（osa-miR396a-5p、osa-miR396a-3p、osa-miR396b-5p、osa-miR396b-3p）、玉米（zma-miR396a-5p、zma-miR396a-3p、zma-miR396b-5p、zma-miR396b-3p）、大豆（gma-miR396a-5p、gma-miR396a-3p、gma-miR396b-5p、gma-miR396b-3p）4 个模式植物的靶基因和龙眼（dlo-miR396a-3p_2、dlo-miR396b-5p），通过 psRNA Target 在线软件对植物 miR396 的靶基因进行预测，结果见表 5-3。

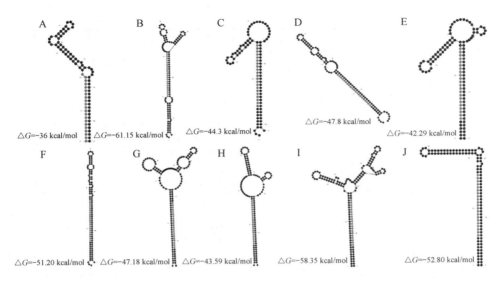

A—hbr-miR396a；B—sbi-miR396b；C—ptc-miR396c；D—vvi-miR396d；E—gma-miR396e；
F—vvi-miR396a；G—ath-miR396a；H—ath-miR396b；I—osa-miR396a；J—osa-miR396b。

图 5-4　植物 miR396 家族成员前体二级茎状结构及成熟体位置分析

表 5-3　植物 miR396 家族成员靶基因预测

名称	作用方式	靶基因数量	靶基因 ID
ath-miR396a-5p	裂解	33	AT2G34530.2、AT2G34530.1、AT5G01370.1 AT5G43060.1、AT3G52910.1 等
	翻译		AT3G14110.3、AT3G14110.1、AT3G14110.2 AT1G35370.1、AT3G19400.2 等
ath-miR396a-3p	裂解	4	AT3G54280.1、AT3G54280.2、AT2G46060.1、 AT2G46060.2
	翻译		—
ath-miR396b-5p	裂解	33	AT5G01370.1、AT2G34530.2、AT2G34530.1、 AT5G43060.1、AT5G53660.1 等
	翻译		AT3G14110.1、AT3G14110.2、AT3G19400.1、 AT1G35370.1、AT3G14110.3 等
ath-miR396b-3p	裂解	5	AT5G45070.1、AT3G54280.1、AT3G54280.2
	翻译		AT5G07700.1、AT2G03250.1
osa-miR396a-5p	裂解	39	Os01g32750.1、Os04g57050.1、Os06g10310.1、 Os06g02560.2、Os04g51190.3 等
	翻译		Os09g29584.1
osa-miR396a-3p	裂解	6	Os08g45210.1、Os08g45210.2、Os02g13270.1、 Os08g27040.1、Os08g27040.2、Os11g47130.1
	翻译		—

续表

名称	作用方式	靶基因数量	靶基因 ID
osa-miR396b-5p	裂解	39	Os11g47130.1、Os04g57050.1、Os06g10310.1、Os06g02560.2、Os04g51190.3 等
	翻译		Os09g29584.1
osa-miR396b-3p	裂解	6	Os08g45210.1、Os08g45210.2、Os02g13270.1、Os08g27040.1、Os08g27040.2、Os11g47130.1
	翻译		—
zma-miR396a-5p	裂解	74	CF349199、TC528965、TC502172、CO529749、DT645995 等
	翻译		TC531137、TC480439、TC489193、TC510552、TC533507 等
zma-miR396a-3p	裂解	6	EC869173、CF349199、EB707867、EC869560
	翻译		TC534016、TC498468
zma-miR396b-5p	裂解	74	CF349199、TC528965、TC502172、CO529749、DT645995 等
	翻译		TC531137、TC480439、TC489193、TC533507、TC510552 等
zma-miR396b-3p	裂解	6	EC869173、CF349199、EB707867、EC869560
	翻译		TC534016、TC498468
gma-miR396a-5p	裂解	30	BM525759、TC468485、DB955899、TC468675、TC475192 等
	翻译		—
gma-miR396a-3p	裂解	9	AW185074、TC448950、EV278435
	翻译		TC484075、TC434783、TC421501、TC426278、TC461719、BW684660
gma-miR396b-5p	裂解	30	TC475192、BM525759、TC468485、BW670230、DB955899 等
	翻译		—
gma-miR396b-3p	裂解	5	CX708505、TC489898
	翻译		BU549122、AW508376、TC420842
dlo-miR396a-3p_2		9	Dlo_005916.2、Dlo_019280.2、Dlo_005636.2、Dlo_031447.1、Dlo_033573.1 等
dlo-miR396b-5p		29	Dlo_029844.1、Dlo_023950.1、Dlo_025562.1、Dlo_025566.1、Dlo_009028.1 等

  不同物种不同 miR396 家族成员预测到靶基因数量 4~74 条不等。同物种的不同 miR396 家族成员的靶基因完全相同或部分相同。同一物种同一成员不同臂上的成熟体靶基因数量均不同,可能是因为 5p 臂和 3p 臂的成熟体形成的机制不相同,但也发现 4 种模式植物

中,同物种 5p 臂上的靶基因数量均相同。从植物 miR396 的作用方式来看,其成员基本包括裂解和抑制翻译两种方式。从靶基因的功能来看,生长素调控因子(growth-regulating factor)出现的频率最高,其次还包括颗粒体蛋白重复半胱氨酸蛋白酶家族蛋白(granulin repeat cysteine protease family protein)、半胱氨酸蛋白酶超家族蛋白(cysteine proteinases superfamily protein)、泛素化超家族蛋白(ubiquitin-like superfamily protein)、茉莉酸 O-甲基转移酶(jasmonate O-methyltransferase)、泛素-蛋白连接酶 COP1(ubiquitin-protein ligase COP1)、脂质磷酸酯磷酸酶 3(lipid phosphate phosphatase 3)、亮氨酸重复家族蛋白(leucine rich repeat family protein)、磷酸烯醇式丙酮酸羧化酶激酶(phosphoenolpyruvate carboxylase kinase)等。龙眼靶基因的功能与 4 个模式植物基本类似。

六、龙眼 miR396a、miR396b 前体的克隆

以龙眼 EC gDNA 作为模板,对 miR396a 和 miR396b 进行 PCR 扩增,分别在 500 bp 和 600 bp 的位置出现特异性条带,结果如图 5-5 所示。挑选特异性的目的条带菌液送上海博尚生物技术有限公司进行测序。测序结果分别获得 2 个 300 bp 的核苷酸序列,将其与龙眼转录组的 miR396a、miR396b 的前体序列进行比对,发现两者序列基本相同,且 miR396a-3p_2、miR396b-5p 的成熟体序列也完全一致(图 5-6)。因此,本研究分别将 2 个 300 bp 的核苷酸序列作为龙眼 miR396a、miR396b 的前体序列,命名为 dlo-miR396a、dlo-miR396b。

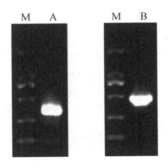

A—miR396a 前体扩增产物;B—miR396b 前体扩增产物。

图 5-5 龙眼 miR396a、miR396b 的前体克隆凝胶成像

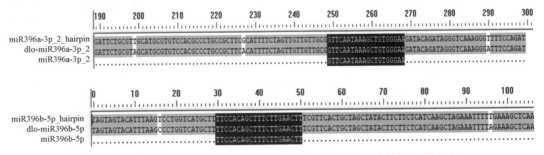

图 5-6 龙眼与龙眼转录组 miR396a、miR396b 的前体和成熟体序列比对

注:miR396a-3p_2_hairpin、miR396b-5p_hairpin 为龙眼转录组的前体序列;

dlo-miR396a、dlo-miR396b 为克隆的龙眼前体序列;miR396a-3p_2、miR396b-5p 为成熟体序列。

七、龙眼 miR396 前体和成熟体进化分析

（一）龙眼 miR396 前体进化分析

为进一步了解 miR396 的进化规律，本研究选取十字花科、禾本科、豆科、大戟科和无患子科的 miR396 前体序列和成熟体序列构建进化树，结果如图 5-7 至图 5-9 所示。

从图 5-7 分析可知，miR396 前体序列共划分为 4 个分支，从上往下依次为第一分支到第四分支，其物种聚集程度较为分散。龙眼 miR396a 的前体位于第二分支，与大戟科的 hbr-miR396b 亲缘关系最近。龙眼 miR396b 的前体位于第四分支，与大戟科的 hbr-miR396a 和十字花科的 bna-miR396a、cas-miR396b 亲缘关系最近。

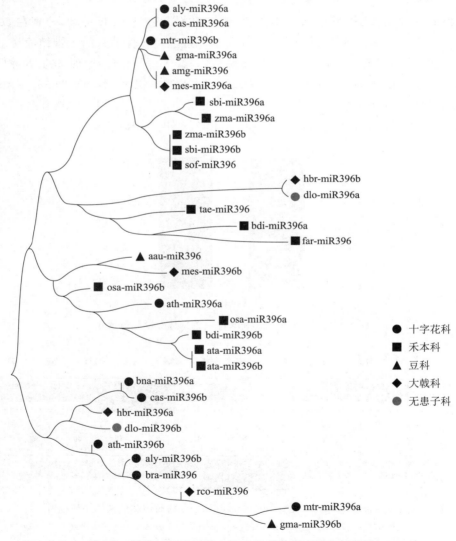

图 5-7　植物 miR396a 和 miR396b 前体序列进化树分析

（二）龙眼与其他 4 个物种 miR396 成熟体进化分析

从图 5-8 分析可知,植物 miR396a 进化树发现 5 个科植物共计 29 个成熟体可以分为两大分支,但是物种聚集程度较为分散。不同物种的 miR396a-5p 主要分布于其中一个小分支;而miR396a-3p 主要聚在另一分支,龙眼 miR396a-3p_2 位于这一分支,与 zma-miR396a-3p、osa-miR396a-3p 亲缘性很近。3p 臂和 5p 臂的成熟体聚集程度都较高,但没有按照同门、同科的亲缘关系聚类。另外,进一步比对分析植物 miR396a 的成熟体序列,发现两大分支之间的成熟体序列差异明显。miR396a-5p 为主的分支成熟体序列中除 hbr-miR396a、bdi-miR396a-5p、far-miR396、ata-miR396a-5p 外,其余序列差异较小;miR396a-3p 为主的分支成熟体序列中除 tae-miR396a-5p 外,其他序列也差异较小。从以上分析可以看出,物种差异性对植物 miR396a 成熟体的聚类影响程度不大,而序列的保守性是聚类分析的重要标准。这可能是植物 miR396a 基本分布于进化程度较高的被子植物中,所以物种差异对其影响很小。

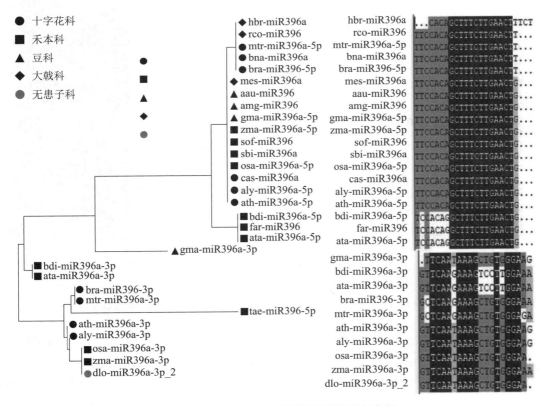

图 5-8　植物 miR396a 成熟体序列进化树分析

从图 5-9 分析可知,植物 miR396b 进化树发现 5 个科类植物中共计 28 个成熟体可以分为三大分支(从上往下依次为第一、第二、第三分支),但是物种聚集程度较为分散。不同物种的miR396b-5p 主要分布于第一和第二分支,龙眼 miR396b-5p 位于第一分支;miR396b-3p 主要分布于第三分支。3p 臂和 5p 臂的成熟体聚集程度都较高,但未按同门、同科的亲缘关系聚类。另外,进一步比对分析植物 miR396b 的成熟体序列,发现两大分支之间的成熟体序列差异明显。miR396b-5p 为主的分支成熟体序列中除 bdi-miR396b-5p、far-miR396、ata-miR396b-5p 外,其余序列差异较小;miR396b-3p 为主的分支成熟体序列也差异也较小。从图 5-8 和 5-9 的分析可以看出,植物 miR396 中 3p 臂与 5p 臂的成熟体序列之间差异显著,而不同物种中 3p 臂或 5p 臂的成熟体序列的保守性较高。

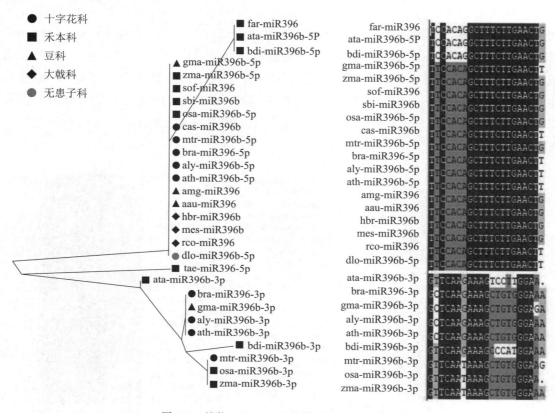

图 5-9　植物 miR396b 成熟体序列进化树分析

八、龙眼 miR396a、miR396b 前体二级茎状结构及生成成熟体特征分析

采用 Mfold 在线软件预测 miR396a、miR396b 前体序列的二级茎状结构,结构如图 5-10 所示。龙眼 miR396a、miR396b 前体可以形成典型的发夹结构,其结构最小自由能(ΔG)分别为 -97.3 kcal/mol、-106.3 kcal/mol。龙眼 miR396a-3p_2 成熟体序列为 3p 臂序列无环状序列;龙眼 miR396b-5p 成熟体序列为 5p 臂序列无环状序列。另外,对图 5-4 形成 3p 臂和 5p 臂成熟体的拟南芥(ath-miR396a、ath-miR396b)、水稻(osa-miR396a、osa-miR396b)2 个物种进行比较,发现其成熟体均不位于环状序列,这可能是 miR396a 和 miR396b 前体生成 3p 臂和 5p 臂成熟体的特征。

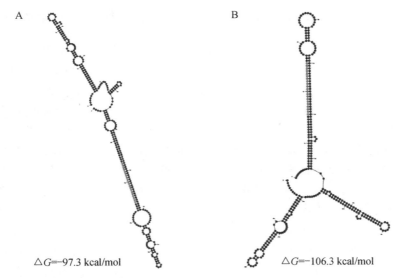

$\triangle G$=-97.3 kcal/mol $\triangle G$=-106.3 kcal/mol

图 5-10 龙眼 miR396a(A)、miR396b(B)前体二级结构和成熟体位置示意

九、miR396a、miR396b 前体转录起始位点预测分析

基于龙眼 miR396a、miR396b 前体序列,结合龙眼基因组数据,提取包括前体序列在内的上游 3K bp 作为研究对象。采用 BDGP 在线软件预测以上序列的转录起始位点,其之前作为启动子序列,结果见表 5-4。在关于 miR396a 前体预测中,2909～2959 bp 区域分值最高,且最接近其前体序列,推测其为转录起始区域,A 为转录起始位点。在关于 miR396b 前体预测中,2 个区域的得分值都较为接近,但是 2809～2859 bp 区域靠近其前体序列,所以推测其为转录起始区域,A 为转录起始位点。

表 5-4 转录起始位点预测分析

miR396 家族成员前体	转录起始区域		得分	转录起始区域序列及转录点
	开始	结尾		
miR396a 前体	2569	2619	0.99	TTGGTTCCAATAAAAAACGGACAGATCTGAAGTGGGGCCC**A**TATTGTGCC
	2886	2936	0.98	GGATTGATGGTAAAAAGGACCCTCCAGTTTCCCTATAAAT**A**CCCACCCAC
	2909	2959	0.99	CCAGTTTCCCTATAAATACCCACCCACTCCCTGAATCAACA**A**TTCACACTA
miR396b 前体	2334	2384	0.91	GATAAATTGATAAAACCCCCCCCAAAAAAAAAAATGGTATC**A**TGAACAACA
	2809	2859	0.90	TCTCTCCCTCTATAAAGCTGTTACACAGATTATATGTGCT**A**GAGTGGTCC

十、龙眼 miR396a-3p 和 miR396b-5p 启动子顺式作用元件预测分析

根据表 5-4 分析确定 miR396a-3p 和 miR396b-5p 启动子区域后,采用 plantCARE 在线软件预测其启动子顺式作用元件,结果如图 5-11 和图 5-12 所示。miR396a-3p 的启动子中,最多的顺式作用元件为光响应元件(40 个);其次为含有 5 种激素响应元件,即乙烯(4 个)、茉莉酸甲酯响应元件(2 个)、水杨酸响应元件(2 个)、生长素响应元件(1 个)和赤霉素响应元件(1 个);还含有防御和压力响应元件(3 个)、热响应元件(4 个)、生物钟顺式作用元件(4 个)和真菌诱导子响应元件(2 个)。miR396b-5p 的启动子中最多的顺式作用元件为光响应元件(32 个);其次为含有 6 种激素响应元件,即茉莉酸甲酯响应元件(9 个)、水杨酸响应元件(4 个)、生长素响应元件(3 个)、赤霉素响应元件(2 个)、脱落酸响应元件(1 个)和乙烯响应元件(1 个);还含有防御和压力响应元件(3 个)、热响应元件(4 个)和类黄酮生物合成基因调控元件(1 个)。比较 miR396a-3p 和 miR396b-5p,发现两者均含有较多的光响应元件和激素响应元件,所含启动子顺式作用元件类型也基本相同。例如,miR396a-3p 和 miR396b-5p 均含有乙烯响应元件,这与第四章的结论相符合。两者均含有 3 个防御和压力响应元件,推测其在植物响应外界环境时起到重要的调控作用。但是,个别元件在 miR396a-3p 和 miR396b-5p 中具有特异性。例如,miR396a-3p 启动子含有 4 个生物钟顺式作用元件,推测其与生物钟调控相关。miR396b-5p 启动子含有 9 个茉莉酸甲酯响应元件,而茉莉酸甲酯通常与激发防御植物基因的表达有关,推测 miR396b-5p 可能参与植物防御系统调控。启动子顺式作用元件分析结果表明 miR396a-3p 和 miR396b-5p 可能通过这些顺式元件在龙眼光响应过程中起调控作用。

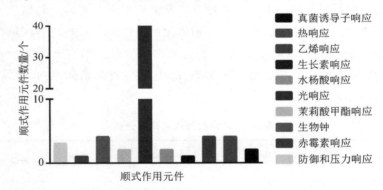

图 5-11　miR396a 启动子顺式作用元件分析

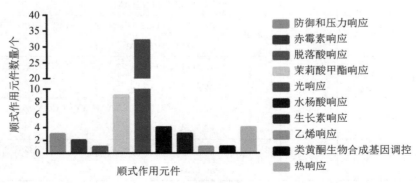

图 5-12　miR396b 启动子顺式作用元件分析

十一、龙眼 miR396a-3p_2、miR396b-5p 在不同组织部位的表达模式分析

龙眼 miR396a-3p_2、miR396b-5p 在不同组织部位的 qPCR 结果如图 5-13 所示。miR396a-3p_2、miR396b-5p 在不同组织部位都呈现相似的表达模式。miR396a-3p_2、miR396b-5p 均在根中的表达量最高，而在新叶和幼果中的表达量最低。推测 miR396a-3p_2、miR396b-5p 可能在组织器官发育初期呈现低表达量。

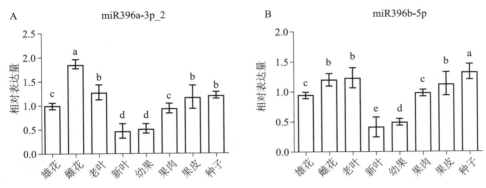

图 5-13　龙眼 miR396a-3p_2、miR396b-5p 在不同组织部位的相对表达量

十二、龙眼 miR396a-3p_2、miR396b-5p 在不同光质中的表达模式分析

龙眼 miR396a-3p_2、miR396b-5p 在不同光质中的 qPCR 结果如图 5-14 所示。miR396a-3p_2、miR396b-5p 在不同光质处理中呈现不同的表达模式。miR396a-3p_2 在蓝光处理下表达量最高，白光次之，黑暗最低；miR396b-5p 在白光处理下表达量最高，黑暗次之，蓝光最低。虽然 miR396a-3p_2、miR396b-5p 均为同一家族成员，但是其表达模式截然不同。

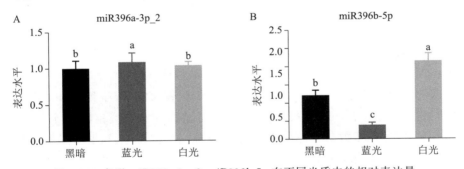

图 5-14　龙眼 miR396a-3p_2、miR396b-5p 在不同光质中的相对表达量

十三、龙眼 miR396a-3p_2、miR396b-5p 在不同光强的蓝光中的表达模式分析

由于差异表达 miRNAs 中，miR396a-3p_2、miR396b-5p 只在 DB 组合出现，所以推测其为龙眼响应蓝光特异表达的 miRNAs。龙眼 miR396a-3p_2、miR396b-5p 在不同光强的蓝光中的 qPCR 结果如图 5-15 所示。黑暗到 32 μmol·m^{-2}·s^{-1} 时，miR396a-3p_2 与其靶基因

$rpoA$ 的表达量的趋势呈现负相关，32 μmol·m^{-2}·s^{-1} 到 128 μmol·m^{-2}·s^{-1} 时，miR396a-3p_2 与其靶基因 $rpoA$ 的表达趋势呈现正相关。推测靶基因 $rpoA$ 在蓝光响应阶段可能由 miR396a-3p_2 与其他 miRNAs 或家族成员同时调控，从而实现靶基因转录水平的调控。miR396b-5p 与其靶基因 $EBF1/2$、$EIN3$、$GRF2$、$RD21a$、$FLS2$ 的表达趋势基本呈现负相关，表明 miR396b-5p 可能通过负调控靶基因，参与蓝光对龙眼 EC 的生长发育或功能性代谢产物的影响。这种调控机制有待遗传转化进一步验证。

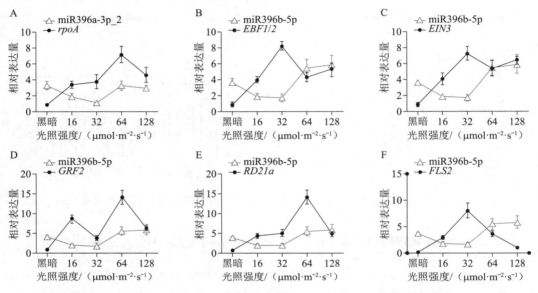

图 5-15　龙眼 miR396a-3p_2、miR396b-5p 和靶基因在不同光强的蓝光的关系

第三节　miR396 功能讨论

一、植物 miR396 家族成员的进化特点

本研究表明，miR396 家族是植物 miRNA 中一个比较大的家族，目前 miRBase 数据库中已登录 49 个物种，其中包括 43 个被子植物、3 个裸子植物、1 个蕨类植物、1 个草本植物和 1 个木本植物。miR396 家族多数属于被子植物，少数其他门类植物，虽然未在苔藓植物中发现，但也证实了 miR396 家族在植物中的保守性。

从植物 miR396 前体的进化树可知，物种的亲缘性是植物 miR396 家族前体进化特性的主要因素。而从 miR396 成熟体进化树可知，5p 臂或 3p 臂上形成的成熟体都分别聚在一支。5P 臂上的成熟体序列保守性较高，这与 miR171（王艳芳、周瑞莲、赵彦宏，2015）、miR172（刘炜嫚，2018）、miR396（翟俊森、栾雨时、崔娟娟，2013）等研究相同，表明序列的保守性是 miR396 成熟体聚类的主要因素，其次才取决于物种差异性。这也可能与植物 miR396 家族成员绝大多数分布于被子植物有关。类似的结论在王艳芳关于植物 miR171 的研究中也有所报道（王艳芳、周瑞莲、赵彦宏，2015）。此外，还发现 miR396 前体和成熟体的进化树分支较多，推测 miR396 家族来源于古老的祖先并经历了反向重复、随机起源、串联重复、片段重复等进化方式的更迭和长期复杂的进化演变过程(Liu et al. ,2021a)。

从植物 miR396 家族成员结构分析可知,其具有典型的茎环二级结构,茎序列的保守性高于环序列。同时还预测到 1 个 UNCG 保守基序,表明 miR396 家族前体结构稳定。miRNA 首先由 RNA 聚合酶转录成初级体,紧接着切割成具有发夹结构的前体,在 Dicer 的作用下加工为成熟体(Budak and Akpinar,2015;Muthamilarasan,2013)。不同成员的 miR396 成熟体在前体上切割的位置不同,有的在茎序列,有的在环序列,有的在 3P 臂上,有的在 5P 臂上,表明 miR396 成熟体来源的多样性。

二、龙眼 miR396 在光响应过程中的作用

为进一步研究龙眼 miR396a 和 miR396b 的功能,利用 psRNATarget 在线软件预测其靶基因,发现这些靶基因功能也各不相同。半胱氨酸蛋白酶(cysteine proteinase)作为一种重要的水解类蛋白酶家族,广泛地参与植物的各种生命活动。相关研究已经表明,在植物受到环境因素(低温、干旱和光照等)影响时,半胱氨酸蛋白酶基因表达上调(Furuishi et al. ,2015)。本研究发现 miR396b-5p 的靶基因 RD21a 为半胱氨酸蛋白酶,龙眼 miR396b-5p 可能通过负调控靶基因 RD21a 响应蓝光。

靶基因 LRR 类受体丝氨酸(FLS2)是细胞质膜上的受体,感知外界因素变化时,能够触发下游响应,主动关闭气孔,构筑起防卫反应的第一道防线(Arnaud and Hwang,2015)。本研究发现蓝光培养下,龙眼 EC miR396b-5p 与靶基因 FLS2 的表达量基本呈负相关,推测 miR396b-5p 通过负调控靶基因 FLS2 参与蓝光对龙眼细胞信号转导的影响。

植物 miR396 能通过靶定 GRF 家族基因调控其生长发育。当植物受外界因素影响时,miR396 的表达量上调,抑制 GRF 基因的表达水平,从而抑制植物生长,使其能够更好地应对外界因素造成的影响(Chen,Luan,and Zhai,2015)。本研究发现蓝光培养下,龙眼 EC miR396b-5p 与靶基因 GRF2 的表达量基本呈负相关,推测 miR396b-5p 通过负调控靶基因 GRF2 参与蓝光对龙眼生长发育的影响。

靶基因 EIN3 作为乙烯合成途径中的关键酶,其表达水平直接影响到乙烯的合成量。乙烯是一种气态植物激素,在植物的生长发育、次生代谢、响应外界因素中都起到重要的调控作用(张弨、董春海,2016)。有研究发现 EIN3 参与抗盐,抗冻,抗机械伤胁迫等的功能(Li et al. ,2013;Jyoti,Azim,and Robin,2020)。另外,关于长春花(Chang et al. ,2018)、橡树(Zhang et al. ,2017)、人参悬浮细胞(Zhu and Helliwell,2011)的研究表明,乙烯能够影响植物代谢的合成。徐梦珂等(2018)关于拟南芥的研究充分证明了 EIN3 能够参与花青素的调控。另外,靶基因 EBF1/2 也为乙烯合成关键基因。本研究发现蓝光培养下,龙眼 EC miR396b-5p 与靶基因 EBF1/2、EIN3 的表达量基本呈负相关。因此,miR396b-5p 可能通过靶基因 EBF1/2、EIN3 参与蓝光对龙眼功能性代谢产物的调控。

第六章 龙眼 *BRI1* 基因家族的全基因组鉴定、表达分析及相关功能研究

由不同光质对龙眼 EC 的 miRNAs 组学分析结果可知,差异表达 miR390e 的一个靶基因为 *BRI1*。mRNAs 组学分析结果中 *BRI1* 也是差异表达基因,并且两者均为蓝光调控龙眼功能性代谢产物的关键基因。因此,本研究将对龙眼 *BRI1* 基因家族进行进一步的成员鉴定和光响应表达分析研究,以及龙眼 miR390e 的靶标验证与功能研究。

第一节 龙眼 *BRI1* 基因家族的全基因组鉴定与表达分析

油菜素内酯(BR)作为一种天然的植物激素,在植物生长发育、器官分化、生物胁迫、非生物胁迫和光形态建成等生理过程中扮演重要的调控角色(Liu,2016;Planas-Riverola et al.,2019)。在油菜素内酯信号转导的过程中,油菜素内酯被膜受体 BRI1 识别,通过 BRI1 的磷酸化和去磷酸化传递油菜素内酯信号(Irani et al.,2012)。BRI1 是一个定位于细胞膜上的富含亮氨酸重复序列(LRRs)的类受体激酶(Bojar et al.,2014)。水稻、番茄、豌豆和大麦等一些植物的 *BRI1* 同源基因已经被确定,且关于这些植物突变体的分析中已经表明,*BRI1* 对油菜素内酯的感知和植物的生长发育有着重要作用(王倩楠,2015)。在水稻中,*BRI1* 基因的突变体表现为花器官畸形、叶片扭曲和节间伸长(Nakamura et al.,2006)。在大麦中,*BRI1* 基因的突变体表现为株型矮化和对 BR 的不敏感(Chono et al.,2003)。在番茄中,失去生物功能的 *SlBRI1* 表现为叶片颜色深绿、矮化(Koka et al.,2020)。可见 *BRI1* 在高等植物中的生物学功能具有多样性。目前,已经有多个物种进行了 *BRI1* 基因家族的全基因组鉴定和功能分析,而关于龙眼中 *BRI1* 基因家族的系统分析至今无人报道。

龙眼是无患子科龙眼属植物,具有很高的营养和药用价值。光调控是影响植物功能性代谢产物合成的重要方法之一。植物可以通过细胞表面的受体蛋白来识别响应光信号、激素信号、热信号等各种信号分子,而受体激酶 *BRI1* 是细胞受体中最主要的组成部分(Hao et al.,2017)。诸多研究表明,受体激酶 *BRI1* 和细胞质类受体激酶结合,通过磷酸化接力,实现对下游信号途径的调控,是受体激酶调控细胞活动的核心枢纽(Wang et al.,2008)。光照可能通过受体激酶 *BRI1* 基因,影响其下游基因 *BZR1* 和 *PIF4*,进而影响植物功能性代谢产物积累(Oh,Clouse,and Huber,2012;Liu et al.,2015c)。因此,有必要对龙眼 *BRI1* 基因家族进行系统性分析,探究每个成员潜在的生物学功能,尤其是光照培养龙眼 EC 过程中的生物学功能分析。

　　此外,miRNAs 在光调控植物功能性代谢产物合成过程中也起到重要作用。miRNAs 既可作用于代谢途径合成基因,也可作用于非代谢途径合成基因,进而调控植物代谢产物。Alexandre 等(2011)的研究中已经阐述了 miR393 可以通过作用于非代谢途径合成基因 *ARF1* 和 *ARF9* 进而调控拟南芥芥子油苷的合成。拟南芥中 miR156 通过靶定非代谢途径合成基因 *SPL*,进而调控花青素的合成(Gou et al. ,2011)。因此,推测龙眼 *BRI1* 基因家族可能受到一些 miRNAs 调控。虽然高等植物 *BRI1* 只是一个简单的小基因家族,但是 miRNA 与其之间可能存在复杂的调控网络,有必要对龙眼 *BRI1* 基因家族成员的 miRNA 进行预测及分析。

　　关于高等植物光调控功能性代谢产物合成过程中 *BRI1* 基因家族潜在的生物学功能,需要做进一步分析鉴定。龙眼作为第一个无患子科基因组被破译的物种,其中关键基因的相关信息有待深入挖掘(Lin et al. ,2017)。本研究对龙眼基因组数据库中所有 *BRI1* 基因家族成员进行分析鉴定克隆、系统命名和生物信息学分析,同时对该基因进行不同体胚发生阶段和组织部位的表达量分析,miRNA 预测,不同光质的 miRNA、*BRI1* 基因家族及上下游基因的表达量分析等。以上研究可进一步了解龙眼 *BRI1* 基因家族的生物学功能,有利于进一步揭示光对龙眼功能性代谢产物影响的分子机制。

一、*BRI1* 生物信息学方法

(一) 总 RNA 提取及 cDNA 逆转录

　　针对龙眼体胚发育不同阶段培养物采用 TriPure 试剂盒(Invitrogen)进行总 RNA 的提取;而龙眼不同组织部位的 RNA 提取采用天根多糖多酚 RNA 提取试剂盒。选取紫外分光光度计检测 $OD_{260/280}$ 值范围在 1.8~2.0,并且凝胶电泳显示其完整性良好的 RNA 备用。接着,采用 GeneRacer Kit(Invitrogen,USA)进行全长 cDNA 的逆转录,用于完整 ORF 验证。克隆所用到的引物序列见表 6-1。不同组织部位、不同光质处理的龙眼 EC 总 RNA 采用 SYBR ExScript™(Takara,日本)进行逆转录,以用于实时定量 PCR 分析。

表 6-1　*DlBRI1* 基因克隆所用引物信息

引物名称	引物序列(5′→3′)	扩增片段/bp	退火温度/℃	延伸时间
DlBRI1-1-F1	ATGATATCTTTATTTAGCTTGAGTTCTCTCTC	2167	60	2 min 30 s
DlBRI1-1-R1	TCATTGACCCTGGAATCGG			
DlBRI1-1-F2	AGGTCACACTCAGCCCACAT	1650	60	2 min
DlBRI1-1-R2	CTACTGCCTGGTAGGTTCTGGAGTT			
DlBRI1-2a-F1	ATGAAGATAGAATGGAGGGTATCATCA	2207	58	2 min 30 s
DlBRI1-2a-R1	CCTGGAGTTACTGGTGGTTGAT			
DlBRI1-2a-F2	TGCTCAGCCGCTTTACACA	1600	56	2 min
DlBRI1-2a-R2	TCACAAGTCTTCCATAACGGTCTC			

续表

引物名称	引物序列(5′→3′)	扩增片段/bp	退火温度/℃	延伸时间
DlBRI1-2b-F1	CATGGTGTATCATGTTTCGGTA	1573	56	2 min
DlBRI1-2b-R1	GAGGGATTTCTCCAGTGAGC			
DlBRI1-2b-F2	CAGTTTGGTATGGTTGGACTTG	1758	55	2 min
DlBRI1-2b-R2	CAATTCTCTTAACATTGCCACAAC			
DlBRI1-3-F1	ACAGAAAGTCAGCCGAAGACCT	2008	58	2 min 30 s
DlBRI1-3-R1	CCTTCAGGGATTTCACCAGTG			
DlBRI1-3-F2	GCATTTACAGGAAACATCCGTC	2304	56	2 min 30 s
DlBRI1-3-R2	ATGGTTGAATCAAACGCAATAGTTG			
BZR1-F	TCACTGGGAGGACCAATCTG	175	60	——
BZR1-R	AGGCAACAAGGCTGAAAGTG			

（二）龙眼 *BRI1* 基因家族成员的鉴定

为了鉴定 *DlBRI1* 基因家族成员,本研究以拟南芥、水稻、甜橙基因组中的 *BRI1* 氨基酸序列为种子序列,提取至华大基因公司。进行龙眼基因组数据库同源比对后,筛选注释共获得 29 条完整 ORF 的龙眼 *BRI1* 候选序列。根据基因组注释,采用 NCBI Blast 和 DNAMAN V6.0 软件进行比对分析,初步确定龙眼 *BRI1* 有 5 个家族成员。其中 MTCONS_00022288 与 Dlo_013415.1,它们之间的 CDS 完全相同,视为冗余序列,后续只取其中 1 条分析。因此,初步确定龙眼 *BRI1* 基因家族包含 4 个成员。

（三）龙眼 *BRI1* 基因结构及蛋白结构域分析

使用在线软件进行 *BRI1* 基因的生物信息学的预测与分析,跨膜结构 TMPRED 和磷酸化位点 NetPhos 分析。ExPASy ProtParam 在线软件分析 4 条 BRI1 氨基酸序列的氨基酸数目、分子量、不稳定系数、等电点、疏水性。采用 GSDS 2.0 在线软件对龙眼 *BRI1* 这 4 个家族成员进行基因结构的内含子、外显子特征分析。采用 PSORT 在线软件预测分析龙眼 *BRI1* 基因家族成员亚细胞的定位情况。

（四）*BRI1* 家族成员氨基酸序列系统进化树分析

采用 MEGA 7.0 软件对龙眼、拟南芥、水稻、甜橙、杨树、可可树、橡胶树等 8 个物种的 29 条 *BIR1* 家族成员氨基酸进行系统进化树的构建。其中,运用 Maximum Parsimony（MP）、Minimal Evolution（ME）和 Neighbor-Joining（NJ）的遗传距离建树法构建进化树,手动删除同源差异较大的序列,并对生成的树进行 Bootstrap 校正,设置 1000 次重复检测。

（五）龙眼 *BRI1* 基因的启动子顺式作用元件分析

从赖钟雄团队测定的龙眼基因组（Lin et al.，2017）数据库提取得到 *BIR1* 基因的 ATG 上游 2500 bp 的启动子序列。通常把 ATG 上游 1500~2000 bp 作为启动子序列。本研究分别提取其中 2000 bp，再利用 Plant Care 在线软件分析龙眼 *BRI1* 家族成员的启动子特征及顺式作用元件。

（六）龙眼 *BRI1* 家族成员受调控的 miRNA 预测

采用 psRNATtarget 2017 在线软件对龙眼 *BIR1* 4 个家族成员进行 miRNAs 的预测。

（七）龙眼 *BRI1* 基因的实时荧光定量 PCR

以林玉玲筛选的龙眼 EC 中表达较稳定的 *EF-1a*、*elF-4a* 和 *FSD1a* 基因作为本研究定量分析的内参基因。参照 SYBR ExScript（TakaRa，Japan）试剂盒说明书配制荧光定量 PCR 反应液，使用 LightCycler480 仪器进行 PCR 扩增，3 次生物学重复。20 μL 的 qRT-PCR 反应体系为 10 μL SYBR、7.4 μL ddH$_2$O、1 μL cDNA（不同龙眼组织部位、不同光质处理）、0.8 μL 上游和下游特异性引物。反应程序为 94 ℃预变性 30 s；94 ℃变性 5 s；退火时间 30 s；72 ℃延伸 10 s；循环数 40 个。实验数据统计分析使用 SPSS V19.0 软件，制图使用 GraphPad Prism 6.0 软件和 Omic share 在线软件。

二、*BRI1* 生物信息学分析

（一）龙眼 *BRI1* 基因家族成员的克隆

在龙眼基因组数据库的基础上，运用 RT-PCR 结合 RACE 技术，从龙眼 EC 中获得 4 条 *BRI1* 基因家族成员。由于其序列与柑橘具有较高的同源性，将 Dlo_007546.1、Dlo_033673.1、Dlo_036039.1、Dlo_013415.1 分别命名为 *DlBRI1-1*、*DlBRI1-2a*、*DlBRI1-2b* 和 *DlBRI1-3*，登录号分别为 MF745153、MF745154、MF745155、MF745156（表 6-2）。

表 6-2　*DlBRI1* 基因家族鉴定及登录信息

基因 ID	登录号	ORF 长度/bp	基因名称
Dlo_007546.1	MF745153	3579	*DlBRI1-1*
Dlo_033673.1	MF745154	3399	*DlBRI1-2a*
Dlo_036039.1	MF745155	3254	*DlBRI1-2b*
Dlo_013415.1	MF745156	3666	*DlBRI1-3*

（二）龙眼 *BRI1* 基因家族的鉴定及蛋白特性分析

为了解龙眼 BRI1 蛋白家族成员的生物学特征和潜在功能，运用 ExPASy 软件对其进行理化性质分析,包括氨基酸数目、分子量、分子式、原子数目、正电氨基酸、负电氨基酸、等电位点、不稳定系数、脂溶系数、疏水性,结果见表 6-3。

表 6-3 龙眼 *BRI1* 基因家族基本理化性质分析

理化性质	*DlBRI1-1*	*DlBRI1-2a*	*DlBRI1-2b*	*DlBRI1-3*
氨基酸数目	1132	1192	1085	1121
分子量	123879.64	129893.28	118803.84	132441.70
分子式	$C_{5502}H_{8855}N_{1491}O_{1655}S_{47}$	$C_{5281}H_{8501}N_{1419}O_{1593}S_{45}$	$C_{5756}H_{9139}N_{1561}O_{1755}S_{50}$	$C_{5866}H_{9301}N_{1589}O_{1805}S_{46}$
原子数目	17550	16839	18261	18607
正电氨基酸（Arg＋Lys）	100	95	94	89
负电氨基酸（Asp＋Glu）	114	111	104	107
等电位点	5.95	6.27	5.64	6.00
不稳定系数	31.83	37.87	30.58	36.92
脂溶系数	104.46	105.21	96.86	97.40
疏水性	−0.016	−0.067	−0.004	−0.054

蛋白质的功能是由氨基酸序列决定的,本研究分析龙眼 BRI1 蛋白序列,结果发现 4 个 DlBRI1 蛋白成员均含有 20 种氨基酸组成。其中亮氨酸(Leu)的含量最高,DlBRI1-1、DlBRI1-2a、DlBRI1-2b 和 DlBRI1-3 分别达到了 14.9％、14.8％、15.1％和 14.7％;其次是丝氨酸(Ser),分别为 9.6％、12.4％、9.3％和 12.1％;而色氨酸(Trp)的含量最低,仅占各总氨基酸总量的 1.0％、1.0％、1.0％和 0.8％。另外,DlBRI1 蛋白家族成员的氨基酸数目也各有不同,分别为 1132、1192、1085 和 1121。由于 DlBRI1 蛋白成员氨基酸种类、数目、含量的差异性,氨基酸序列根据不同的序列关系组合,就形成多样的空间结构,使得 4 个成员具有不同的生物学功能。

对 DlBRI1-1、DlBRI1-2a、DlBRI1-2b 和 DlBRI1-3 进行比较分析,4 个成员的分子量、分子式和原子数目也存在着较大差异。分子量大小介于 118803.84～132441.70;原子数目从多到少依次为 DlBRI1-3＞DlBRI1-2b＞DlBRI1-1＞DlBRI1-2a。进一步分析还发现,4 种蛋白的负电氨基酸多于正电氨基酸。等电位点(PI)比较发现,PI 值均小于 7.0,为酸性蛋白。脂溶系数最高为 DlBRI1-2a,最低为 DlBRI1-2b。4 种蛋白疏水性均小于 0,说明它们均为不稳定亲水蛋白;且成员间的疏水性存在差异,是导致龙眼功能不同的原因之一。

综上分析,龙眼 BRI1 蛋白家族成员的组成成分、数量、理化性质等都存在着差异,但是不同成员之间也具有一定的相似性,说明 DlBRI1 蛋白家族的 4 个成员可能在龙眼中发挥不同的生理功能,而在某些生长发育或代谢调控过程中也可能表现出功能相似性。

（三）龙眼 *BRI1* 基因家族成员亚细胞定位预测分析

通过 PSORT Prediction 在线软件对龙眼 *BRI1* 基因家族 4 个成员进行亚细胞定位预测分析，结果见表 6-4。*DlBRI1-1*，*DlBRI1-2a* 和 *DlBRI1-3* 均定位于细胞质膜，一致性分别为 35.78%、68.93%、47.17%。而 *DlBRI1-2b* 定位于细胞核，但是定位一致性较不明显，为 15.75%。相关研究报道，在拟南芥中 *BRI1* 基因家族 4 个成员均定位于细胞质膜中（图 6-1）。以上结果表明，*BRI1* 基因家族成员在龙眼和拟南芥中发挥功能基本相同，唯有 Dlo_036039.1 较为不同。*BRI1* 基因很可能在细胞质膜上发挥重要作用，这与 Wang 等（2001）的研究结果一致。

表 6-4　龙眼 *BRI1* 基因家族成员亚细胞定位预测分析

序号	基因名称	亚细胞定位	一致性
1	Dlo_007546.1*DlBRI1-1*	细胞质膜	35.78%
2	Dlo_033673.1*DlBRI1-2a*	细胞质膜	68.93%
3	Dlo_036039.1*DlBRI1-2b*	细胞核	15.75%
4	Dlo_013415.1*DlBRI1-3*	细胞质膜	47.17%

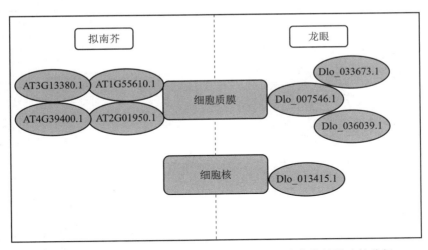

图 6-1　拟南芥和龙眼 *BRI1* 基因家族成员亚细胞定位情况比较分析

（四）DlBRI1 跨膜螺旋结构预测与分析

在细胞中，蛋白质的功能场所和合成场所通常是分开的，蛋白质合成后通过跨膜运输到特定场所，才可以实现蛋白质的功能。因此，通过预测分析蛋白质跨膜结构，有助于了解蛋白质的合成、定位及功能等。

采用 TMpred Server 在线软件对 DlBRI1 进行跨膜结构预测，结果见表 6-5。DlBRI1 蛋白（DlBRI1-1、DlBRI1-2a、DlBRI1-2b 和 DlBRI1-3）跨膜结构数量分别为 9 个、7 个、7 个和 6 个。通

过软件分析所获得分高低进行比对,DlBRI1-1 的跨膜结构最有可能位于氨基酸序列的757～778 区域,由 22 个氨基酸构成,中心位置位于 767,其结构方向为膜内到膜外,结合亚细胞定位推测其位于细胞质膜外膜上。DlBRI1-2a 的跨膜结构最有可能位于氨基酸序列的799～818 区域,并且得分达到 2988,远高于其他区域。DlBRI1-3 的跨膜结构最有可能位于氨基酸序列的843～863 区域,且得分(3065)远高于其他区域。DlBRI1-2a 和 DlBRI1-3 其结构方向为膜外到膜内,结合亚细胞定位推测其位于细胞质膜内膜上。DlBRI1-2b 的跨膜结构最有可能位于氨基酸序列的 740～761 区域,由 22 个氨基酸构成,中心位置位于 750,其结构方向为膜内到膜外,结合亚细胞定位推测其位于细胞核外膜上。综上所述,4 种 DlBRI1 蛋白家族成员都具有多个膜内向膜外和膜外向膜内的跨膜结构。结合表 6-4 亚细胞定位预测结果表明 DlBRI1 蛋白可能具有双向跨膜的功能。

表 6-5　DlBRI1 蛋白跨膜结构预测

蛋白质	膜内-膜外(i-o)				膜外-膜内(o-i)			
	个数/个	位置(长度)/bp	得分	中心位置	个数/个	位置(长度)/bp	得分	中心位置
DlBRI1-1	1	110～129(20)	596	120	1	12～28(17)	1235	20
	2	288～309(22)	532	299	2	216～237(22)	892	226
	3	757～778(22)	2722	767	3	543～566(24)	708	557
	4	990～1010(21)	700	1000	4	834～853(20)	846	843
DlBRI1-2a	1	447～466(20)	537	457	1	5～21(17)	2078	13
	2	1032～1052(21)	634	1042	2	799～818(20)	2988	809
	3	2～22(21)	2043	12	3	446～468(23)	531	447
	4	799～818(20)	2746	809				
	5	12～28(17)	1235	20				
DlBRI1-2b	1	93～112(20)	103	596	1	199～220(22)	209	821
	2	271～292(22)	282	532	2	526～549(24)	540	722
	3	740～761(22)	750	2828	3	799～818(22)	808	846
	4	955～975(21)	965	700				
DlBRI1-3	1	28～47(20)	37	1726	1	424～443(20)	434	542
	2	696～714(19)	706	644	2	843～863(21)	853	3065
	3	1076～1096(21)	1086	615	3	27～44(18)	36	1647

(五) DlBRI1 磷酸化位点预测

蛋白质磷酸化修饰是蛋白质翻译完成后共价修饰方式,其磷酸化和去磷酸化在植物生长发育、基因转录、代谢调控等生物进程中起到关键作用,能够激活转录因子或者改变蛋白质功能,且具有结合 DNA 的能力。相关研究报道,BRI1 的磷酸化位点对于体内的 BR 信号转导、体外的激酶功能和植物的生长发育都非常重要(王倩楠,2015)。例如,已经确定的 BRI1 酪氨酸磷酸化位点 Tyr-956 和 Tyr-831,Tyr-831 在拟南芥中具有负调控作用,能够促进氨基酸、淀粉、蔗糖的积累(Oh et al.,2011);Tyr-956 对 BRI1 的激酶活性具有重要作用(Oh,Clouse,and Huber,2009)。因此,预测分析蛋白质磷酸化位点有助于研究蛋白质的功能和特征。

通过 NetPhos 2.0 Server 在线软件对 DlBRI1 蛋白家族成员进行磷酸化位点预测,结果如图 6-2 所示。DlBRI1-1 蛋白的磷酸化位点共计 42 个,丝氨酸位点 27 个,苏氨酸位点 11 个,酪氨酸位点 4 个。DlBRI1-2a 蛋白的磷酸化位点共计 67 个,丝氨酸位点 53 个,苏氨酸位点 9 个,酪氨酸位点 5 个。DlBRI1-2b 蛋白的磷酸化位点共计 43 个,丝氨酸位点 27 个,苏氨酸位点 11 个,酪氨酸位点 5 个。DlBRI1-3 蛋白的磷酸化位点共计 59 个,丝氨酸位点 47 个,苏氨酸位点 5 个,酪氨酸位点 7 个。因此,DlBRI1 家族蛋白 4 个成员之间的功能与活性是存在差异的。

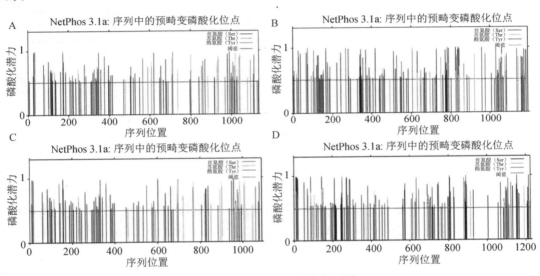

图 6-2　DlBRI1 磷酸化位点预测

(六) 龙眼 *BRI1* 基因家族结构分析

通过 GSDS 2.0 在线软件对龙眼 *BRI1* 基因家族 4 个成员进行基因结构分析,结果如图 6-3 所示。有趣的是,本研究发现在龙眼 *BRI1* 基因 4 个成员中,唯 *DlBRI1-2b* 有内含子,其余 3 个成员均没有内含子。同时,与拟南芥、水稻等模式植物的比对中也发现同样的规律,即 *BRI1* 基因的成员都没有内含子。这类连续编码的基因没被内含子所间隔,能够连续编码成蛋白质,称为无内含子基因。相关研究已经报道(严涵薇,2014),植物中无内含子基因的比例占基因组的 2.7%～97.7%。而无内含子基因是响应外界因素的一种快速应答基因,原因在于其在转录过程中无需内含子剪切步骤(严涵薇,2014)。综上所述,*BRI1* 作为一种无内含子基因,在光响应过程中将起到重要作用。

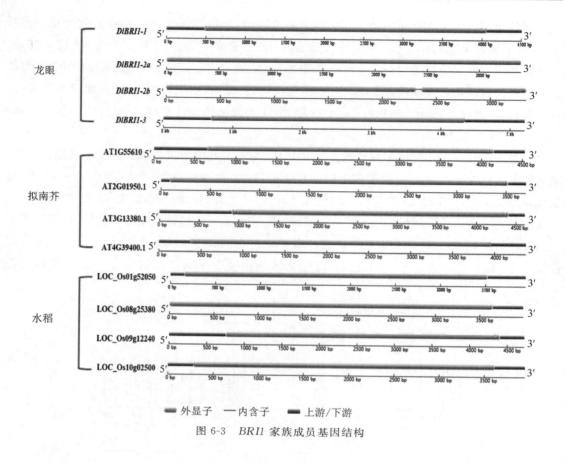

图 6-3　*BRI1* 家族成员基因结构

七、龙眼 BRI1 家族蛋白保守结构域分析

通过 HMMER 在线软件对龙眼 BRI1 蛋白家族 4 个成员进行保守结构域预测,结果如图 6-4 所示。DlBRI1-1 蛋白编码 1192 个氨基酸,包含结构域为 2 个 LRR-6,3 个 LRR-8,1 个 Pkinase,1 个 LRRNT-2。DlBRI1-2b 蛋白编码 1085 个氨基酸,包括结构域为 1 个 LRR-1,2 个 LRR-6,3 个 LRR-8,1 个 Pkinase,1 个 LRRNT-2。DlBRI1-2a 蛋白编码 1192 个氨基酸,包含结构域为 1 个 LRR-4,1 个 LRR-6,5 个 LRR-8,1 个 Pkinase,1 个 LRRNT-2。DlBRI1-3 蛋白编码 1221 个氨基酸,包含结构域为 3 个 LRR-6,3 个 LRR-8,1 个 Pkinase,1 个 LRRNT-2。通过以上分析,我们发现龙眼 BRI1 蛋白上均含有 LRR-6、LRR-8、Pkinase、LRRNT-2 这 4 个典型的保守结构域。同时也对拟南芥、甜橙、水稻的氨基酸序列进行保守结构域预测,发现不同物种的 BRI1 蛋白结构域基本包含 LRR-8、Pkinase、LRRNT-2,并且首个结构域多为 LRRNT-2,末尾结构域多为 Pkinase,具有高度的保守性。唯有水稻中 Os01g52050.1 蛋白缺少 LRRNT-2 结构域。

总之,结合其他物种 BRI1 结构特点,龙眼 BRI1 蛋白家族 4 个成员主要包含富亮氨酸重复序列、富含亮氨酸重复的 N-末端和蛋白激酶三大类结构域,表明龙眼 BRI1 蛋白为植物富亮氨酸重复类受体蛋白激酶的一种,而这类蛋白在植物生长发育、激素信号转导中具有重要作用(Hothorn et al.,2011)。

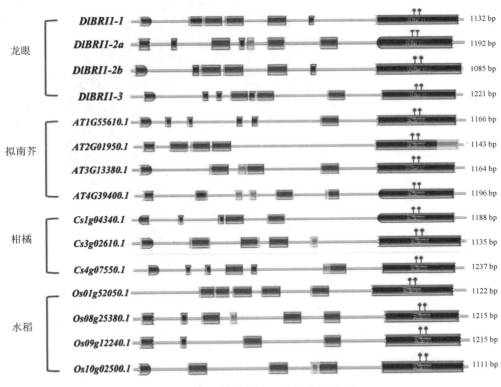

图 6-4　BRI1 家族蛋白保守结构域分析

（八）龙眼 **BRI1** 家族的系统进化树分析

为了进一步明确龙眼与其他物种 *BRI1* 基因家族成员的进化距离和亲缘关系，采用 Mega 6.0 软件对龙眼 BRI1 家族蛋白序列与来自水稻（*Oryza sativa*）、拟南芥（*Arabidopsis thaliana*）、榴莲（*Durio zibethinus*）、可可树（*Theobroma cacao*）、杨树（*Pterocarya stenoptera*）、橡胶树（*Hevea brasiliensis*）、甜橙（*Citrus sinensis*）的已知序列构建系统进化树，结果如图 6-5 所示。29 条 BRI1 序列可分为三大分支，DlBRI1-1 属于第二个大分支，与甜橙的亲缘关系最近；第一个大分支包括 DlBRI1-2a 和 DlBRI1-2b，同源性较高，说明它们很有可能是由同一个原始酶进化而来的，且与橡胶树和杨树亲缘关系最近；DlBRI1-3 属于第三个大分支，也与甜橙的亲缘关系较近。但是，龙眼 BRI1 4 个成员之间进化距离和亲缘关系都较远。综上表明，植物 BRI1 在物种的进化过程中比较保守，不同物种的系统进化具有明显的种属特征，且进化进程符合经典分类学的观点。

（九）龙眼 **BRI1** 家族基因顺式元件分析

为了解 *DlBRI1-1*、*DlBRI1-2a*、*DlBRI1-2b* 和 *DlBRI1-3* 基因启动子顺式元件的情况、种类和调控作用，利用 PlantCARE 在线软件预测龙眼 *BRI1* 家族基因的启动子顺式元件，结果如图 6-6 所示。

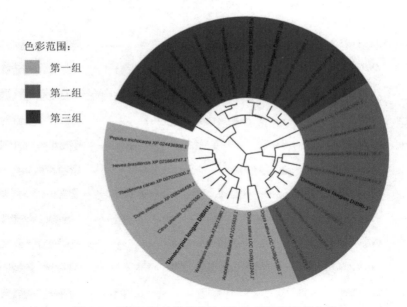

图 6-5　*DlBRI1* 与其他植物 *BRI1* 系统发育树分析

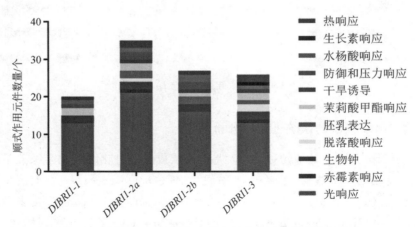

图 6-6　龙眼 *BRI1* 基因启动子中顺式作用元件的数量分布

龙眼 *BRI1* 4 个家族成员启动子均含有大量的光响应元件,表明光照可能对 *BRI1* 家族基因影响非常显著。其中 *DlBRI1-2a* 的光响应元件最多(21 个),*DlBRI1-1* 和 *DlBRI1-3* 最少(13 个)。Box 4、G-box、GAG-motif、GT1-motif、TATA-box、Sp1 这 6 个光响应元件为 4 个成员所共有的,表明这 6 个元件在 4 个成员中的保守性,进而有助于保持它们共有的生物功能。

BRI1 家族基因多数成员都能够响应赤霉素、脱落酸、茉莉酸甲酯等激素应答,暗示 *BRI1* 家族基因既可以受到油菜素内酯的调控,也可以受到其他多种激素的调控。其中,只有 *DlBRI1-3* 含有生长素响应元件,说明其他成员不受生长素信号影响。

同时,*BRI1* 基因也能够响应热胁迫、干旱诱导等非生物胁迫。另外,本研究还发现 *BRI1* 4 个家族成员均含有生物钟相关元件,提示龙眼 *BRI1* 家族基因可能与光周期密切相关。

综上所述,龙眼 *BRI1* 家族基因可能是连接光信号转导与激素信号转导的重要纽带。

（十）龙眼 *BRI1* 基因家族在体胚发生过程及不同组织器官中的表达分析

对龙眼不同体胚发生过程和不同组织器官中 *BRI1* 基因家族进行实时荧光定量分析，结果如图 6-7 所示。在不同体胚发生过程中，*DlBRI1-2a* 和 *DlBRI1-2b* 在 EC、ICpEC（不完全致密原胚）、GE（球形胚）阶段均呈现低表达或不表达，而 *DlBRI1-3* 则呈现高表达；*DlBRI1-1* 在 ICpEC 和 GE 阶段表达量较高，EC 阶段表达量较低。总之，龙眼 *BRI1* 基因家族在体胚发生过程中表达趋势呈现多样性，且 *DlBRI1-1* 和 *DlBRI1-3* 起到关键作用。

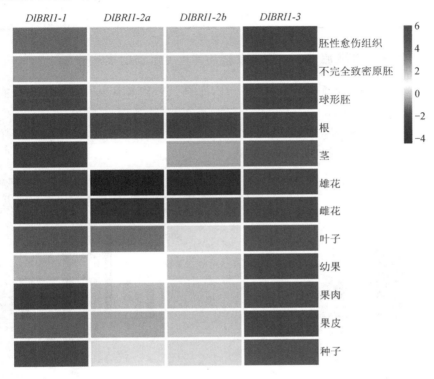

图 6-7　*DlBRI1* 家族在不同体胚发生阶段和不同组织器官中的特异表达分析

在不同组织部位中，龙眼 *BRI1* 基因家族表达模式也存在差异，呈现空间和时间特异性。*DlBRI1-2a* 和 *DlBRI1-2b* 在根系中上调表达，而在其他不同组织器官中表达量很低或基本不表达。而 *DlBRI1-1* 和 *DlBRI1-3* 在不同组织器官中均表现为高表达。

综上所述，龙眼 *BRI1* 基因家族在不同体胚发生阶段和不同组织部位表达量都存在差异，但是对其生长发育和代谢过程都发挥着重要作用。*DlBRI1-1* 和 *DlBRI1-3* 在体胚发生过程和不同组织部位中均呈现高表达，推测 *DlBRI1-1* 和 *DlBRI1-3* 可能在龙眼整个生长发育过程中起到更为关键的作用。

（十一）*DlBRI1* 家族成员受 miRNA 调控的预测

采用 TargetFinder 在线软件预测（期望值设置为 $E=3$）龙眼 miRNA 数据库中靶向 *DlBRI1* 家族成员的 miRNA 种类，结果见表 6-6。*DlBRI1* 基因的 4 个成员中有 1 个成员预测受到 miRNA 靶向调控，即 *DlBRI1-3* 分别受到 miR390a-5p 和 miR390e 的调控，分值分别为 3 和 2。

表 6-6   *DlBRI1* 家族受调控的 miRNA 预测

基因 ID	miRNAs	psRNATarget 分数
DlBRI1-1	NA	NA
DlBRI1-2a	NA	NA
DlBRI1-2b	NA	NA
DlBRI1-3	miR390a-5p、miR390e	3，2

（十二）不同光质下龙眼 *BRI1* 基因家族及其相关基因的表达分析

对不同光质处理下的龙眼 EC miR390e、*BRI1* 基因家族及其上下游基因进行实时荧光定量分析，结果如图 6-8 所示。

对龙眼 miR390e 进行实时荧光定量分析，结果如图 6-8A 所示，miR390e 在黑暗处理下相对表达量最高，白光处理次之，蓝光处理最低。

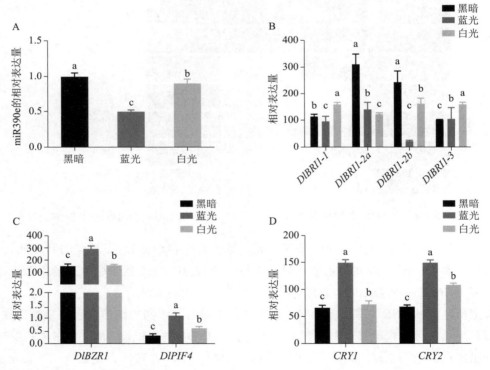

A—龙眼 EC 的 miR390e 在不同光质处理下的相对表达量；B—龙眼 *BRI1* 基因家族在不同光质处理下的相对表达量；
C—龙眼蓝光受体 *CRYs* 在不同光质处理下的相对表达量；D—龙眼 *BRI1* 的下游基因在不同光质处理下的相对表达量。

图 6-8   龙眼 EC 中光响应主要基因在不同光质处理下的相对表达

对龙眼 *BRI1* 基因家族进行实时荧光定量分析，结果如图 6-8B 所示，*BRI1* 基因家族的 4 个成员在不同光质处理下的表达模式各不相同。*DlBRI1-2a* 和 *DlBRI1-2b* 作为 2 个亲缘性较高的成员,其表达模式也存在一些差异,但是在黑暗处理的 2 个成员相对表达量均为最高。*DlBRI1-3* 作为 miR390e 的靶基因,其在白光处理下的相对表达量最高,蓝光次之,黑暗最低。结合 miR390e 的表达模式分析表明,*DlBRI1-3* 与 miR390e 的表达量只在蓝光处理下呈负相关(图 6-8A 和 B)。这可能是因为一个靶基因在植物体响应不同光质变化过程中受到 miRNA 家族不同成员或其他 miRNAs 的同时调控。在不同光质处理下,这些 miRNA 之间存在着分工,当一些 miRNA 成员不能调控 mRNA 的表达时,另外一些成员则对其功能进行互补,从而实现靶基因表达水平的调控。综上所述,推测 miR390e 在蓝光条件下能够负调控 *DlBRI1-3*。

对龙眼 *BRI1* 的下游基因进行实时荧光定量分析,结果如图 6-8C 所示,在不同光质处理下,龙眼 *BRI1* 下游的基因也受到不同的影响。*DlBZR1* 基因的相对表达量为蓝光最高,白光次之,黑暗最低。蓝光处理的 *DlPIF4* 基因的相对表达量最高,白光次之,黑暗最低。

对龙眼蓝光受体基因 *CRYs* 进行实时荧光定量分析,结果如图 6-8D 所示,在不同光质处理下的蓝光受体基因 *CRY1* 和 *CRY2* 的相对表达量均为蓝光最高,白光次之,黑暗最低。

综上所述,蓝光处理下,龙眼 EC miR390e、*BRI1* 基因家族及其上下游基因存在密切联系。

三、*BRI1* 功能讨论

(一)龙眼 *BRI1* 家族的功能多样性

结合蛋白结构域分析,龙眼 BRI1 结构域符合一般植物结构域特征,均属于植物富亮氨酸重复类受体蛋白激酶(LRR-RLK)的一种。但是不同 DlBRI1 家族成员的蛋白结构域种类和数量是有所不同的,这也决定其家族成员功能上的差异性。例如,拟南芥 *BRI1* 突变体除了表现颜色深绿色、极度矮化、叶片变厚等表型,还发现茎中的维管束数量减少,当 BR 信号增强时将增加突变体中维管束数量,表明 BR 可以参与茎中维管束的形成(Ibañes et al.,2010)。而对 *BRI1-1* 和 *BRI1-3* 的研究中发现,其过表达时可以恢复 bri1 突变体大部分表型,与 *BRI1* 的普遍性表达有所不同,*BRI1-1* 和 *BRI1-3* 主要在维管组织中特异表达,表明 *BRI1-1* 和 *BRI1-3* 可能特异调控维管分化(Wang et al.,2001;Caño-Delgado et al.,2004)。另外,bri1 突变体中发现木质部/韧皮部的比例也相应增加,可能是 *BRI1-1* 和 *BRI1-3* 的主要功能为调控木质部的分化(Caño-Delgado and Wang,2004)。*BRI1-2* 则通过参与原形成层细胞分化和叶片维管组织进而影响叶脉的生长发育(Ceserani et al.,2009)。

采用 NetPhos 2.0 Server 在线软件分析,结果表明 DlBRI1 蛋白家族成员包含较多的丝氨酸和苏氨酸磷酸化位点,DlBRI1 属于丝氨酸/苏氨酸激酶。Wang 等(2005)通过超高效液相色谱与质谱联用(LC-MS/MS)的方法鉴定出 11 个 BRI1 的活体磷酸化位点,包括近膜区的 Ser-838、Ser-858、Thr-842、Thr-846 等,激酶区的 Thr-872、Thr-880、Thr-982、Thr-1039、Thr-1049、Ser-1042 等,C 末端的 Ser-1168。另外,通过 LC-MS/MS 法也证明了 BRI1 具备双重激酶活性,即 Tyr 残基和 Ser/Thr 残基上都能够磷酸化,且 Tyr 磷酸化对于植物体中的油菜素内酯信号转导的研究非常重要(Oh,Zhu,and Wang,2012;Oh,Clouse,and Huber,2009)。BRI1 的磷酸化位点高度保守的激酶活化环区域对于植物体内的 BR 信号转导、体外激酶功能及其生长发育都至关重要。其中,位点 Thr-1049 和 Ser-1044 非磷酸化后 BRI1 的所有激酶活性几乎丧失,并且其模拟非磷酸化突变体构建无法恢复 bri1-5 的表型。激酶区 G-loop 内部的被鉴定为自体磷酸化位点 Ser-891,其可以通过减少 ATP 的结合来抑制 BRI1 的活性,进而在 BRI1 的失活机制中发挥重要功能(Oh,Clouse,and Huber,2012)。另外,部分酪氨酸磷酸化位点在植物生长发育过程中的功能也被报道。例如,目前,Tyr-831 和 Tyr-956 这 2 个 BRI1 酪氨酸自体磷酸化位点已经被确定,其中 Tyr-956 对 BRI1 的激酶活性具有重要作用。通过过表达模拟非磷酸化的 Tyr-831 转到 bri1-5 后,拟南芥表现为开花提前、叶子变大、株高改变(Oh,Clouse,and Huber,2009),并且其突变体还可以增加细胞的数量,进而促进光合作用、维管束形成及其淀粉、蔗糖和部分氨基酸的积累(Oh et al.,2011)。因此,推测龙眼 BRI1 特异磷酸化位点能够影响其生长发育、代谢调控等。

采用 GSDS 2.0 在线软件分析龙眼 BRI1 基因家族,发现 DlBRI1-1、DlBRI1-2a、DlBRI1-3 均没有内含子,唯 DlBRI1-2b 有内含子。这种无内含子基因在转录过程中不需要经历内含子的剪切步骤,是响应外界因素的一种快速应答基因。在严涵薇的研究中,通过玉米和衣藻的无内含子基因 GO 分类对比,结果发现玉米中免疫应答分类的比例大幅度增加(严涵薇,2014)。而参与免疫应答的基因通常是一类被快速调控的基因。玉米无内含子基因中参与免疫应答的蛋白比例的扩增进一步表明这类基因能够增强玉米响应外界因素的能力。因此,推测龙眼 BRI1 基因家族在响应外界因素中具有重要作用。

(二) 龙眼 BRI1 响应激素信号及非生物胁迫

采用 PlantCARE 在线软件预测龙眼 BRI1 家族基因的启动子顺式元件,发现 DlBRI1 家族基因含有大量的激素信号响应元件、非生物胁迫响应元件。诸多研究表明,BRI1 属于植物富亮氨酸重复类受体蛋白激酶(LRR-RLK)的一种,其在植物激素信号转导和非生物胁迫中具有重要的调控作用(Hothorn et al.,2011)。

植物油菜素内酯信号最初被细胞膜上的小基因家族 BRI1 所感知,而 BRI1 是该家族中的重要成员,负责大部分的 BRs 结合活性。BRs 与 BRI1 的胞外结构域(ECD)相结合激活 BRI1 的胞内激酶活性(Hothorn et al.,2011;She et al.,2012),并促使抑制因子 BKI1(BRI1 kinase inhibitor 1)从 BRI1 上解离(Jaillais et al.,2011)。BKI1 的解离促使 BRI1 与其共受体 BAK1/SERK3(BRI1-asso-ciated kinase1/somatic embryogenesis receptor-like kinase 3)的相互作用并相互磷酸化激活,接着通过中间途径的磷酸酶和激酶的顺序作用,将 BRs 信号传递下去(Kim et al.,2011;Belkhadir and Jaillais,2015)。随后,BRs 信号通路中的关键转录因子 BZR1(brassinazole-resistant 1)和 BES1(BRI1-EMS suppressor 1)被去磷酸化而处于激活状态,进入细胞核调控 BRs 响应基因的表达(Tang et al.,2011;Yu et al.,2011a)。

植物 BRI1 是油菜素内酯的受体,而油菜素内酯在抵抗各种非生物胁迫(包括异常的高温、低温及其干旱)的过程中扮演重要的角色(郑洁、王磊,2014)。诸多研究已经表明,油菜素内酯可提高云南高原水稻的抗寒能力、黄瓜幼苗抵抗高温的能力和侧柏苗木和玉米的抗旱性(耶兴元、仝胜利、张燕,2011)。Morillon 等通过外施油菜素内酯处理发现,拟南芥的渗透压得到提高,推测油菜素内酯可能通过调节其渗透压进而调控拟南芥抗旱的能力(郑洁、王磊,2014)。耶兴元通过对猕猴桃抗热性相关生理指标的测定,研究表明油菜素内酯在植物高温胁迫下具有重要作用(耶兴元、仝胜利、张燕,2011)。因此,龙眼 BRI1 在响应非生物胁迫中起到重要的调控作用。

(三) 蓝光可能通过 miR390e 靶定 *DlBRI1-3* 调控龙眼功能性代谢产物积累

通过 psRNATarget 2017 在线软件预测,*DlBRI1-3* 受到 miR390e 靶向调控。miRNAs 已经被认为是植物中重要的调控因子,在调控植物生长发育、光信号转导、功能代谢产物、表观遗传现象等都有重要的调控功能。它能够以近乎完全互补的方式匹配转录本,通过对转录本的剪切和抑制实现对靶基因表达水平的调控。Pashkovskiy 等(2016)的研究阐述了蓝光显著提升 miR167 的表达量,使其靶基因 *ARF6* 的表达量降低,进而影响拟南芥的生长发育。Alexandre 等(2011)的研究表明 miR393 可以通过作用于靶基因 *ARF1* 和 *ARF9* 进而调控拟南芥芥子油苷的合成。而本研究在第四章的结果已经表明 miR390e 为蓝光特异 miRNAs,那么 miR390e 如何参与蓝光对龙眼功能代谢产物的调控?

前文已对蓝光响应 BR 途径相关基因的表达模式进行验证分析(图 6-8),并且通过相关文献查找(Wang et al. ,2013a;Yang et al. ,2017b;刘忠娟,2011),建立以下调控网络(图 6-9),推测蓝光信号刺激蓝光受体,改变它们的构象并且激活了 BR 信号通路。该信号被传递给其他调控分子,导致受体激酶 BRI 基因家族、miR390、油菜素内酯从属基因 *BZR1*、转录因子 *PIF4* 的表达量发生变化。蓝光信号使得 miR390 的表达量显著减少,导致 *BRI1-3* 的表达量增加,从而影响油菜素内酯从属基因 *BZR1*、转录因子 *PIF4*,进而影响龙眼功能性代谢产物积累(结合第二章图 2-3)。

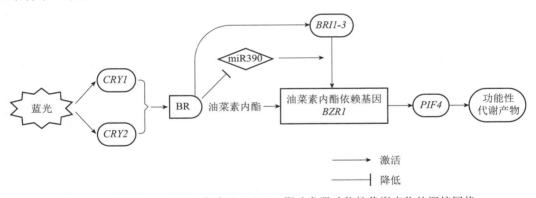

图 6-9　蓝光通过 miR390e 靶定 *DlBRI1-3* 影响龙眼功能性代谢产物的调控网络

近年来,诸多研究已经表明油菜素内酯能够影响植物光形态建成。Luo 等(2010)鉴定出了一个介于 BR 信号与光信号转导之间的转录调节因子 *GATA2*。在黑暗条件下过表达 *GATA2* 基因,拟南芥仍可以建成光形态,但是抑制该蛋白表达即使在光照条件下其光形态的建成也存在缺陷(Luo et al. ,2010)。*GATA2* 能够直接调控光照响应与 BR 信号基因的表达,光照条件下 BR 可以通过 *BZR1* 结合于 *GATA2* 的启动子来抑制 *GATA2* 基因的表达,表明光信号能够调控 BR 调节的转录因子 *GATA2* 的表达,进而将植物的光形态建成与 BR 信号转导联系起来。此外,油菜素内酯可以影响到植物代谢产物的合成(Xi,Zhao,and Miao,2011)。通过植物生长调节剂 24-表油菜素内酯(EBR)喷施果实之后,在葡萄转色初期使得 *VvPAL* 和 *VvUFGT* 的基因表达量上调,且果皮中花色苷、单宁和黄酮醇含量都得到提升(Symons et al. ,2016；Xu et al. ,2015a；Xi et al. ,2013)。*BRI1* 作为油菜素内酯合成的关键受体,其既能响应光照条件又能影响功能代谢产物合成。结合第四章第三节,推测 miR390e 通过靶定 *DlBRI1-3* 参与蓝光对龙眼功能性代谢产物的调控。

第二节　龙眼 miR390e 的靶标验证与功能研究

近年来,在植物研究中通过 miRNA 成熟体人工模拟物和高效阻断剂以达到 miRNA 过表达和抑制表达的方法已被广泛应用。前面的研究已经表明,miR390e 与 *DlBRI1-3* 在调控龙眼 EC 功能性代谢产物中具有重要作用。本实验基于林玉玲等(2015)在龙眼胚性悬浮细胞上建立的 miRNA 高效过表达和抑制表达体系,通过过表达和抑制表达 miR390e,验证 miR390e 与 *DlBRI1-3* 的调控关系,以及对龙眼 *BRI1* 其他家族成员和下游途径基因的影响,并测定 agomiR390e、antagomiR390e、CK 的龙眼胚性悬浮细胞的功能性代谢产物含量。本研究结果有助于在龙眼功能性代谢产物合成过程中找到新的靶标基因,以期为木本植物的代谢研究提供新的依据。

一、miR390e 转染体系方法

(一)材料

实验中所用龙眼胚性悬浮细胞系参照赖钟雄和陈振光(2002)实验室建立的方法。将固体培养基 MS＋1.0 mg/L 2,4-D＋0.5 mg/L KT＋5.0 mg/L AgNO$_3$ 中黑暗培养 20 d 的龙眼 EC 转移到 MS＋1.0 mg/L 2,4-D＋100 mg/L 肌醇的液体培养基中培养。三角瓶放置于摇床中,转速设置为 110 rpm,25 ℃条件下培养 7 d,选取大小均一、颗粒较细、细胞团松散和生长状态良好的细胞系用于后续实验。

龙眼 miR390e 人工模拟物 agomiR390e 和 miR390e 高效阻断剂 antagomiR390e 均由上海吉玛生物制药技术有限公司合成,转染剂(Lipofectamine 2000 reagent)购自英维基贸易有限公司。

(二)方法

1. miR390e 过表达与抑制表达转染体系建立和优化

miR390e 转染体系建立参照林玉玲等(2015)的方法并适当优化。过表达转染体系:25 μL agomiR390e 寡核苷酸(20 μmol/L)＋30 μL 转染剂(Lipofectamine 2000 reagent)＋445 μL 含 1.0 mg/L 的 MS＋2,4-D 1.0 mg/L 的液体培养基。抑制表达转染体系:25 μL antagomiR390e 寡核苷酸(20 μmol/L)＋30 μL 转染剂＋445 μL 含 1.0 mg/L 的 MS＋2,4-D 1.0 mg/L 的液体培养基。对照:30 μL 转染剂＋470 μL 含 1.0 mg/L 的 MS＋2,4-D 1.0 mg/L 的液体培养基。miR390e 过表达体系优化,分别加入不同浓度梯度 5 μL、2.5 μL、1.25 μL 和 0.625 μL 的 agomiR390e。

2. miR390e 的功能验证

采用 1.0 μmol/L agomiR390e 和 1.0 μmol/L antagomiR390e 分别处理龙眼胚性悬浮细

胞,按照 1 中所描述的方法加入试剂。接着,将处理后的材料置于摇床中黑暗培养 24 h。然后,用 MS 液体培养基洗脱材料 3 次,分别转移到 50 mL MS+2,4-D 1.0 mg/L 液体培养基进行培养。龙眼胚性悬浮细胞在处理后的第 3、6 d 进行取样,收集的样品用液氮速冻后,置于 −80 ℃保存,待后续功能性代谢产物含量测定和提取 RNA 所用。

3. 提取 RNA 与反转录

同第三章。

4. 功能性代谢产物含量测定

同第二章第一节。

5. 实时荧光定量 PCR 分析

相关基因表达量分析的方法同第三章,相关 miRNAs 表达量分析的方法同第四章。

(三) 数据分析

每个处理设 3 次生物学重复,实验数据统计分析使用 SPSS V19.0 软件,单因素方差分析采用 Duncan 法,显著性水平设为 $p < 0.05$。制图采用 GraphPad Prism 6.0 软件。

二、miR390e 功能分析

(一) miR390e 过表达和抑制表达转染体系建立与优化

参照林玉玲等(2015)建立的龙眼 miRNA 过表达与抑制表达体系,对 agomiR390e 和 antagomiR390e 处理 24 h,实时荧光定量测定结果如图 6-10 所示。agomiR390e 处理后的龙眼 miR390e 显著上调,而 antagomiR390e 处理后的龙眼 miR390e 显著下调。所以,龙眼 miR390e 成熟体人工合成阻断剂和模拟物对 miR390e 抑制表达与过表达效果显著。同时,本研究通过调低 agomiR390e 的浓度处理对 miR390e 的过表达体系进行优化,结果如图 6-11 所示。miR390e 随着 agomiR390e 的浓度降低而显著下调,而在 0.05 μmol/L 时 miR390e 表达量仅为对照组的 2 倍,最终选取浓度为 1 μmol/L 进行后续实验。

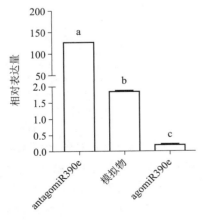

图 6-10　agomiR390e 和 antagomiR390e
处理对龙眼 miR390e 表达的影响

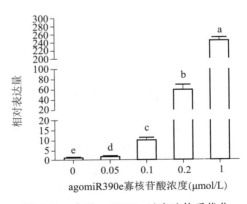

图 6-11　龙眼 miR390e 过表达体系优化

（二）龙眼 miR390e 靶基因裂解位点验证

TargetFinder 在线软件预测 *DlBRI1-3* 受 miR390e 调控,且期望值为 2.0,表明 miR390e 可能裂解 *DlBRI1-3*,而结合位点可能位于 *DlBRI1-3* ORF 的 5′ 区域。采用改良 RLM-RACE 法进行 *DlBRI1-3* 裂解位点验证,结果如图 6-12 所示。靶基因 *DlBRI1-3* 裂解位点位于 11 与 12 核苷酸处。验证结果表明 miR390e 能够剪切 *DlBRI1-3* 从而抑制其 mRNA 转录。

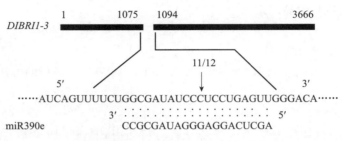

图 6-12　龙眼 miR390e 的靶基因裂解位点验证

（三）miR390e 的过表达和抑制表达对龙眼 miR390e 表达的影响

为进一步分析不同的转染体系对 miR390e 表达的影响,对第 3 d 和第 7 d 的龙眼胚性悬浮细胞进行 qPCR 测定,结果如图 6-13 所示。miR390e 在 agomiR390e 处理组中表达量显著高于对照组,在 antagomiR390e 处理组中表达水平均低于对照组。

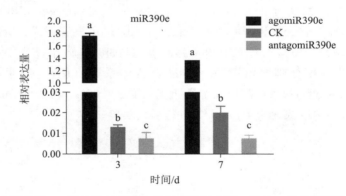

图 6-13　miR390e 过表达和抑制表达时龙眼 miR390e 的表达情况

（四）miR390e 的过表达和抑制表达对靶基因 *DlBRI1-3* 表达的影响

为进一步了解 miR390e 的靶基因表达情况,对不同转染体系处理龙眼胚性悬浮细胞的第 3 d 和第 7 d 进行 qPCR 测定,结果如图 6-14 所示。在 agomiR390e 处理组中,第 3 d 和第 7 d 的培养过程中 miR390e 的靶基因 *DlBRI1-3* 的表达量均低于对照组;在 antagomiR390e 处理组中,第 7 d 的培养过程中 miR390e 的靶基因 *DlBRI1-3* 的表达量与对照组较为接近,而第 3 d 的培养过程中 *DlBRI1-3* 的表达量显著高于对照组。以上结果与 miR390e 的表达水平 (图 6-13)基本相反,也验证了 miR390e 能够抑制靶基因 *DlBRI1-3* 的表达,可能通过这种负调控模式影响龙眼功能性代谢产物的合成。

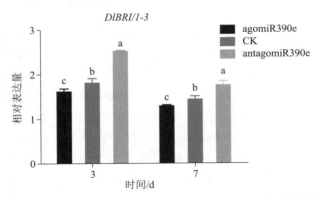

图 6-14 miR390e 过表达和抑制表达时 *DlBRI1-3* 的表达情况

（五）miR390e 的过表达和抑制表达对其他 *DlBRI1* 家族成员的影响

基因家族不同成员之间并非单独行使调控功能，而是具有偶联效应，即某个成员上调表达时可能使得相似基因上调表达或互补基因下调表达。为进一步了解其他 *DlBRI1* 家族成员的表达情况，对不同转染体系处理龙眼胚性悬浮细胞的第 3 d 和第 7 d 进行 qPCR 测定，结果如图 6-15 所示。在 agomiR390e 与 antagomiR390e 的处理组的第 3 d 和第 7 d 的培养过程中，只有 *DlBRI1-2a* 与 *DlBRI1-3* 的表达模式基本相似（结合图 6-14）。由此推测，*DlBRI1-3* 与 *DlBRI1-2a* 的功能具有一定的相关性，而与 *DlBRI1-1*、*DlBRI1-2b* 可能在某个阶段具有一定的功能相关性。

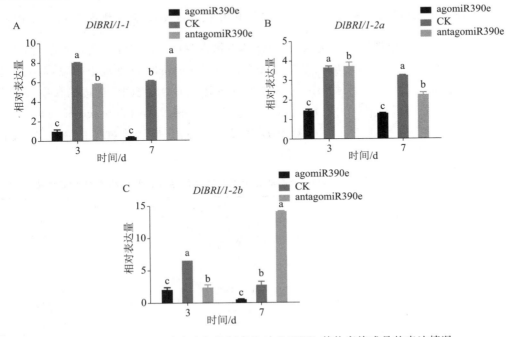

图 6-15 miR390e 过表达和抑制表达时 *DlBRI1* 其他家族成员的表达情况

（六）miR390e 的过表达和抑制表达对 *DlBRI1* 下游基因的影响

除了受体激酶 *BRI1*，其下游基因 BR 激活转录因子 1（*BZR1*）、光敏色素互作因子（*PIF4*）也是影响植物功能性代谢产物合成的关键基因。为进一步了解 *DlBRI1* 下游基因的表达情况，对不同转染体系处理龙眼胚性悬浮细胞的第 3 d 和第 7 d 进行 qPCR 测定，结果如图 6-16 所示。在 agomiR390e 和 antagomiR390e 处理组中，龙眼胚性悬浮细胞培养的第 3 d，*DlBZR1* 与 *DlBRI1-3* 的表达模式基本相似，第 7 d，*DlBZR1* 与 *DlBRI1-3* 的表达模式基本相反，表明 *DlBRI1-3* 与 *DlBZR1* 存在紧密的调控关系。而 *DlPIF4* 与 *DlBRI1-3* 的表达模式未呈现出明显相关性。这可能是因为植物体中调控机制具有复杂性，下游基因 *DlPIF4* 不仅受 *DlBRI1* 基因的调控，还有其他基因参与其中。例如，第四章蓝光信号网络中 *PIF4* 受到 *DELLA* 和 *BZR1* 两个基因共同调控。

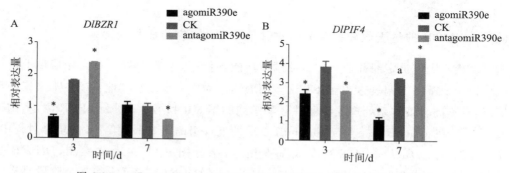

图 6-16　miR390e 过表达和抑制表达时 *DlBRI1* 下游基因的表达情况

（七）miR390e 的过表达和抑制表达对龙眼胚性悬浮细胞功能性代谢产物合成的影响

通过对龙眼胚性悬浮细胞的总黄酮、生物碱和生物素等功能性代谢产物含量测定，以验证 miR390e 与靶基因 *DlBRI1-3* 的功能，结果见表 6-7。在 agomiR390e 处理组中，总黄酮和生物碱含量在第 3 d 和第 7 d 均低于对照组；而在 antagomiR390e 处理组中，总黄酮和生物碱含量在第 3 d 和第 7 d 均高于对照组。但是，生物素含量在 agomiR390e 和 antagomiR390e 处理组中都高于对照组，可能是 miR390e 与靶基因 *DlBRI1-3* 不能影响到生物素代谢途径，其合成受到其他基因的调控。

表 6-7　agomiR390e、antagomiR390e 及对照组中龙眼胚性悬浮细胞的功能代谢产物含量

不同处理	总黄酮/（g/mg DW）	生物碱/（g/mg DW）	生物素/（g/mg DW）
agomiR390e（3 d）	2.18 c	6.92 c	8.74 a
CK（3 d）	2.90 b	8.25 b	6.21 b
antagomiR390e（3 d）	3.72 a	10.17 a	6.32 b
agomiR390e（7 d）	8.56 b	23.47 c	9.22 a
CK（7 d）	10.23 a	27.78 b	7.93 c
antagomiR390e（7 d）	10.58 a	33.46 a	8.89 b

三、miR390e 功能讨论

在以往的研究中,miR390 多表现在植物生长发育中的作用。拟南芥中 miR390 指导反式作用于干扰 RNA TAS3(trans-acting siRNA3)的生物合成,而 TAS3 可以通过负调控生长素响应因子 *ARF* 来影响叶片的极性和侧根的发育(Cho,Coruh,and Axtell,2012;Marin et al.,2010;Qin et al.,2021)。林玉玲关于龙眼 miR390 的研究中,发现 miR390 含有大量的激素响应元件,且首次验证了 miR390-TAS3-ARF3/4 在龙眼体细胞胚胎发育中的重要作用(Lin et al.,2015)。然而又有学者对 miR390 的功能有不同的发现。拟南芥植株经致病细菌处理后 miR390 的表达水平明显下调,miR390 可以通过调控生长素信号途径中关键基因的表达来抑制细菌的生长(Zhang et al.,2011b)。对拟南芥、水稻等模式植物的研究发现 miR390 对外源激素比较敏感(Marin et al.,2010;Jiang and Shi,2010),且在 psRNATarget 在线软件分析也发现龙眼 miR390e 能够靶向 *BRI1-3*。*BRI1* 作为一种类受体激酶,在油菜素内酯信号转导过程中,油菜素内酯被膜受体 *BRI1* 识别,通过 *BRI1* 的磷酸化和去磷酸化传递油菜素内酯信号(卫卓赟、黎家,2011)。油菜素内酯活性非常高,低含量的 BR 就可以对植物功能性代谢产物起到重要的调节作用。例如,通过植物生长调节剂 24-表油菜素内酯喷施果实之后,在葡萄转色初期使得 *VvPAL* 和 *VvUFGT* 的基因表达量上调,且果皮中花色苷、单宁和黄酮醇含量都得到提升(Symons et al.,2016;Xu et al.,2015a;Xi et al.,2013)。又如,通过 BRs 抑制剂(brassinazole,Brz)处理葡萄果实,或者分离葡萄 BR 受体基因和同源编码 BR 合成基因,都会延迟果实的成熟和着色(Symons et al.,2016)。因此,推测龙眼 miR390e 和靶基因 *DlBRI1-3* 能够参与龙眼 EC 功能性代谢产物的合成。

本研究通过使用 agomiR390e 和 antagomiR390e 后,miR390e 的相对表达量显著上调和下调,miR390e 的靶基因 *DlBRI1-3* 相对表达量也发生相应变化。agomiR390e 使 miR390e 过表达时,*DlBRI1-3* 的表达量低于对照组;antagomiR390e 使 miR390e 抑制表达时,*DlBRI1-3* 的表达量高于对照组;miR390e 与靶基因 *DlBRI1-3* 的表达趋势相反,该结果验证了 miR390e 能够负调控靶基因 *DlBRI1-3*。油菜素内酯与功能性代谢产物的合成密切相关。*BRI1* 作为油菜素内酯的受体激酶,当 *BRI1* 高表达时将促进油菜素内酯的合成,进而影响功能性代谢产物的积累。经 agomiR390e 处理后的 *DlBRI1-3* 表达量下降,总黄酮和生物碱含量下降;经 antagomiR390e 处理结果则相反。综上,miR390e 可以通过负调控靶基因 *DlBRI1-3* 影响龙眼功能性代谢产物的合成。

在 *BRI1* 下游基因的研究中发现 *DlBRI1-3* 与 *DlBZR1* 存在紧密的调控关系;而 *DlPIF4* 与 *DlBRI1-3* 的表达模式无明显相关性,可能 *DlPIF4* 受多个基因同时调控,其调控机制有待进一步研究。

第七章　生物反应器中蓝光对龙眼细胞培养及功能性代谢产物的影响

相比于植物组织培养和摇瓶培养,植物生物反应器是大量获取功能性代谢产物的有效工具。本研究所于 2017 年 8 月引进搅拌式生物反应器(Biostat® B,Sartorius Stedim Biotech),其具有环境可调控、实时监测、取样便捷等诸多优点(Xu,Ge,and Dolan,2011)。因此,本研究将前文所得结论应用于生物反应器中龙眼细胞培养,获取黑暗和蓝光培养过程中的变化规律,并验证转录组的部分结论。

第一节　生物反应器中龙眼胚性悬浮细胞培养条件的初步优化

目前,植物生物反应器只在少数植物悬浮细胞中实现放大培养,其中以红豆杉悬浮细胞(孟慧雯,2022)、紫草悬浮细胞(葛锋等,2010)、长春花悬浮细胞(赵楠、陈文、郭志刚,2012)大规模培养为代表性成果。而关于龙眼胚性悬浮细胞在生物反应器中的相关研究至今无人报道。

植物细胞由摇瓶培养转移至生物反应器中进行放大培养,要承受由机械搅拌引起的高剪切力以及通气引起的流体胁迫带来的伤害,这些伤害会对植物细胞的生长分裂产生影响,甚至对植物细胞产生致命的损伤。因此,探索并优化生物反应器中植物细胞培养参数就至关重要。因此,本节基于赖钟雄和陈振光(2002)在摇瓶培养中所建立的龙眼胚性悬浮细胞体系,对生物反应器中通气量和搅拌速度两个重要参数进行优化,初步建立生物反应器中龙眼胚性悬浮细胞培养体系,为后续研究奠定基础。

一、龙眼胚性悬浮细胞培养方法

(一) 材料

龙眼胚性悬浮细胞系参照赖钟雄和陈振光(2002)实验室建立的方法,将固体培养基 MS+1.0 mg/L 2,4-D+0.5 mg/L KT+5.0 mg/L AgNO₃ 中黑暗培养 20 d 的龙眼 EC 转移到 MS+1.0 mg/L 2,4-D+100 mg/L 肌醇的液体培养基中培养。生物反应器中也采用 MS+20 g/L 蔗糖+1.0 mg/L 2,4-D+100 mg/L 肌醇的液体培养基进行培养。

(二) 方法

1. 生物反应器中龙眼胚性悬浮细胞培养的条件优化

龙眼胚性悬浮细胞培养参照赖钟雄和陈振光(2002)建立的方法,并应用于生物反应器培养(表 7-1)。针对悬浮细胞生物反应器的通气量(ventilation)和搅拌速度(agitation speed)两个重要条件进行优化,将通气量设置为 3 个梯度 100 mL/min、200 mL/min、300 mL/min,将搅拌速度设置为 3 个梯度 50 rpm、100 rpm、150 rpm。

表 7-1　摇瓶中龙眼细胞培养参数值

序号	变量	最佳值
1	接种量/(g/50 mL FW)	2
2	转动速度/rpm	120
3	温度/℃	25
4	pH	5.8
5	蓝光波长/nm	457
6	蓝光光强/(μmol $\cdot$ m^{-2} $\cdot$ s^{-1})	32
7	培养天数/d	9
8	蓝光光周期/h	12

2. 龙眼细胞的生长量测定

收集第 1 d 到第 9 d 的龙眼胚性悬浮细胞,离心后去除多余培养液,−20 ℃保存后,将材料进行冻干,测定干重。

(三) 数据分析

每个处理设 3 次生物学重复,实验数据统计分析使用 SPSS V19.0 软件,单因素方差分析采用 Duncan 法,显著性水平设为 $p < 0.05$。制图采用 GraphPad Prism 6.0 软件。

二、龙眼胚性悬浮细胞数据分析

(一) 搅拌式生物反应器

龙眼胚性悬浮细胞在一个 5 L 的搅拌式生物反应器(Biostat® B, Sartorius Stedim Biotech)中进行培养(图 7-1),包括 1 个 5 L 的双壁容器(UniVessel®)、1 个控制系统(BioPAT® MFCS SCADA)、1 个冷水机(LF-30)、1 个空气发生器(东方汇利 PGA-10L)。内有灵敏度较高的 pH 计、溶氧电极、温度探测计,可实时输出反应器的 pH、溶氧、温度。带环形和带微孔分布器的分布管实现密集通气功能。三叶扇形搅拌器(直径 70 mm)实现搅拌功能。该生物反应器有配套的在线控制系统,实现反应体系的温度、搅拌速度、通气量等参数的调控。采用 BioPAT® MFCS 4 软件对生物反应器进行实时监测。

(二) 通气量优化

本研究对生物反应器中通气量进行优化,观察龙眼胚性悬浮细胞培养 9 d 后生长量差异,

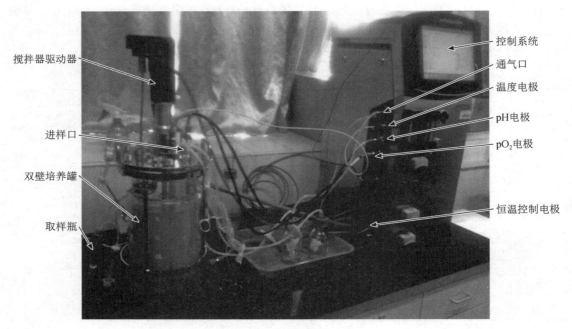

图 7-1　搅拌式生物反应器

结果如图 7-2 所示。当通气量设置为 100 mL/min 时,龙眼细胞干重为最高值 8.13 g/L,其次为 200 mL/min,最低为 300 mL/min。因此,龙眼胚性悬浮细胞在生物反应器中培养的最佳通气量为 100 mL/min。推测通气量越高,可能导致大量悬浮细胞堆积于生物反应器顶部;也可能产生流体胁迫,对悬浮细胞造成伤害。

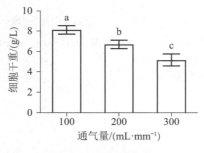

图 7-2　通气量优化

（三）搅拌速度优化

本研究对生物反应器中搅拌速度进行优化,观察龙眼胚性悬浮细胞培养 9 d 后生长量差异,结果如图 7-3 所示。当搅拌速度设置为 100 rpm 时,龙眼细胞干重为最高值 7.93 g/L,其次为 150 rpm,最低为 50 rpm。因此,龙眼胚性悬浮细胞在生物反应器中培养的最佳搅拌速度为 100 rpm。推测转速较高,机械搅拌引起高剪切力可能会使龙眼细胞产生损伤;转速较低,龙眼细胞堆积于生物反应器下层,未能悬浮于培养基上,细胞活性降低,影响其生长。

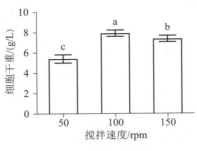

图 7-3　搅拌速度优化

三、植物生物反应器研究讨论

植物生物反应器的研究为功能性代谢产物的大量生产提供便利。目前,关于植物代谢生物反应器的研究取得了一定进展。枇杷悬浮细胞实现了 5 L 的放大培养,细胞干重为 19.01 g/L,熊果酸质量分数为 27.75 mg/g。其最优的培养条件为接种量 80 g,转速为 26 rpm,角度为 6°(李惠华等,2015)。甘草悬浮细胞在 7.5 L 的生物反应器中培养,相比于摇瓶培养细胞生长量受到抑制,总黄酮含量提高了 1.5 倍,但其培养条件仍处在优化进程中(李雅丽等,2015b)。红花悬浮细胞已实现了 5 L 的放大培养,其最优的搅拌速度设置为 100 rpm。而生物反应器中培养龙眼胚性悬浮细胞正处于初级探索阶段,复杂程度可想而知。由于罐体昂贵且只有 1 个,优化 1 个参数值所花费时间较长,转移材料过程中易污染(张建文,2016),因此本节只针对生物反应器中通气量和搅拌速度两个最为重要的参数进行优化,并筛选出通气量和搅拌速度最佳值分别为 100 mL/min 和 100 rpm。当通气量和搅拌速度分别达到最佳值时,龙眼细胞干重均稳定于 8 g/L 左右,这也为后续的研究奠定了基础。

第二节　蓝光对龙眼胚性悬浮细胞培养及功能性代谢产物的影响

在植物悬浮细胞的培养过程中,研究人员已通过不同的方法来刺激代谢途径以调控目标功能性代谢产物的合成量,其中光调控被看作改变植物细胞代谢产物合成的重要方法之一(Zoratti et al.,2014)。关于贯叶连翘悬浮细胞的研究表明,光照对悬浮细胞生长量和总黄酮含量有着促进作用(王璟,2015)。钟春水等(2016)在研究中发现,光照条件下金花茶悬浮细胞生长量得到了提升,且光照对 *PPO*、*DFR*、*LAR* 3 个基因的表达量及儿茶素总量均有极显著影响。光照对植物悬浮细胞的研究主要在摇瓶中进行,而关于生物反应器的研究鲜有报道。

前文研究已经表明龙眼对光的响应途径是复杂且精细的。例如,*HY5* 作为光信号转导的重要调控因子,能够正调控总黄酮的合成(Zoratti et al.,2014)。而 *HY5* 调控总黄酮的合成是通过转录因子 *PAP1* 的转录激活(Dong et al.,2013)。又如,*MYC2* 也是蓝光信号调控植物代谢合成的一个节点,在关于长春花的研究中发现 *MYC2* 能够促进生物碱的积累(Maurya et al.,2015;Zhang et al.,2011a)。再如,*PIFs* 在光调节植物生长和代谢中起着核心的作用

(刘忠娟,2011)。关于这些调控基因在生物反应器中的作用机制,有待进一步验证。

转录组分析已经证实蓝光可以促进龙眼细胞一些功能性代谢产物的积累。因此,本研究采用搅拌式生物反应器放大培养龙眼胚性悬浮细胞,探讨蓝光对龙眼细胞生长及总黄酮、生物碱合成的影响。基于第一节已建立并优化的龙眼细胞悬浮培养体系,本节首先研究了龙眼胚性悬浮细胞在黑暗和蓝光培养过程中细胞生长量、总黄酮含量、生物碱含量、细胞活力、培养液的底物消耗量(蔗糖、还原糖、磷酸盐)、培养体系的 pH 及溶氧的变化情况等。采用 qPCR 技术对光信号因子、代谢途径合成基因等进行表达量差异分析,验证生物反应器中蓝光对龙眼次生代谢合成的作用机制。这些研究将为龙眼细胞生物反应器大规模培养功能性代谢产物的工业化进程提供理论指导和实验依据。

一、生物反应器的各项指标测定方法

(一) 材料

同第七章第一节。

(二) 方法

1. 龙眼胚性悬浮细胞培养的条件

龙眼胚性悬浮细胞培养参照第一节优化的参数以及赖钟雄和陈振光(2002)建立的方法,并应用于生物反应器培养(表 7-2)。

表 7-2　生物反应器中各种龙眼细胞参数值

序号	变量	最佳值
1	搅拌速度/rpm	100
2	通气量/(mL · min^{-1})	100
3	接种量/(g/L FW)	40
4	温度/℃	25
5	pH	5.8
6	蓝光波长/nm	457
7	蓝光光强/(μmol · m^{-2} · s^{-1})	32
8	培养天数/d	9
9	蓝光光周期/h	12

2. 龙眼细胞的生长量测定

同第七章第一节。

3. 功能性代谢产物含量测定

同第二章第一节。

4. 细胞活性测定

细胞活性测定参照张建文等（2016）的方法并适当改良：培养液中龙眼胚性悬浮细胞经 8 μm 滤膜抽滤后，在 15 mL 的试管中加入 0.5 g 鲜重龙眼细胞、2.5 mL 0.1 mol/L Na_2HPO_4-NaH_2PO_4 缓冲液（pH 为 7.0）、2.5 mL 质量浓度为 4 g/L 的 2,3,5-氯化三苯基四氮唑（TTC）溶液。接着，将溶液混匀后，置于 25 ℃ 温度下暗处理 13～16 h，离心去上清液，并用蒸馏水漂洗 3 次。然后，向龙眼细胞中加入 5 mL 甲醇，60 ℃ 水浴 50 min，其间摇动数次。最后，在室温下放置到细胞无色，离心后取上清液，通过分光光度计测定吸光度 A，波长为 485 nm。

5. 细胞培养底物消耗量测定

可溶性糖参照苯酚法测定（杜梦甜等，2021）并适当改良：收集 1～9 d 龙眼胚性悬浮细胞培养液，在 −20 ℃ 冰箱保存备用。吸取 0.5 mL 培养液于规格为 50 mL 的试管中，然后加入 1 mL 9% 苯酚溶液，再慢速加入 5 mL 浓硫酸，将试管溶液摇动均匀，最后加入蒸馏水并将其定容至 10 mL。常温下静置 30 min 进行显色反应，吸取 1 mL 待测液于规格为 20 mL 的新试管，用蒸馏水稀释至 15 mL，并通过分光光度计测定吸光度，波长设置为 485 nm，根据所建立标准曲线计算出培养液的蔗糖含量。

还原糖参照 3,5-二硝基水杨酸法（刘彩华等，2022）测定并适当改良：吸取 2 mL 培养液于规格为 50 mL 的试管中，再向培养液中加入 1.5 mL 3,5-二硝基水杨酸试剂，将试管溶液摇动均匀。在 90 ℃ 水浴锅（JK-WB-4A）中加热 5 min，取出试管后，立即进行冷却，再加入蒸馏水并将其定容 20 mL，摇动均匀，并通过分光光度计测定吸光度，波长设置为 540 nm，根据所建立标准曲线计算出培养液的还原糖含量。

磷酸盐参照李永远和杨坤朋（2013）的测定方法并适当改良：吸取 5 mL 培养液于规格为 50 mL 试管中，首先加入 3 mL 钼酸钠-硫酸溶液，再向溶液中加入 0.4 mL 硫酸肼溶液，将试管摇动均匀，通过 90 ℃ 水浴锅中加热 10 min 后，立即放入冷水中进行冷却，并通过分光光度计测定吸光度，波长设置为 660 nm，根据所建立标准曲线计算出培养液的磷酸盐含量。

6. 溶氧量测定

PO_2（溶氧量）的值通过 Sartorius Stedim Biotech 的光学传感器技术进行测量。传感器被集成到各种系统中，在 UniVessel® SU 中，传感器贴片位于一次性容器的底部，可直接通过自由空间光电子对传感器进行读数。

7. 基因表达定量分析

以龙眼 EC 作为材料，采用 TriPure Isolation Reagent（Roche）操作说明书进行龙眼 EC 总 RNA 的提取。所获得的总 RNA 采用 1.0% 非变性琼脂糖凝胶电泳和紫外分光光度计进行完整性、纯度和浓度的检测。检测质量合格的总 RNA 放置于 −80 ℃ 超低温冰箱保存，待后续使用。采用 Primerscript™ RT Reagent Kit 逆转录 cDNA 用于 qPCR。参考 Lin 和 Lai（2010）建立的方法，以龙眼 EF-1a，elF-4a 和 DlFSD1a 作为内参基因，通过 $2^{-\triangle\triangle Ct}$ 法进行相对表达量计算。采用 SYBR® Premix Ex Taq™Ⅱ（TliRNaseH Plus；Takara，Japan）LightCycler480 定量仪进行龙眼细胞表达模式的分析。龙眼基因 qPCR 引物序列见表 7-3。

表 7-3　龙眼基因 qPCR 引物信息

基因名	引物序列(5′→3′)	长度/bp	温度/℃
DlPAP1-F	AACCCGAGTCCAGAAACAGG	163	60
DlPAP1-R	GATTGAATGATTGGTCAGGCAG		
DlCHS-F	GCTTCACACAGCAATCCAGA	203	60
DlCHS-R	GGATGAACAGCCCAGAACAT		

（三）数据分析

每个处理设 3 次生物学重复，实验数据统计分析使用 SPSS V19.0 软件，单因素方差分析采用 Duncan 法，显著性水平设为 $p < 0.05$。制图采用 GraphPad Prism 6.0 软件。

二、生物反应器的各项数据分析

（一）蓝光对龙眼胚性悬浮细胞生长量的影响

在搅拌式生物反应器中，龙眼胚性悬浮细胞分别在黑暗和蓝光条件下培养 9 d，其生长量变化如图 7-4 所示。黑暗培养的细胞经过 3 d 的延迟期，从第 3~7 d 处于对数生长期，第 7 d 开始基本进入平台期，细胞生长缓慢。以同样的接种浓度，蓝光培养下细胞的延迟期、生长期、平台期，与黑暗培养较为一致。其中，蓝光培养的细胞生长率最高出现在第 4~5 d，而黑暗培养出现在第 3~4 d。蓝光培养下细胞生长量从第 5 d 开始略微高于黑暗培养。因此，蓝光对龙眼细胞生长量有一定的促进作用，这与转录组的分析结果一致。

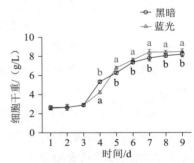

图 7-4　黑暗和蓝光培养下龙眼细胞的生长
注：不同字母表示差异显著，$p < 0.05$，下同。

（二）蓝光对龙眼胚性悬浮细胞总黄酮含量的影响

在生物反应器中，黑暗和蓝光培养下龙眼细胞合成总黄酮的情况如图 7-5 所示。黑暗和蓝光培养过程中，龙眼细胞总黄酮含量都得到了提升。黑暗条件下，第 1~6 d 总黄酮含量增长缓慢，从第 6 d 开始合成率小幅提升，第 9 d 达到最高值 3.33 mg/g。蓝光条件下，第 1~4 d 总黄酮含量增长缓慢，从第 4 d 开始总黄酮合成率大幅提升，第 9 d 达到最高值 4.10 mg/g。另外，黑暗和蓝光培养的培养液总黄酮含量可能是龙眼细胞分泌所致，见表 7-4。第 1~2 d 黑暗和蓝光培养的培养液中总黄酮含量极低；直至后期，黑暗和蓝光培养的培养液中总黄酮含量逐渐升高，但两组之间总黄酮含量差异不大。在生物反应器中，蓝光较之黑暗培养，龙眼细胞干重最高

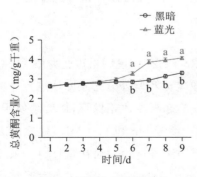

图 7-5　黑暗和蓝光培养的
龙眼细胞总黄酮含量

增长 0.28 g/L,龙眼细胞总黄酮含量最高增长 0.77 mg/g,培养液总黄酮含量无显著差异。因此,尽管蓝光对龙眼细胞生长量有着微弱的促进作用,但是对龙眼细胞总黄酮的积累起到明显的促进作用。

表 7-4 黑暗和蓝光培养的培养液总黄酮含量

天数	黑暗/(mg/mL)	蓝光/(mg/mL)
第 1 d	ND	ND
第 2 d	ND	ND
第 3 d	0.348e	0.350f
第 4 d	0.351e	0.361e
第 5 d	0.370c	0.377d
第 6 d	0.359d	0.362e
第 7 d	0.369c	0.427a
第 8 d	0.395b	0.399c
第 9 d	0.417a	0.415b

(三)蓝光对龙眼胚性悬浮细胞生物碱含量的影响

在生物反应器中,黑暗和蓝光培养下龙眼细胞合成生物碱的情况如图 7-6 所示。黑暗和蓝光培养过程中,龙眼细胞生物碱含量都得到了提升。黑暗条件下,第 1～3 d 生物碱含量增长缓慢,从第 3 d 开始合成率小幅提升,第 8 d 达到最高值 17.01 mg/g。蓝光条件下,第 1～3 d 生物碱含量增长缓慢,从第 4 d 开始生物碱合成率开始提升,第 6 天合成率最高,第 9 d 达到最高值 18.93 mg/g。另外,黑暗和蓝光培养的培养液生物碱含量可能是龙眼细胞分泌所致,见表 7-5。第 1～2 d 黑暗和蓝光培养的培养液中生物碱含量极低;第 5 d 起蓝光处理的生物碱含量开始高于黑暗处理;黑暗处理第 8 d 达到最高值 10.33 mg/mL,蓝光处理第 9 d 达到最高值 11.08 mg/mL。在生物反应器中,蓝光较之黑暗培养,龙眼细胞生物碱含量最高增长 1.99 mg/g,培养液生物碱含量最高增长 0.75 mg/g。因此,生物反应器中蓝光对龙眼细胞生物碱的积累起到明显的促进作用。

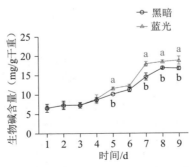

图 7-6 黑暗和蓝光培养的龙眼细胞生物碱含量

表 7-5　黑暗和蓝光培养的培养液生物碱含量

天数	黑暗/(mg/mL)	蓝光/(mg/mL)
第 1 d	1.75g	1.57g
第 2 d	1.62g	1.45g
第 3 d	1.90g	1.93f
第 4 d	3.48f	3.36e
第 5 d	4.72e	4.83d
第 6 d	5.72d	7.19c
第 7 d	8.38c	10.17b
第 8 d	10.33a	10.82b
第 9 d	9.24b	11.08a

（四）蓝光对龙眼胚性悬浮细胞活力的影响

细胞活力是衡量细胞在适宜环境中生长和分裂的能力,通常细胞活力与离子不可渗透的细胞膜的存在有关。采用 TTC 法来测定龙眼胚性悬浮细胞中的酶活,可以直接反映细胞的活力,即细胞活力越小,则 A 值越低。黑暗和蓝光培养中龙眼细胞的细胞活力变化如图 7-7 所示。黑暗培养条件下,第 1～3 d 细胞活力值呈现下降趋势,第 3 d 为培养过程中的最低值 0.271。这可能是因为培养初期龙眼细胞需要一个调整适应环境

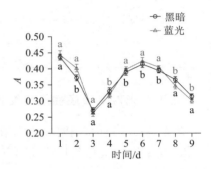

图 7-7　黑暗和蓝光培养中
龙眼细胞的细胞活力

的过程。第 3～6 d 细胞活力呈现上升趋势,至第 6 d 细胞活力值为 0.415,此后又开始下降。第 6 d 以后细胞活力下降的原因可能是龙眼细胞生长量达到平台期,培养液底物消耗殆尽,不足以提供此阶段龙眼细胞的生长需要。黑暗和蓝光培养过程中,龙眼细胞的活力变化较为一致,但在多数阶段蓝光略高于黑暗,这较为吻合转录组所得结论,也是蓝光对龙眼细胞生长量影响不显著的原因所在。

（五）蓝光对龙眼胚性悬浮细胞培养液底物消耗量的影响

蔗糖是植物悬浮细胞培养中最为常用的一种碳源。关于玫瑰茄悬浮细胞的研究已经发现,蔗糖是其细胞生长中最适合的碳源。黑暗和蓝光培养过程中,细胞培养液的蔗糖含量变化如图 7-8 所示。在黑暗培养过程中,第 1～5 d 蔗糖含量呈现大幅下降的趋势,第 5～9 d 蔗糖含量维持在 2 g/L 之间波动。第 1～5 d 蔗糖含量大幅下降,可能是因为龙眼细胞培养前期需要摄取大量的蔗糖。而在蓝光培养过程中,第 1～6 d 蔗糖含量呈现大幅下降趋势,此后也维持在 2 g/L 之间波动。其中,细胞培养的前期,蓝光的蔗糖消耗速度慢于黑暗培养,可能是因为蓝光生长量略高于黑暗培养。根据相关文献报道,当植物细胞的状态较差时,将加快蔗糖水解产能作为一种防御措施(张建文等,2016),因此黑暗培养的蔗糖消化率较快。另外,还发现蔗

糖的消耗量与龙眼细胞总黄酮和生物碱合成量呈反比。

还原糖也是植物悬浮细胞培养中最为常用的一种碳源。黑暗和蓝光培养过程中,细胞培养液的还原糖含量变化如图 7-9 所示。在黑暗培养过程中,第 1～4 d 还原糖含量呈现上升趋势,第 4 d 达到最高值 16.29 g/L,第 4～9 d 还原糖含量呈现下降趋势。龙眼细胞培养的初期,由于部分蔗糖分解成还原糖,还原糖含量大幅提升。此后为提供细胞生长,还原糖含量开始下调。在蓝光培养过程中,第 1～5 d 还原糖含量呈现上升趋势,此后下调。其中,黑暗培养的还原糖含量均高于蓝光,这可能是因为相比蓝光培养,黑暗培养过程中有更多的蔗糖分解成还原糖,而蓝光中的蔗糖更多地提供于龙眼细胞生长。

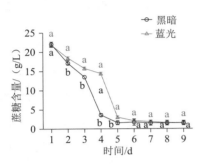 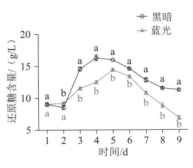

图 7-8　黑暗和蓝光培养下细胞培养液的蔗糖含量　图 7-9　黑暗和蓝光培养下细胞培养液的还原糖含量

磷酸盐也是植物细胞培养不可或缺的原料之一(Pratt et al.,2009)。黑暗和蓝光培养过程中,细胞培养液的磷酸盐含量变化如图 7-10 所示。结果表明,黑暗和蓝光培养下磷酸盐下调趋势较为一致。同时,还发现磷酸盐消耗量与龙眼细胞生长量、总黄酮合成量成反比,并且蓝光磷酸盐的消耗量大于黑暗培养。这可能是蓝光细胞生长量略高于黑暗培养,蓝光总黄酮含量显著高于黑暗培养的原因所在。

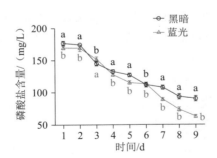

图 7-10　黑暗和蓝光培养下细胞培养液的磷酸盐含量

(六) 蓝光对龙眼胚性悬浮细胞培养液 pH 的影响

在植物悬浮细胞培养过程中,pH 通常在起始阶段出现下降,延滞期结束时开始回升(张建文等,2016;李雅丽等,2015a)。如图 7-11 所示,黑暗培养过程中,第 1～3 d 培养液 pH 下降至 4.95,至第 6 d 回调至 5.92,此后略微下降。而蓝光培养过程中,第 1～3 d 培养液 pH 下降至 5.13,至 6 d 回调至 5.88,第 6～9 d pH 也略微下降。第 1～5 d,蓝光 pH 明显高于黑暗培养,这可能是因为培养初期龙眼细胞状态较差,而蓝光具有修复细胞的功能(Yu et al.,2010),阻断了部分破碎细胞内含物外泄。

(七)蓝光对龙眼胚性悬浮细胞培养液 pO₂ 的影响

黑暗和蓝光培养过程中,细胞培养液 pO_2 的变化如图 7-12 所示。黑暗和蓝光培养的 pO_2 的变化较为一致。第 1~4 d 黑暗和蓝光的 pO_2 分别提升至 118.6% 和 130.5%,第 4~9 d 呈下降的趋势,而第 7~9 d 基本维持在 80% 左右。第 1~4 d pO_2 的迅速提升,可能是因为培养初期聚合的龙眼胚性悬浮细胞不断被生物反应器搅拌松散,培养液中的氧气得到回升。第 4~9 d 呈下降的趋势,可能是因为龙眼细胞不断增长消耗了培养液中的氧气。

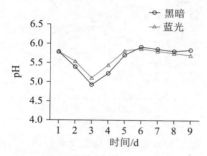

图 7-11　黑暗和蓝光培养下细胞培养液的 pH

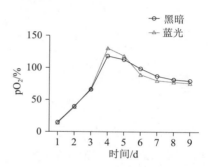

图 7-12　黑暗和蓝光培养下细胞培养液的 pO₂

(八)蓝光对龙眼胚性悬浮细胞代谢产物合成关键基因的影响

本研究以黑暗为对照,采用荧光定量 PCR 检测在蓝光处理下的龙眼细胞功能代谢相关基因的表达量变化(图 7-13A 和 B)。在黑暗培养过程中,*DlHY5* 与 *DlPAP1* 的表达量呈现相同的变化趋势;而第 1~9 d,*DlCHS* 的表达量呈现缓慢上升的趋势,第 9 d 达到最高值 0.942;但并未发现 3 个基因之间有明显的联系。这可能是因为黑暗条件并不能激发 *DlHY5* 的表达,*DlHY5* 失活,使得类黄酮合成基因不能表达(Zoratti et al.,2014)。而 *DlCHS* 的表达量缓慢上升,可能是因为培养时长也能够影响总黄酮的积累。在蓝光培养过程中,第 1~9 d,*DlHY5*、*DlPAP1*、*DlCHS* 的表达量均呈现上升趋势,第 5 d 以后表达量均显著提升,3 个基因表达趋势基本一致。因此,推测蓝光可能通过光信号转录因子 *DlHY5* 调控 *DlPAP1* 的表达,从而调控类黄酮代谢途径结构基因 *DlCHS* 的表达,进而影响龙眼 EC 总黄酮的积累,这种调控机制有待遗传转化进一步验证。

在黑暗、蓝光处理下的龙眼细胞功能代谢相关基因 *DlMYC2* 和 *DlPIF4* 的表达量变化,结果如图 7-13C 至 F 所示。在黑暗培养过程中,*DlMYC2* 的表达量呈上下波动趋势;而在蓝光培养过程中,*DlMYC2* 的表达量从第 3 d 起不断上升。另外,*DlPIF4* 在黑暗培养过程中的表达量也呈上下波动趋势;而在蓝光培养过程中,*DlPIF4* 的表达量从第 1 d 以后均显著提升。因此,在黑暗条件下,*DlMYC2* 和 *DlPIF4* 与总黄酮、生物碱的合成不相关;而在蓝光条件下,*DlMYC2* 和 *DlPIF4* 与总黄酮、生物碱的合成显著相关。

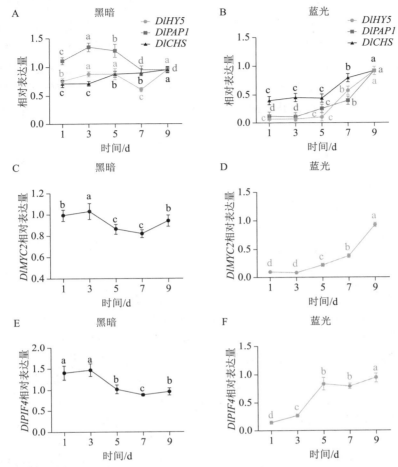

A—黑暗培养中 *DlHY5*、*DlPAP1* 和 *DlCHS* 相关基因的表达分析；B—蓝光培养中 *DlHY5*、*DlPAP1* 和 *DlCHS* 相关基因的表达分析；C—黑暗培养中 *DlMYC2* 基因的表达分析；D—蓝光培养中 *DlMYC2* 基因的表达分析；E—黑暗培养中 *DlPIF4* 基因的表达分析；F—蓝光培养中 *DlPIF4* 基因的表达分析。

图 7-13　黑暗和蓝光培养中龙眼功能性代谢产物合成相关基因的表达分析

三、生物反应器的关键指标讨论

（一）蓝光促进龙眼胚性悬浮细胞生长及功能性代谢产物的合成

在龙眼细胞规模化生产中，影响生物反应器培养的主要因素为化学微环境、气体微环境及光照微环境等（于丹等，2014）。其中，通过光照影响龙眼细胞培养是一种较为简便且有效的调控手段（高慧君，2013）。在生物反应器培养龙眼细胞过程中，发现蓝光可以促进龙眼细胞生长和总黄酮、生物碱合成。刘紫祺等（2022）的研究发现光照条件对西洋参悬浮细胞生长、人参皂苷以及西洋参多糖合成有显著影响。王璟（2015）在贯叶连翘悬浮细胞摇瓶培养中，也发现光照可以提升悬浮细胞生长量和总黄酮含量。在龙眼细胞培养液底物消耗量的测定中，蓝光培养的还原糖、磷酸盐消耗量大于黑暗培养;在龙眼细胞活力测定中,蓝光培养的细胞活力略高于黑暗培养。这些也从侧面解释了蓝光对龙眼细胞生长及总黄酮、生物碱合成的促进作用。目前国内外多数停留在光照对摇瓶培养植物细胞的研究上,而本研究通过生物反应器的培养,实时统计观察细胞活力、底物消耗量、pH、pO₂等多项参数,建立培养参数之间的联系,从而更为直观地获取到光照对龙眼细胞培养的影响差异。因此,蓝光可能加速了龙眼细胞对营养物质(还原糖、磷酸盐)等的吸收,提升了细胞活力,促进细胞分化生长,进而促进了总黄酮、生物碱的合成。

(二)蔗糖、还原糖、磷酸盐是影响龙眼胚性悬浮细胞培养和功能性代谢产物积累的主要因素

在生物反应器培养龙眼细胞的进程中,蔗糖、还原糖、磷酸盐逐渐被消耗,这些都为龙眼细胞增殖提供原料(Dan,Dang,and Ren,2015)。前人的研究已经表明糖是植物体内重要的组成成分,不仅为植物生长提供能量,也为植物次生代谢产物的合成提供原料(Garg and Hackel,2020;Zheng et al.,2009)。在柑橘愈伤组织的研究中发现,糖可能是愈伤组织积累类胡萝卜素的信号因子(Price et al.,2004)。蔗糖能够调节拟南芥 PAP1 转录因子的表达,从而增加花青素合成基因的表达,进而影响花青素的合成(Ussawaparkin et al.,2022)。另外,在拟南芥研究中已经表明光信号和糖信号能够协同调控植物生长和代谢(刘忠娟,2011)。生物反应器可以保证植物细胞培养环境的一致性、培养细胞的均一性,这些将为今后光信号和糖信号协同作用的研究提供优良的基础。磷酸盐也是植物细胞培养不可或缺的原料之一。在关于黄连悬浮细胞的研究中就发现磷元素的消耗较快,并且与细胞生长和次生产物的合成有密切联系(程华、余龙江,2007)。王静等(2012)的研究中也已经表明磷元素对桔梗的多糖有着显著的促进作用。

综上所述,采用生物反应器培养龙眼细胞,可更为明确地了解到细胞生长过程中每个阶段消耗蔗糖、还原糖、磷酸盐的情况。这些培养特征的研究将为后续研究起到提示作用。

(三)关键转录因子参与蓝光调控龙眼胚性悬浮细胞功能性代谢产物的合成

光照可以通过植物体内的光受体感知,并通过光信号转导途径调控植物生长发育和次生代谢产物的合成(Jiao,Lau,and Deng,2007)。HY5 作为光形态建成的正调控因子,是光调控植物生长发育、代谢合成等的分子开关(Wang et al.,2020)。在拟南芥和苹果的研究中已经表明,光照通过 HY5 激活 R2R3-MYBs,进而调控类黄酮结构基因,最终达到调控总黄酮的积累(Stracke et al.,2010;Maier et al.,2013;Peng et al.,2013)。Li 等(2010)的研究也表明光照促使 HY5 表达量提高,同时类黄酮途径基因表达量也很快出现变化。本研究发现龙眼细胞培养过程中,蓝光的 DlHY5 表达量与总黄酮含量趋势呈正相关,而黑暗培养的 DlHY5 与总黄酮含量无明显规律,说明蓝光可通过光信号转导因子 DlHY5 调控龙眼细胞总黄酮合成。相关研究已阐述了蓝光调控类黄酮的途径,蓝光作用下,COP1/SPA1 复合体激活了光感受器 CRY,导致 COP1 蛋白脱离结合的转录因子,离开细胞核,转录因子 HY5 活化,促进了光调控基因的表达,从而调控总黄酮的积累(Zoratti et al.,2014)。拟南芥的研究发现 HY5 可以诱导类黄酮的合成转录因子 PAP1 的表达(Dong et al.,2013)。本研究中龙眼的 DlPAP1 与

DlHY5 的表达规律基本一致,说明蓝光可能通过光信号转录因子 *DlHY5* 调控 *DlPAP1* 的表达,从而调控类黄酮代谢途径结构基因 *DlCHS* 的表达,进而影响龙眼胚性悬浮细胞总黄酮的积累。这一调控机制在生物反应器中也得到进一步验证。

第三章的研究已经证实了 *DlMYC2* 和 *DlPIF4* 在蓝光调控龙眼细胞功能性代谢产物方面的重要作用。本章也发现生物反应器在培养龙眼胚性悬浮细胞的过程中,蓝光的 *DlMYC2*、*DlPIF4* 的表达量与总黄酮、生物碱含量变化趋势基本呈正相关,而黑暗培养的 *DlMYC2*、*DlPIF4* 与总黄酮、生物碱含量无明显规律,说明蓝光可能通过 *DlMYC2*、*DlPIF4* 调控悬浮细胞总黄酮、生物碱合成。这一调控机制在生物反应器中也得到进一步验证。

综上所述,本研究首次利用 5 L 生物反应器对龙眼细胞进行放大培养,对黑暗和蓝光处理下龙眼细胞的培养特征进行研究,将为今后龙眼细胞培养进一步规模化生产功能性代谢产物奠定基础。

第八章 结论与展望

龙眼又名桂圆,是无患子科龙眼属植物,它是南亚热带特色水果之一。龙眼具有很高的食用和药用价值,其功能性代谢产物主要包括多糖、类黄酮、生物碱、类胡萝卜素等。目前,研究人员已通过不同的方法来刺激龙眼代谢途径以调控功能性代谢产物的合成量,而光调控被看作改变植物细胞功能性代谢产物合成的重要方法之一。前期研究结果已经发现光照对龙眼EC一些功能性代谢产物具有促进作用。但是,关于光对龙眼EC功能性代谢产物合成的分子机制,特别是基于高通量测序技术的组学分析,几乎没有报道。鉴于此,本研究以龙眼EC为主要实验材料,利用高通量测序技术,进行EC响应不同光质的mRNAs、miRNAs转录组学分析,并在转录组学分析的基础上,对EC响应不同光质的部分mRNAs、miRNAs与靶基因进行qPCR验证;克隆了光响应基因(*BRI1*家族)和miRNAs前体序列,并进行光响应的表达验证以及部分miRNAs的功能研究;基于转录组的研究基础,探索生物反应器中蓝光对龙眼细胞培养及功能性代谢产物的影响。研究结果从光照模式的优化、生理生化、mRNAs组学、miRNAs组学角度解析了光影响龙眼EC功能性代谢产物的分子机制,为挖掘利用光对龙眼功能性代谢产物的调控基因资源提供科学依据。

第一节 主要研究结论

一、不同光质对龙眼EC功能性代谢产物积累及生理生化指标的影响

以龙眼EC为研究对象,通过四因素三水平的正交试验设计方法设置EC生长光环境条件(光质、光强、光周期、天数),优化其功能代谢产物合成的光照模式,结果表明龙眼EC功能性代谢产物合成的影响因素大小顺序为光质>天数>光周期>光强,光质能够显著影响其功能性代谢产物积累。以综合评分作为考察指标,影响EC功能性代谢产物合成的最佳光照模式为蓝光,$32\ \mu\mathrm{mol} \cdot \mathrm{m}^{-2} \cdot \mathrm{s}^{-2}$,12 h/d,25 d。

基于正交试验所得结果,选取黑暗、蓝光和白光对龙眼EC进行处理。黑暗为对照,白光为复合光,蓝光为其功能性代谢产物合成的最佳光照模式。比较龙眼EC在不同光质下的生长状态,结果表明黑暗、蓝光下的EC生长旺盛,质地松脆,而白光下生长状态较差,水分较多。比较龙眼EC在不同光质下的增殖率变化,结果表明蓝光培养下的EC增殖率高于暗培养,而白光的EC增殖率则低于暗培养。采用紫外分光光度计和高效液相色谱仪测定多糖、生物素、类黄酮、生物碱的含量变化,结果表明蓝光最有利于促进龙眼EC中多糖、生物素、生物碱、类黄酮积累,其次为白光处理、黑暗处理。

对龙眼不同组织部位功能性代谢产物含量进行测定,结果表明龙眼果核和果壳的多糖、生物素、生物碱、类黄酮含量均高于果肉,因此推测龙眼果核和果壳的功能性代谢产物较为丰富,且含量较高。

对龙眼 EC 进行不同光质处理,采用紫外分光光度计法测定 EC 光响应过程中 SOD、POD、PAL 相关酶的活性和 H_2O_2 含量变化,结果表明蓝光处理的 SOD、POD、PAL 活性和 H_2O_2 含量最高,白光处理次之,黑暗处理最低,表明光照激活了龙眼 EC 酶类抗氧化系统。

二、不同光质对龙眼 EC 功能性代谢产物积累的转录组学分析

不同光质对龙眼 EC 的 mRNAs 组学分析结果表明:① DB 组合差异表达基因为 4463 个,上调 3096 个,下调 1367 个;DW 组合差异表达基因为 1639 个,上调 759 个,下调 880 个。② 差异表达基因的 GO 和 KEGG 富集分析结果也表明跨膜转运、磷酸化、钙离子转运、赖氨酸生物合成、生物素代谢、次生代谢等一些基础途径在光响应过程中高度富集。③ 差异表达基因的初级代谢的 Mapman 分析发现多数差异基因主要分布在细胞壁、脂类、蔗糖、淀粉、氨基酸途径中。次生代谢的 Mapman 分析发现多数差异基因均分布在莽草酸途径、苯丙烷类化合物、单酚、木质素和木脂素类、类黄酮、硫代葡萄糖苷途径中。DB 组合中每个途径的差异表达基因数目均多于 DW 组合,表明蓝光影响龙眼 EC 代谢途径和其他过程更为显著。④ 多糖、生物素、生物碱、类黄酮途径的差异结构基因表达量热图分析发现 DB 组合中多数基因表达量显著高于 DW 组合,表明蓝光是最有利于龙眼 EC 多糖、生物素、生物碱、类黄酮合成的。⑤ 差异表达基因的转录因子分析发现 PIF4、ARF、MYC2 等均为龙眼受光照影响显著的转录因子。⑥ 根据前人研究和挖掘龙眼转录组数据,初步构建了影响龙眼功能性代谢产物的蓝光信号网络,推测蓝光可以通过 3 条路径影响到龙眼功能性代谢产物的合成。第一,蓝光作用下,CRYs 与 SPA 蛋白的相互作用,抑制 SPA 激活 COP1 的活性,从而抑制了 COP1 对 HY5 和其他转录因子的降解,光调控基因的表达量上调,进而促进龙眼功能性代谢产物的合成。或者 COP1 也可以直接作用于 MYB-bHLH-WD40 转录因子去调控代谢途径。第二,通过转录因子 MYC2 调控功能性代谢产物合成。第三,CRYs 结合 PIF4 以及其他的 PIFs 家族成员调控功能性代谢产物合成。

三、不同光质对龙眼 EC 功能性代谢产物积累的 miRNA 分析

不同光质对龙眼 EC 的 miRNAs 组学分析结果表明:① 共获得 30 个 miRNA 家族的 111 个已知 miRNAs,DB 和 DW 组合特异表达已知 miRNAs 分别为 24 个和 16 个;获得 103 个新 miRNAs,DB 和 DW 组合特异表达新 miRNAs 分别为 5 个和 6 个。② miRNA 靶基因的 KEGG 富集分析结果表明光对龙眼功能性代谢产物合成存在多种响应途径,包括植物激素信号转导、植物 MAPK 信号转导、核黄素代谢等。③ miRNA 靶基因的 Cytoscape 分析结果表明 miR171d_1、miR394a、miR396b-5p、miR5139 最有可能参与蓝光对龙眼 EC 的影响,miR171d_1、miR319e、miR394a、miR395b_2、miR396e 最有可能参与白光对龙眼 EC 的影响。④ miRNAs 靶基因的 Mapman 结合表达量热图的分析表明蓝光对细胞信号转导、多糖代谢、生物素合成、类黄酮代谢的调控作用显著高于其他处理。miR394a、miR396b-5p、miR319_1、 miR319e 可能靶定多糖代谢途径结构基因,进而调控龙眼多糖合成。miR394a、miR396b-5p、miR319_1、miR319e、miR390e、miR396a-3p_2、miR5139 可能靶定生物素代谢途径结构基因,进而调控龙眼生物素合成。miR390e、miR396a-3p_2、miR5139 可能靶定类黄酮代谢途径结构基因,进而调控龙眼总黄酮合成。⑤ 根据前人研究和挖掘龙眼 miRNAs 组学数据,发现差异表达 miRNAs 只与蓝光信号网络 COP1 和 PIFs 两类基因存在关联性。miR171f_3 靶定 DELLA、miR390e 靶定 BRI1、miR396b-5p 靶定 EBF1/2、EIN3,这些靶基因恰好与激素信号转导相关,且 miR171f_3、miR390e、miR396b-5p 均为 DB 组合差异表达 miRNAs,推测 miR171f_3 靶定 DELLA、miR390e 靶定 BRI1、miR396b-5p 靶定 EBF1/2、EIN3,通过其靶基因参与到蓝光信号网络,进而调控龙眼功能性代谢产物积累。⑥ 对 12 组 miRNAs 和靶基因进行 qPCR 验证,结果发现只有 miR5139 与靶基因 FLS2、miR396b-5p 与靶基因 EBF1/2、miR164a_3 与靶基因 RFK 的表达模式为负相关,这 3 个靶基因可以被其相应的 miRNA 负调控,表明 miRNAs 与其靶基因之间存在复杂的调控关系。

四、龙眼 miR396 的前体克隆及分子特性与表达分析

本研究中,基于龙眼基因组数据库,miRbase 数据库及本实验中的龙眼转录组学数据库,克隆了响应光照的龙眼 miR396a-3p 和 miR396b-5p 的前体,进行分子特性与进化分析,并通过 qPCR 技术进行不同组织部位(根、茎、新叶、雄花、雌花、幼果、果肉、果核)、不同光质和不同光强的蓝光(黑暗、16 $\mu mol \cdot m^{-2} \cdot s^{-1}$、32 $\mu mol \cdot m^{-2} \cdot s^{-1}$、64 $\mu mol \cdot m^{-2} \cdot s^{-1}$、128 $\mu mol \cdot m^{-2} \cdot s^{-1}$)的表达分析。主要结果如下:① 通过 miRbase 21.0 数据库已登录的植物 miR396 的前体和成熟体序列信息,对植物 miR396 家族成员进化与分子特性进行分析,发现物种特异性是影响植物 miR396 前体进化的重要因素,而序列保守性是影响成熟体进化的主要因素。由 5p 臂上形成的 miR396 成熟体序列保守性较高,由 3p 臂上形成的 miR396 成熟体序列特异性较大;茎序列的保守性高于环序列,5p 臂的保守性高于 3p 臂。② 在对植物 miR396a 和 miR396b 进化与分子特性分析的基础上,参考龙眼 miRNAs 组学测序结果,采用同源克隆方法,从龙眼 EC 中获得 miR396a-3p 和 miR396b-5p 前体序列,长度都为 300 bp。同时,对龙眼 miR396a-3p 和 miR396b-5p 的启动子进行分析,结果表明两者均含有较多的光响应元件、激素响应元件及其生物和非生物胁迫应答响应元件。而个别元件在 miR396a-3p 和 miR396b-5p 中具有特异性。miR396a-3p 启动子含有 4 个生物钟顺式作用元件。miR396b 启动子含有 9 个茉莉酸甲酯响应元件。启动子顺式元件分析结果说明 miR396a-3p 和 miR396b-5p 可能通过这些顺式元件在龙眼光响应过程中起调控作用。③ 对植物 miR396a 和 miR396b 的靶基因进行预测分析,结果表明同物种的不同 miR396 家族成员的靶基因完全相同或部分相同。同一物种同一成员不同臂上的成熟体靶基因数量均不同,可能是由于 5p 臂和 3p 臂的成熟体形成的机制不相同。从植物 miR396 的作用方式来看,其成员基本包括裂解和抑制翻译两种方式。从靶基因的功能来看,生长素调控因子出现的频率最高,其次还包括颗粒体蛋白重复半胱氨酸蛋白酶家族蛋白、脂质磷酸酯磷酸酶 3、富亮氨酸重复家族蛋白、泛素-蛋白连接酶 COP1 等。④ 对龙眼 miR396a-3p 和 miR396b-5p 在不同组织部位的表达量进行 qPCR 分析,结果表明 miR396a-3p_2、miR396b-5p 在不同组织部位都呈现相同的表达模式;miR396a-3p_2、miR396b-5p 均在根中的表达量最高,而在新叶和幼果的表达量最低。对不同光质的表达量进行 qPCR 验证,结果表明

miR396a-3p_2、miR396b-5p 均为 miR396 家族成员,但是其表达模式截然不同。对龙眼 miR396 与靶基因在不同光强的蓝光的表达模式进行 qPCR 分析,结果表明靶基因 *rpoA* 在蓝光响应阶段可能由 miR396a-3p_2 与其他 miRNAs 或家族成员同时调控,从而实现靶基因转录水平的调控。miR396b-5p 与其靶基因 *EBF1/2*、*EIN3*、*GRF2*、*RD21a*、*FLS2* 的表达趋势基本呈现负相关,表明 miR396b-5p 可能通过负调控靶基因参与蓝光对龙眼 EC 的生长发育或功能性代谢产物的影响。这种调控机制有待遗传转化进一步验证。

五、龙眼 *BRI1* 基因家族的全基因组鉴定、表达分析及相关功能研究

BRI1 是一个定位于细胞膜上的富含亮氨酸重复序列(LRRs)的类受体激酶。在油菜素内酯信号转导过程中,油菜素内酯被膜受体 *BRI1* 识别,通过 *BRI1* 的磷酸化和去磷酸化传递油菜素内酯信号。*BRI1* 在植物激素信号转导和非生物胁迫中具有重要的调控作用。本研究发现其为蓝光调控龙眼功能性代谢产物的关键基因。采用 RT-PCR 结合 RACE 技术,参考龙眼基因组序列,从龙眼 EC 中获得 4 条 *BRI1* 基因家族全部成员完整的 CDS 序列。为了解龙眼 *BRI1* 基因家族的生物学功能,采用生物信息学法进行以下分析。亚细胞定位预测表明 *DlBRI1-1*,*DlBRI1-2a* 和 *DlBRI1-3* 均定位于细胞质膜,而 *DlBRI1-2b* 定位于细胞核。磷酸化位点预测表明 DlBRI1 属于丝氨酸/苏氨酸激酶。基因结构分析表明 *DlBRI1* 是一种无内含子基因,无内含子基因在转录过程中不需要经历内含子的剪切步骤,是响应外界因素的一种快速应答基因。蛋白保守结构域分析表明龙眼 BRI1 蛋白家族为植物富亮氨酸重复类受体蛋白激酶的一种,其在植物激素信号转导和非生物胁迫中具有重要的调控作用。系统进化树分析表明 *DlBRI1-2a* 和 *DlBRI1-2b* 同源性较高。启动子顺式元件预测发现龙眼 *BRI1* 4 个家族成员启动子均含有大量的光响应元件、激素应答元件、非生物胁迫响应元件,表明龙眼 *BRI1* 家族基因可能是连接光信号转导与激素信号转导的重要纽带。互作的 miRNA 预测只发现 *DlBRI1-3* 分别受到 miR390a-5p 和 miR390e 的调控。

采用荧光定量 PCR 技术检测龙眼 *BRI1* 家族成员在不同体胚发生过程和不同组织部位的表达情况,结果表明 *DlBRI1-1* 和 *DlBRI1-3* 在体胚发生过程和不同组织部位中均呈现高表达,推测 *DlBRI1-1* 和 *DlBRI1-3* 可能在龙眼整个生长发育过程中起到更为关键的作用。对不同光质处理下的龙眼 EC 的 miR390e、*BRI1* 基因家族成员及其上下游基因进行实时荧光定量分析,推测蓝光信号刺激蓝光受体,改变它们的构象并且激活了 BR 信号通路。蓝光信号使得 miR390 的表达量显著减少,导致 *BRI1-3* 的表达量增加,从而影响油菜素内酯从属基因 *BZR1*、转录因子 *PIF4*,进而影响龙眼功能性代谢产物积累。

通过 RLM-RACE 法进行靶基因裂解位点验证,结果表明 miR390e 能够剪切 *DlBRI1-3* 从而抑制其 mRNA 转录。基于龙眼 EC 上建立的 miRNA 高效过表达与抑制表达体系,通过过表达和抑制表达 miR390e,验证 miR390e 与 *DlBRI1-3* 的调控关系,龙眼 *BRI1* 其他家族成员(*DlBRI1-1*、*DlBRI1-2a* 和 *DlBRI1-2b*)和下游途径基因(*DELLA* 和 *BZR1*)的影响,并测定 agomir390e、antagomir390e、CK 的龙眼 EC 功能性代谢产物含量,结果表明 miR390e 与靶基因 *DlBRI1-3* 的表达趋势相反,miR390e 能够负调控靶基因 *DlBRI1-3*。*DlBRI1-1* 和 *DlBRI1-3*、*DlBRI1-2a* 和 *DlBRI1-2b* 在龙眼中可能具有相同的调控功能。*DlBZR1* 与 *DlBRI1-3* 的表达模式基本相似,*DlBRI1-3* 促进 *DlBZR1* 的表达。而 *DlPIF4* 与 *DlBRI1-3*

的表达模式未呈现出明显相关性，这可能是因为植物体中调控机制具有复杂性，下游基因 $DlPIF4$ 不仅受 $DlBRI1$ 基因的调控，还有其他基因参与其中。当 agomiR390e 使 miR390e 过表达时，$DlBRI1$-3 的表达量低于对照组，总黄酮和生物碱含量下降；当 antagomiR390e 使 390e 抑制表达时，$DlBRI1$-3 的表达量高于对照组，总黄酮和生物碱含量提升。综上，miR390e 可以通过负调控靶基因 $DlBRI1$-3 影响龙眼功能性代谢产物合成。

六、生物反应器中蓝光对龙眼细胞培养及功能性代谢产物的影响

相比于植物组织培养和摇瓶培养，植物生物反应器是大量获取功能性代谢产物的有效工具。在转录组分析的基础上，本研究进一步探讨生物反应器中蓝光对龙眼细胞生长及功能性代谢产物的影响。基于摇瓶培养中所建立的龙眼胚性悬浮细胞体系，首先对生物反应器中通气量和搅拌速度两个重要参数进行优化，初步建立生物反应器中龙眼胚性悬浮细胞培养体系，结果表明生物反应器的最佳通气量为 100 mL/min，最佳搅拌速度为 100 rpm。

基于已建立并优化的龙眼胚性悬浮细胞培养体系，研究悬浮细胞在黑暗和蓝光培养过程中细胞生长量、总黄酮含量、生物碱含量、细胞活力、培养液的底物消耗量（蔗糖、还原糖、磷酸盐）、培养体系的 pH 及溶氧的变化情况等。通过 qPCR 技术对光信号因子（$DlHY5$、$DlPAP1$、$DlMYC2$ 和 $DlPIF4$）代谢途径合成基因（$DlCHS$）等进行表达量差异分析，验证生物反应器中蓝光对龙眼次生代谢合成的作用机制。结果发现，培养 9 d 后，龙眼胚性悬浮细胞放大约 3 倍，蓝光处理的细胞干重比黑暗处理增长了 0.28 g/L，总黄酮含量增长了 0.77 mg/g，生物碱含量增长了 1.99 mg/g。培养液中蓝光处理的总黄酮含量对比黑暗处理无明显差异，但生物碱含量增长了 0.75 mg/g。在黑暗和蓝光培养过程中，龙眼细胞的活力变化较为一致，但在多数阶段蓝光略高于黑暗。细胞培养前期蓝光的培养液蔗糖消耗速度慢于黑暗培养，此后蔗糖含量均稳定在 2 g/L 之间。在培养过程中，蓝光培养的还原糖含量均低于黑暗培养，蓝光的磷酸盐的消耗量基本大于黑暗培养。黑暗和蓝光的培养液 pH、pO_2 变化较为一致。另外，通过 qPCR 技术分析结果表明蓝光可能通过光信号转录因子 $DlHY5$ 调控 $DlPAP1$ 的表达，从而调控类黄酮代谢途径合成基因 $DlCHS$ 的表达，进而影响龙眼胚性悬浮细胞总黄酮含量积累。蓝光还可能通过转录因子 $DlMYC2$ 和 $DlPIF4$ 调控总黄酮、生物碱的合成。

第二节　创新点

（1）本研究以龙眼 EC 为材料，在不同光质处理下龙眼 EC 功能性代谢产物和生理生化测定分析的基础上，首次采用 mRNAs、miRNAs 转录组学手段，解析了光对龙眼 EC 功能性代谢产物的调控机制，为挖掘利用光对龙眼功能性代谢产物的调控基因资源提供科学依据。① 不同光质对龙眼 EC 功能性代谢产物的调控机制不同，并且存在多种光响应途径，很可能可以作为木本植物响应光照机制研究的依据。② 发现光照对多糖、生物素、类黄酮、生物碱合成途径中差异表达的结构基因及其 miRNAs。③ 通过前人研究和转录组数据挖掘，发现蓝光调控龙眼功能性代谢产物的关键转录因子（$HY5$、$MYC2$、$PIF4$、$EIN3$ 等）和 miRNAs（miR171f_3、miR396b-5p、miR390e）。

（2）克隆了龙眼响应光照的 miRNAs 的前体（miR396a-3p_2 和 miR396b-5p），并进行分

子特性及光响应表达模式分析,发现 miR396a-3p_2 和 miR396b-5p 可能参与龙眼 EC 响应光照的过程。其中,miR396b-5p 可能通过靶定 *EBF1/2*、*EIN3* 参与蓝光对龙眼 EC 功能性代谢产物的调控。

(3) 对龙眼 EC miR390e、*BRI1* 基因家族及其上下游基因进行实时荧光定量分析,推测蓝光信号刺激蓝光受体,改变它们的构象并且激活了 BR 信号通路。蓝光信号使得 miR390e 的表达量显著减少,导致 *BRI1-3* 的表达量增加,从而影响油菜素内酯从属基因 *BZR1*、转录因子 *PIF4*,进而影响龙眼功能性代谢产物积累。miR390e 靶标验证和功能研究发现,当 agomiR390e 使 miR390e 过表达时,*DlBRI1-3* 的表达量低于对照组,总黄酮和生物碱含量下降;反之,总黄酮和生物碱含量提升;miR390e 能够靶定 *DlBRI1-3* 调控龙眼功能性代谢产物合成。龙眼 *BRI1* 家族基因是连接光信号转导与 BR 信号转导的关键基因,为光对龙眼 EC 功能性代谢产物的合成提供新的思路。

(4) 龙眼胚性悬浮细胞首次尝试在生物反应器中进行培养,对培养条件进行了初步优化,实现了悬浮细胞从 50 mL 到 5 L 的放大培养。进一步研究黑暗和蓝光培养过程中龙眼胚性悬浮细胞,发现蓝光培养的细胞增殖率、功能性代谢产物含量均高于黑暗培养。此外,生物反应器培养可以实时监测细胞活力、底物消耗量、pH、pO$_2$ 等多项参数,建立培养参数之间的联系,从而更为直观地获取黑暗和蓝光培养过程中悬浮细胞的变化规律。

以上研究将为今后龙眼细胞培养进一步规模化生产功能性代谢产物奠定基础。

第三节　展　望

(1) 本研究利用高通量测序技术进行了龙眼 EC 响应不同光质的 mRNAs 组学、miRNAs 组学测序,获得了大量的数据,为挖掘利用光对龙眼功能性代谢产物的调控基因资源提供科学依据。特别是发现不同光质对龙眼 EC 功能性代谢产物的调控机制不同,并且存在多种光响应途径,很可能可以作为木本植物响应光照机制研究的依据。

(2) 本研究获得的大量不同光质对龙眼 EC 差异表达的 mRNAs、miRNAs,有必要对其进行转基因、基因编辑等功能验证,并且可能有重要的应用价值。

(3) 通过前人研究和转录组数据挖掘,初步建立影响龙眼功能性代谢产物的蓝光信号网络。但是由于植物体内调控机制的复杂性,其蓝光信号网络也有待进一步完善及验证。

(4) 生物反应器中提高植物细胞功能性代谢产物含量的方法主要包括优化培养环境和代谢调控两种。目前,龙眼胚性悬浮细胞只初步优化生物反应器中部分培养参数,其他参数有待进一步优化。而代谢调控是通过现代生物技术手段在分子水平上遗传改造植物原有的代谢途径,从而提高植物功能性代谢产物的含量。但是由于植物功能性代谢产物的复杂性及种属特异性,其生物反应器的研发还面临较多问题亟待解决。

参考文献

Abdi H. Bonferroni and Šidák corrections for multiple comparisons[J]. Encyclopedia of Measurement and Statistics, 2007, 5: 1-9.

Abdullahi A S, Nzelibe H C, Atawodi S E. Purification, characterization and vaccine potential of *Trypanosoma brucei brucei* glycosyl phosphatidyl inositol specific phospholipase C[J]. International Journal of Tropical Disease & Health, 2015, 5(1): 71-83.

Agarie S, Umemoto M, Sunagawa H, et al. An agrobacterium-mediated transformation via organogenesis regeneration of a facultative CAM plant, the common ice plant *Mesembryanthemum crystallinum* L[J]. Plant Production Science, 2020(3): 343-349.

Alexandre R S, Dan M, Yusuke J, et al. The microRNA miR393 re-directs secondary metabolite biosynthesis away from camalexin and towards glucosinolates[J]. Plant Journal, 2011, 67(2): 218-231.

Åman O. The effect of different light spectra on berry callus pigment accumulation, lipid composition and secondary metabolism[D]. Helsinki: University of Helsin, 2014.

Aniszewski T. Alkaloids-secrets of life[M]. Oxford: Elsevier, 2009: 237-286.

Antolín-Llovera M, Ried M K, Binder A, et al. Receptorkinase signaling pathways in plant-microbe interactions [J]. Annual Review of Phytopathology, 2012, 50(1): 451-473.

Arnaud D, Hwang I. A sophisticated network of signaling pathways regulates stomatal defenses to bacterial pathogens[J]. Molecular Plant, 2015(4): 566-581.

Audic S, Claverie J M. The significance of digital gene expression? Profiles[J]. Genome Research, 1997, 7: 986-995.

Azuma A, Yakushiji H, Koshita Y, et al. Flavonoid biosynthesis-related genes in grape skin are differentially regulated by temperature and light conditions[J]. Planta, 2012, 236(4): 1067-1080.

Banton M C, Tunnacliffe A. MAPK phosphorylation is implicated in the adaptation to desiccation stress in nematodes[J]. Journal of Experimental Biology, 2012, 215: 4288-4298.

Bari A A, Sagaidak A I, Pinskii I V, et al. Binding of miR396 to mRNA of genes encoding growth-regulating transcription factors of plants[J]. Russian Journal of Plant Physiology, 2014, 61(6): 807-810.

Baucher M, Moussawi J, Vandeputte O M, et al. A role for the miR396/*GRF* network in specification of organ type during flower development, as supported by ectopic expression of Populus trichocarpa miR396c in transgenic tobacco[J]. Plant Biology, 2013, 15(5): 892-898.

Bazin J, Khan G A, Combier J P, et al. miR396 affects mycorrhization and root meristem activity in the legume *Medicago truncatula*[J]. Plant Journal, 2013, 74(6): 920-934.

Belkhadir Y, Jaillais Y. The molecular circuitry of brassinosteroid signaling[J]. New Phytologist, 2015, 206(2): 522-540.

Bo L, Dewey C N. RSEM: accurate transcript quantification from RNA-Seq data with or without a reference genome[J]. BMC Bioinformatics, 2011, 12(1): 323.

Bo Z,Fan P,Li Y,et al. Exploring miRNAs involved in blue/UV-A light response in Brassica rapa reveals special regulatory mode during seedling development[J]. Bmc Plant Biology,2016,16(1):111.

Bojar D,Martinez J,Santiago J,et al. Crystal structures of the phosphorylated BRI1 kinase domain and implications for brassinosteroid signal initiation[J]. Plant Journal,2014,78(1):31-43.

Bonfill M,Mangas S,Moyano E,et al. Production of centellosides and phytosterols in cell suspension cultures of Centella asiatica[J]. Plant Cell Tissue & Organ Culture,2011,104(1):61-67.

Bourget C M. Introduction to light-emitting diodes[J]. Hortscience,2018,43(7):1944-1946.

Branka Ž,Shabala L,Theo E,et al. Dissecting blue light signal transduction pathway in leaf epidermis using a pharmacological approach[J]. Planta,2015,242(4):813-827.

Breakfield N W,Corcoran D L,Petricka J J,et al. High-resolution experimental and computational profiling of tissue-specific known and novel miRNAs in *Arabidopsis*[J]. Genome Research,2012,22:163-176 .

Brodersen P,Sakvarelidzeachard L,Schaller H,et al. Isoprenoid biosynthesis is required for miRNA function and affects membrane association of ARGONAUTE 1 in *Arabidopsis*[J]. Proceedings of the National Academy of Sciences of the United States of America,2012,109(5):1778-1783.

Budak H,Akpinar B A. Plant miRNAs:biogenesis, organization and origins[J]. Functional & Integrative Genomics,2015,15(5):523-531.

Budak H,Kantar M,Bulut R,et al. Stress responsive miRNAs and isomiRs in cereals[J]. Plant Science,2015,235:1-13.

Caño-Delgado A,Wang Z Y. Binding assays for brassinosteroid receptors[J]. Methods in Molecular Biology,2009,495:81-88.

Casadevall R, Rodriguez R E, Debernardi J M, et al. Repression of growth regulating factors by the microRNA396 inhibits cell proliferation by UV-B radiation in *Arabidopsis* leaves[J]. Plant Cell,2013,25(9):3570-3583.

Ceserani T, Trofka A, Gandotra N, et al. VH1/BRL2 receptor-like kinase interacts with vascular-specific adaptor proteins VIT and VIK to influence leaf venation[J]. Plant Journal,2009,57(6):1000-1014.

Chang B W,Liu J,Zhong P,et al. Effects of exogenous ethylene on physiology and alkaloid accumulations in Catharanthus roseus[J]. Bulletin of Botanical Research,2018,38(2):284-291.

Chen L,Luan Y,Zhai J. Sp-miR396a-5p acts as a stress-responsive genes regulator by conferring tolerance to abiotic stresses and susceptibility to *Phytophthora nicotianae*,infection in transgenic tobacco[J]. Plant Cell Reports,2015,34(12):2013-2025.

Cheng H,Yu L J,Hu Q Y,et al. Determination oftotal alkaloids in different parts of *Corydalis Saxicola Bunting* by spectrophotography[J]. Lishizhen Medicine & Materia Medica Research,2006,17(3):364-365.

Cho S H,Coruh C,Axtell M J. miR156 and miR390 regulate tasiRNA accumulation and developmental timing in Physcomitrella patens[J]. Plant Cell,2012,24(12):4837-4849.

Chono M,Honda I,Zeniya H,et al. A semidwarf phenotype of barley uzu results from a nucleotide substitution in the gene encoding a putative brassinosteroid receptor[J]. Plant Physiology,2003,133(3):1209-1219.

Chu H Y, Wegel E, Osbourn A. From hormones to secondary metabolism:the emergence of metabolic gene clusters in plants[J]. Plant Journal,2011,66(1):66-79.

Cronan J E. Biotin and lipoic acid:synthesis,attachment and regulation[J]. EcoSal Plus,2014,6(1):1-61.

Dan Q U,Wang H M,Ren J. Effects of sugar content on cell growth,Accumulation of rosemary acid,and antioxidative enzyme activity in suspension cells of rosemary[J]. Bulletin of Botanical Research,2015,35(4):623-627.

Darko E, Heydarizadeh P, Schoefs B, et al. Photosynthesis under artificial light: the shift in primary and secondary metabolism[J]. Philosophical Transactions of the Royal Society of London, 2014, 369(1640): 20130243.

Debernardi J M, Mecchia M A, Vercruyssen L, et al. Post-transcriptional control of *GRF* transcription factors by microRNA miR396 and *GIF* co-activator affects leaf size and longevity[J]. Plant Journal, 2014, 79(3): 413-426.

Deng Y, Yao J, Wang X, et al. Transcriptome sequencing and comparative analysis of *Saccharina japonica* (Laminariales, Phaeophyceae) under blue light induction[J]. PloS One, 2012, 7(6): e39704.

Dewey C N, Li B. RSEM: accurate transcript quantification from RNA-Seq data with or without a reference genome[J]. BMC Bioinformatics, 2011, 12(1): 93-99.

Dong H S, Choi M G, Kim K, et al. *HY5* regulates anthocyanin biosynthesis by inducing the transcriptional activation of the *MYB75/PAP1* transcription factor in *Arabidopsis*[J]. FEBS Letters, 2013, 587(10): 1543-1547.

Ekinci M H, D S, Kayihan C, et al. The role of microRNAs in recovery rates of *Arabidopsis thaliana* after short term cryo-storage[J]. Plant Cell, Tissue and Organ Culture, 2021, 144(1): 281-293.

Elsharkawy I, Dong L, Xu K. Transcriptome analysis of an apple (*Malus* × *domestica*) yellow fruit somatic mutation identifies a gene network module highly associated with anthocyanin and epigenetic regulation[J]. Journal of Experimental Botany, 2015, 66(22): 7359-7376.

Fàbregas N, Fernie A R. The interface of central metabolism with hormone signaling in plants[J]. Current Biology, 2021, 31(23): R1535-R1548.

Fahlgren N, Carrington J C. miRNA target prediction in plants[J]. Methods in Molecular Biology, 2010, 592: 51-57.

Fang S, Lang T, Cai M, et al. Light keys open locks of plant photoresponses: A review of phosphors for plant cultivation LEDs[J]. Journal of Alloys and Compounds, 2022(902): 902-912.

Feng S, Wang Y, Yang S, et al. Anthocyanin biosynthesis in pears is regulated by a R2R3-MYB transcription factor *PyMYB10*[J]. Planta, 2010, 232(1): 245-255.

Filo J, Wu A, Eliason E, et al. Gibberellin driven growth in elf3 mutants requires *PIF4* and *PIF5*[J]. Plant Signaling & Behavior, 2015, 10(3): e992707.

Folta K M, Pontin M A, Karlinneumann G, et al. Genomic and physiological studies of early cryptochrome 1 action demonstrate roles for auxin and gibberellin in the control of hypocotyl growth by blue light[J]. Plant Journal, 2010, 36(2): 203-214.

Fujimoto S Y, Ohta M, Usui A, et al. *Arabidopsis* ethylene-responsive element binding factors act as transcriptional activators or repressors of GCC box-mediated gene expression[J]. Plant Cell, 2000, 12(3): 393-404.

Fukushima A, Kusano M, Nakamichi N, et al. Impact of clock-associated *Arabidopsis* pseudo-response regulators in metabolic coordination[J]. Plant Signaling & Behavior, 2009, 106(17): 7251-7256.

Fukushima A, Nakamura M, Suzuki H, et al. High-throughput sequencing and de novo assembly of red and green forms of the *Perilla frutescens* var. crispa transcriptome[J]. PloS One, 2015, 10(6): e0129154.

Furuishi Y, Ishigami T, Endo T, et al. Effect of gamma-cyclodextrin as a lyoprotectant for freeze-dried actinidin[J]. Die Pharmazie, 2015, 2: 18-29.

Galdiano Júnior R F, Mantovani C, Pivetta K F L, et al. In vitro growth and acclimatization of Cattleya loddigesii Lindley(*Orchidaceae*) with actived charcoal in two light spectra[J]. Ciência Rural, 2012, 42(5):

801-807.

Gangappa S N,Maurya J P,Yadav V,et al. The regulation of the Z- and G-box containing promoters by light signaling components,*SPA1* and *MYC2*,in *Arabidopsis*[J]. PloS One,2013,8(4):7377-7382.

Gao P,Bai X,Yang L,et al. Over-expression of osa-MIR396c decreases salt and alkali stress tolerance[J]. Planta,2010,231(5):991-1001.

Gao Y,Li S J,Zhang S W,et al. SlymiR482e-3p mediates tomato wilt disease by modulating ethylene response pathway[J]. Plant Biotechnology Journal,2020,19(1):17-19.

Gao Y,Ren X Y,Li Q,et al. The drought-resistant function of the transcription factor PIF3 in *Arabidopsis*[J]. Journal of Yangzhou University(Agricultural and Life Science Edition),2019,9:11-19.

Gao Z H,Wei J H,Yang Y,et al. Identification of conserved and novel microRNAs in *Aquilaria sinensis* based on small RNA sequencing and transcriptome sequence data[J]. Gene,2012,505(1):167-175.

Garg V,Hackel A. Subcellular targeting of plant sucrose transporters is affected by their oligomeric state[J]. Plants,2020,9(2):158-166.

Genevois C,Flores S,Pla M E. Effect of iron and ascorbic acid addition on dry infusion process and final color of pumpkin tissue[J]. LWT-Food Science and Technology,2014,58(2):563-570.

Gesell A,Yoshida K,Lan T T,et al. Characterization of an apple TT2-type R2R3 MYB transcription factor functionally similar to the poplar proanthocyanidin regulator *PtMYB134*[J]. Planta,2014,240(3):497-511.

Gest N,Gautier H,Stevens R. Ascorbate as seen through plant evolution:the rise of a successful molecule? [J]. Journal of Experimental Botany,2013,64(1):33-53.

Giarola V. The Craterostigma plantagineum glycine-rich protein CpGRP1 interacts with a cell wall-associated protein kinase 1(CpWAK1)and accumulates in leaf cell walls during dehydration[J]. New Phytologist,2016, 2:535-550.

Gigolashvili T,Kopriva S. Transporters in plant sulfur metabolism[J]. Front Plant Sci,2014,5(9):442.

Goławska S,Sprawka I,Łukasik I,et al. Are naringenin and quercetin useful chemicals in pest-management strategies[J]. Journal of Pest Science,2014,87(1):173-180.

Götz M,Albert A,Stich S,et al. PAR modulation of the UV-dependent levels of flavonoid metabolites in *Arabidopsis thaliana*(L.)Heynh. leaf rosettes:cumulative effects after a whole vegetative growth period[J]. Protoplasma,2010,243(1-4):95-103.

Gou J Y,Felippes F F,Liu C J,et al. Negative regulation of anthocyanin biosynthesis in *Arabidopsis* by a miR156-targeted *SPL* transcription factor[J]. Plant Cell,2011,23(4):1512-1522.

Graier W F,Paltaufdoburzynska J,Hill B J,et al. Submaximal stimulation of porcine endothelial cells causes focal Ca^{2+} elevation beneath the cell membrane[J]. The Journal of Physiology,1998,506(1):109-125.

Gruber S,Zeilinger S. The transcription factor *Ste12* mediates the regulatory role of the Tmk1 MAP kinase in mycoparasitism and vegetative hyphal fusion in the filamentous fungus *Trichoderma atroviride*[J]. PloS One,2014,9(10):e111636.

Guan Q,Lu X,Zeng H,et al. Heat stress induction of miR398 triggers a regulatory loop that iscritical for thermotolerance in *Arabidopsis*[J]. Plant Journal,2013,74(5):840-851.

Guimarães R,Barros L,Barreira J C,et al. Targeting excessive free radicals with peels and juices of citrus fruits:grapefruit,lemon,lime and orange[J]. Food & Chemical Toxicology,2010,48(1):99-106.

Guo B,Ying L I,Yuan Z,et al. Genome-wide analysis of auxin response factor(*ARF*)family in Barley[J]. Journal of Triticeae Crops,2016,11:1426-1432.

Hao L,Zhang Y S,Duan L S,et al. Cloning,expression andfunctional analysis of brassinosteroid receptor gene

(*ZmBRI1*)from *Zea mays* L.[J]. Acta Agronomica Sinica,2017,43(9):1261-1271.

Harberd N P,Yasumura Y. The angiosperm gibberellin-GID1-DELLA growth regulatory mechanism:how an "inhibitor of an inhibitor" enables flexible response to fluctuating environments[J]. Plant Cell,2009,21(5): 1328-1339.

He H J,Huang N,Cao R J,et al. Structures,antioxidation mechanism,and antioxidation test of the common natural antioxidants in plants[J]. Biophysics,2015,3:25-47 .

He N,Wang Z Y,Yang C X,et al. Isolation and identification of polyphenolic compounds in longan pericarp[J]. Separation & Purification Technology,2010,70(2):219-224.

He Z Y,Zhao T T,Yin Z P,et al. The phytochrome-interacting transcription factor *CsPIF8* contributes to cold tolerance in citrus by regulating superoxide dismutase expression [J]. Plant Science, 2020, 298: 110584-110595.

Hettenhausen C,Schuman M C,Wu J. MAPK signaling:a key element in plant defense response to insects[J]. Insect Science,2015,22:157-164.

Hong S H,Kim H J,Ryu J S,et al. CRY1 inhibits COP1-mediated degradation of *BIT1*,a MYB transcription factor,to activate blue light-dependent gene expression in *Arabidopsis*[J]. Plant Journal,2010,55(3): 361-371.

Hong Y,Tang X J,Huang H,et al. Transcriptomic analyses reveal species-specific light-induced anthocyanin biosynthesis in chrysanthemum[J]. BMC Genomics,2015,16(1):1-18.

Horinouchi S,Beppu T. A-factor as a microbial hormone that controls cellular differentiation and secondary metabolism in Streptomyces griseus[J]. Molecular Microbiology,2010,12(6):859-864.

Hothorn M,Belkhadir Y,Dreux M,et al. Structural basis of steroid hormone perception by the receptor kinase BRI1[J]. Nature,2011,474(7352):467-471.

Hsieh L C,Lin S I,Shi H C,et al. Uncovering small RNA-mediated responses to phosphate deficiency in *Aarabidopsis* by deep sequencing[J]. Plant Physiology,2009,8:21-28.

Huang X,Ouyang X,Deng X W. Beyond repression of photomorphogenesis:role switching of COP/DET/FUS in light signaling[J]. Current Opinion in Plant Biology,2014,21:96-103.

Hubberten H M,Klie S,Caldana C,et al. Additional role of *O*-acetylserine as a sulfur status-independent regulator during plant growth[J]. Plant Journal,2012,70(4):666-677.

Ibañes M,Fàbregas N,Chory J,et al. Brassinosteroidsignaling and auxin transport are required to establish the periodic pattern of *Arabidopsis* shoot vascular bundles[J]. Proceedings of the National Academy of Sciences of the United States of America,2010,106(7):13630-13635.

Irani N G,Rubbo S D,Mylle E,et al. Fluorescent castasterone reveals BRI1 signaling from the plasma membrane[J]. Nature Chemical Biology,2012,8(6):583-589.

Islam M A,Tarkowská D,Clarke J L,et al. Impact of end-of-day red and far-red light on plant morphology and hormone physiology of poinsettia[J]. Scientia Horticulturae,2014,174(4):77-86.

Ito S,Nozoye T,Sasaki E,et al. Strigolactoneregulates anthocyanin accumulation,acid phosphatases production and plant growth under low phosphate condition in *Arabidopsis*[J]. PloS One,2015,10(3):e0119724.

Jaakola L. New insights into the regulation of anthocyanin biosynthesis in fruits[J]. Trends in Plant Science, 2013,18(9):477-483.

Jaillais Y,Hothorn M,Belkhadir Y,et al. Tyrosine phosphorylation controls brassinosteroid receptor activation by triggering membrane release of its kinase inhibitor[J]. Genes & Development,2011,25(3):232-237.

Jeon M W,Ali M B,Hahn E J,et al. Effects of photon flux density on the morphology,photosynthesis and growth of a CAM orchid, Doritaenopsis during post-micropropagation acclimatization[J]. Plant Growth Regulation,2005,45:139-147.

Jiang W,Shi Z. Overexpression of Osta-siR2141 caused abnormal polarity establishment and retarded growth in rice[J]. Journal of Experimental Botany,2010,61(6):1885-1895.

Jiao Y L,Lau O S,Deng X W. Light-regulated transcriptional networks in higher plants[J]. Nature Reviews Genetics,2007,8:217-230.

Journal I. Effect of white, red, blue light and darkness on IAA, GA and cytokinininduced stomatal movement and transpiration[J]. International Multidisciplinary Research Journal,2014:1-8.

Jyoti S D,Azim J B,Robin A H K. Genome-wide characterization and expression profiling of *EIN3/EIL* family genes in Zea mays[J]. Plant Gene,2020,25(9):1-10.

Kathare P K,Huq E. Light-regulated pre-mRNA splicing in plants[J]. Current Opinion in Plant Biology,2021, 63:102037-102048.

Kerchev P I, Fenton B, Foyer C H, et al. Plant responses to insect herbivory: interactions between photosynthesis,reactive oxygen species and hormonal signalling pathways[J]. Plant Cell & Environment, 2012,35(2):441-453.

Kim D,Langmead B,Salzberg S L. HISAT:a fast spliced aligner with low memory requirements[J]. Nature Methods,2015,12(4):357-360.

Kim J S, Mizoi J, Kidokoro S, et al. *Arabidopsis* growth-regulating factor7 functions as a transcriptional repressor of abscisic acid- and osmotic stress-responsive genes, including DREB2A[J]. Plant Cell, 2012, 24(8):3393-3405.

Kim J Y, Park Y J, Lee J H, et al. EIN3-mediated ethylene signaling attenuates auxin response during hypocotyl thermomorphogenesis[J]. Plant and Cell Physiology,2021,62(4):121-129.

Kim T W,Guan S,Burlingame A L,et al. The CDG1 kinase mediates brassinosteroid signal transduction from BRI1 receptor kinase to BSU1 phosphatase and GSK3-like kinase BIN2[J]. Molecular Cell,2011,43(4):561-571.

Kinoshita A,Betsuyaku S,Osakabe Y,et al. RPK2 is an essential receptor-like kinase that transmits the CLV3 signal in *Arabidopsis*[J]. Development,2011,137(1):3911-3920.

Koka C V,Cerny R E,Gardner R G,et al. Aputative role for the tomato genes *DUMPY* and *CURL-3* in brassinosteroid biosynthesis and response[J]. Plant Physiology,2020,122(1):85-98.

Komati R G,Lindner S N,Wendisch V F. Metabolic engineering of an ATP-neutral Embden-Meyerhof-Parnas pathway in Corynebacterium glutamicum: growth restoration by an adaptive point mutation in NADH dehydrogenase[J]. Applied & Environmental Microbiology,2015,81(6):1996-2005.

Koyama K,Ikeda H,Poudel P R,et al. Light quality affects flavonoid biosynthesis in young berries of Cabernet Sauvignon grape[J]. Phytochemistry,2012,78(6):54-64.

Kuo C Y, Chen C H, Chen S H, et al. The effect of red light and far-red light conditions on secondary metabolism in Agarwood[J]. BMC Plant Biology,2015,15(1):1-10.

Kushalappa A C,Gunnaiah R. Metabolo-proteomics to discover plant biotic stress resistance genes[J]. Trends in Plant Science,2013,18(9):522-531.

Lakhotia N,Joshi G,Bhardwaj A R,et al. Identification and characterization of miRNAome in root,stem,leaf and tuber developmental stages of potato(*Solanum tuberosum* L.)by high-throughput sequencing[J]. BMC Plant Biology,2014,14:6.

Lamas I, Weber N, Martin S G. Activation of Cdc42 GTPase upon CRY2-induced cortical recruitment is antagonized by GAPs in rission yeast[J]. Cells,2020,9(9):1-9.

Langmead B, Salzberg S L. Fast gapped-read alignment with Bowtie 2[J]. Nature Methods, 2012, 9(4): 357-359.

Lännenpää M. Heterologous expression of *AtMYB12* in kale (*Brassica oleracea* var. *acephala*) leads to high flavonol accumulation[J]. Plant Cell Reports, 2014, 33(8): 1377-1388.

Lee J M, Joung J G, Mcquinn R, et al. Combined transcriptome, genetic diversity and metabolite profiling in tomato fruit reveals that the ethylene response factor *SlERF6* plays an important role in ripening and carotenoid accumulation[J]. Plant Journal, 2012, 70(2): 191-204.

Lehtishiu M D, Zou C, Hanada K, et al. Evolutionaryhistory and stress regulation of plant receptor-like kinase/ pelle genes[J]. Plant Physiology, 2009, 150(1): 12-26.

Leonelli L. An in vivo plant platform to assess genes encoding native and synthetic enzymes for carotenoid biosynthesis[J]. Methods in Enzymology, 2022, 671: 489-509.

Leung A K L, Sharp P A. MicroRNAfunctions in stress responses[J]. Molecular Cell, 2010, 40(2): 280-293.

Li C X, Xu Z G, Dong R Q, et al. An RNA-seqanalysis of grape plantlets grown in vitro reveals different responses to blue, green, red LED light, and white fluorescent light[J]. Frontiers in Plant Science, 2017a, 8: 78.

Li H S, Lin Y L, Chen X H, et al. Effects of blue light on flavonoid accumulation linked to the expression of miR393, miR394 and miR395 in longan embryogenic calli[J]. PloS One, 2018, 13(1): 1-22.

Li J, Li G, Gao S, et al. *Arabidopsis* transcription factor *ELONGATED HYPOCOTYL5* plays a role in the feedback regulation of phytochrome A signaling[J]. Plant Cell, 2010, 22: 3634-3649.

Li L Y, Xu J L, Mu Y, et al. Chemical characterization and anti-hyperglycaemic effects of polyphenol enriched longan (*Dimocarpus longan*, Lour.) pericarp extracts[J]. Journal of Functional Foods, 2015a, 13: 314-322.

Li P, Li Y J, Zhang F J, et al. The *Arabidopsis* UDP-glycosyltransferases *UGT79B2* and *79B3*, contribute to cold, salt and drought stress tolerance via modulating anthocyanin accumulation[J]. Plant Journal, 2017b, 89(1): 85-103.

Li S J, Wang Z, Ding F, et al. Content changes of bitter compounds in 'Guoqing No. 1' Satsuma mandarin (*Citrus unshiu*, Marc.) during fruit development of consecutive 3 seasons[J]. Food Chemistry, 2014, 145(13): 963-969.

Li W X, Oono Y, Zhu J, et al. The *Arabidopsis NFYA5* transcription factor is regulated transcriptionally and posttranscriptionally to promote drought resistance[J]. Plant Cell, 2008, 20(8): 2238-2251.

Li W B, Liu Y F, Zeng S H, et al. Correction: gene expression profiling of development and anthocyanin accumulation in Kiwifruit (*Actinidia chinensis*) based on transcriptome sequencing[J]. PloS One, 2015b, 10(9): e0138743.

Li Y Y, Mao K, Zhao C, et al. MdCOP1 ubiquitin E3 ligases interact with *MdMYB1* to regulate light-induced anthocyanin biosynthesis and red fruit coloration in apple[J]. Plant Physiology, 2012, 160(2): 1011-1022.

Li Y, Zhang S, Zou Y, et al. Red light-upregulated MPK11 negatively regulates red light-induced stomatal opening in *Arabidopsis*[J]. Biochemical and Biophysical Research Communications, 2023, 638: 43-50.

Li Z L, Min D D, Fu X D, et al. The roles of SlMYC2 in regulating ascorbate-glutathione cycle mediated by methyl jasmonate in postharvest tomato fruits under cold stress[J]. Scientia Horticulturae, 2021, 288: 110406-110418.

Li Z H, Peng J Y, Wen X, et al. Ethylene-insensitive 3 is a senescence-associated gene that accelerates age-dependent leaf senescence by directly repressing miR164 transcription in *Arabidopsis*[J]. Plant Cell, 2013, 25(9): 3311-3328.

Lian H L, He S B, Zhang Y C, et al. Blue-light-dependent interaction of cryptochrome 1 with SPA1 defines a dynamic signaling mechanism[J]. Genes & Development, 2011, 25(10):1023-1028.

Liang X F, Zhu X Y, Li H F. Effects of precursor and elicitor on isoflavone accumulation in cell-suspension cultures of soybean[J]. Journal of Xiamen University, 2009, 48(1):113-118.

Lin K, Xu Y. Effect of LED illumination on the accumulation of functional chemicals in plants[J]. Chinese Bulletin of Botany, 2015, 50(2):263.

Lin Y L, Lai Z X. Evaluation of suitable reference genes for normalization of microRNA expression by real-time reverse transcription PCR analysis during longan somatic embryogenesis[J]. Plant Physiology & Biochemistry, 2013, 66:20-25.

Lin Y L, Lai Z X. Reference gene selection for qPCR analysis during somatic embryogenesis in longan tree[J]. Plant Science, 2010, 178(4):359-365.

Lin Y X, Lin H T, Wang H, et al. Effects of hydrogen peroxide treatment on pulp breakdown, softening, and cell wall polysaccharide metabolism in fresh longan fruit[J]. Carbohydrate Polymers, 2020, 242:116427.

Lin Y L, Lin L X, Lai R L, et al. MicroRNA390-Directed TAS3 cleavageleads to the production of tasiRNA-ARF3/4 during somatic embryogenesis in *Dimocarpus longan* Lour[J]. Frontiers in Plant Science, 2015, 6:1119.

Lin Y L, Min J M, Lai R L, et al. Genome-wide sequencing of longan(*Dimocarpus longan* Lour.)provides insights into molecular basis of its polyphenol-rich characteristics[J]. Gigascience, 2017, 6(5):1-14.

Liu B, Zuo Z C, Liu H T, et al. *Arabidopsis* cryptochrome 1 interacts with SPA1 to suppress COP1 activity in response to blue light[J]. Genes & Development, 2011a, 25(10):1029-34.

Liu D M, Song Y, Chen Z X, et al. Ectopic expression of miR396 suppresses GRF target gene expression and alters leaf growth in *Arabidopsis*[J]. Physiologia Plantarum, 2009, 136(2):223-236.

Liu H H, Guo S Y, Xu Y Y, et al. OsmiR396d-regulated *OsGRFs* function in floral organogenesis in rice through binding to their targets *OsJMJ706* and *OsCR4*[J]. Plant Physiology, 2014a, 165(1):160-174.

Liu H T, Wang Q, Liu Y W, et al. *Arabidopsis* CRY2 and ZTL mediate blue-light regulation of the transcription factor *CIB1* by distinct mechanisms[J]. Proceedings of the National Academy of Sciences of the United States of America, 2013, 110(43):17582-17587.

Liu B, Liu H T, Zhong D P, et al. Searching for a photocycle of the cryptochrome photoreceptors[J]. Current Opinion in Plant Biology, 2010, 13(5):578-586.

Liu H W, Luo L X, Liang C Q, et al. High-throughput sequencing identifies novel and conserved cucumber (*Cucumis sativus* L.)microRNAs in response to cucumber green mottle mosaic virus Infection[J]. PloS One, 2015a, 10:e0129002.

Liu L J, Zhang Y C, Li Q H, et al. COP1-mediated ubiquitination of CONSTANS is implicated in cryptochrome regulation of flowering in *Arabidopsis*[J]. Plant Cell, 2008, 20(2):292-306.

Liu N, Chen C, Wang B, et al. Exogenous regulation of macronutrients promotes the accumulation of alkaloid yield in anisodus tanguticus (Maxim.) pascher[J]. BMC Plant Biology, 2024, 24(1):18-27.

Liu Q. Novel insights into vacuole-mediated control of plant growth and immunity[D]. Uppsala: Uppsala Swedish University of Agricultural Sciences, 2016.

Liu W G, Song Y, Zou J L, et al. Design and effect of LED simulated illumination environment on intercropping population[J]. Transactions of the Chinese Society of Agricultural Engineering, 2011b, 27(8):288-292.

Liu X Q, Li Y, Zhong S W. Interplay between Light and plant hormones in the control of *Arabidopsis* seedling chlorophyll biosynthesis[J]. Frontiers in Plant Science, 2017, 8:1433.

Liu Y,Fang S Z,Yang W X,et al. Light quality affects flavonoid production and related gene expression in Cyclocarya paliurus[J]. Journal of Photochemistry & Photobiology B Biology,2018,179:66-73.

Liu Y H,Lin-Wang K,Deng C,et al. Comparative transcriptome analysis of white and purple potato to identify genes involved in anthocyanin biosynthesis[J]. PloS One,2015b,10(6):e0129148.

Liu Y R,Yan J P,Wang K X,et al. MiR396-GRF module associates with switchgrass biomass yield and feedstock quality[J]. Plant Biotechnology Journal,2021a,19(8):1523-1536.

Liu Y L,Zeng S H,Sun W,et al. Comparative analysis of carotenoid accumulation in two goji (*Lycium barbarum* L. and L. *ruthenicum* Murr.)fruits[J]. BMC Plant Biology,2014b,14(1):269.

Liu Z,Liu Y H,Coulter J A,et al. The WD40 gene family in potato(*Solanum Tuberosum* L.):genome-wide analysis and identification of anthocyanin and drought-related WD40s[J]. Agronomy,2020,10(3):401-412.

Liu Z J,Wang Y,Fan K,et al. PHYTOCHROME-INTERACTING FACTOR 4(PIF4)negatively regulates anthocyanin accumulation by inhibiting PAP1 transcription in *Arabidopsis* seedlings[J]. Plant Science,2021b,303:110788-110797.

Liu Z J,Zhang Y Q,Liu R Z,et al. Phytochrome interacting factors(PIFs)are essential regulators for sucrose-induced hypocotyl elongation in *Arabidopsis*[J]. Journal of Plant Physiology,2011c,168(15):1771-1779.

Liu Z J,Zhang Y Q,Wang J F,et al. Phytochrome-interacting factors *PIF4* and *PIF5* negatively regulate anthocyanin biosynthesis under red light in *Arabidopsis* seedlings[J]. Plant Science,2015c,238:64-72.

Londoño-Londoño J,Lima V R D,Lara O,et al. Clean recovery of antioxidant flavonoids from citrus peel:optimizing an aqueous ultrasound-assisted extraction method[J]. Food Chemistry,2010,119(1):81-87.

Luo X M,Lin W H,Zhu S,et al. Integration of Light- and Brassinosteroid-Signaling Pathways by a GATA Transcription Factor in *Arabidopsis*[J]. Developmental Cell,2010,19(6):872-883.

Lushchak V I. Adaptive response to oxidative stress:Bacteria, fungi, plants and animals[J]. Comp Biochem Physiol C Toxicol Pharmacol,2011,153(2):175-190.

Ma D B,Li X,Guo Y X,et al. Cryptochrome 1 interacts with PIF4 to regulate high temperature-mediated hypocotyl elongation in response to blue light[J]. Proceedings of the National Academy of Sciences of the United States American,2016,113(1):224.

Ma Y X,Cai T J,Song L P,et al. Changes in contents of MDA and osmoregulatory substances during snow cover for *Pyrola dahurica*[J]. Acta Ecologica Sinica,2007,27(11):4596-4602.

Mahajan S,Pandey G K,Tuteja N. Calcium- and salt-stress signaling in plants:shedding light on SOS pathway [J]. Archives of Biochemistry & Biophysics,2008,471(2):146-158.

Maier A,Schrader A,Kokkelink L,et al. Light and the E3 ubiquitin ligase *COP1/SPA* control the protein stability of the MYB transcription factors *PAP1* and *PAP2* involved in anthocyanin accumulation in *Arabidopsis*[J]. Plant Journal,2013,74(4):638-651.

Mandl J,Szarka A,Bánhegyi G. Vitamin C:update on physiology and pharmacology[J]. British Journal of Pharmacology,2010,157(7):1097-1110.

Marin E,Jouannet V,Herz A,et al. miR390,*Arabidopsis TAS3* tasiRNAs,and their AUXIN RESPONSE FACTOR targets define an autoregulatory network quantitatively regulating lateral root growth[J]. Plant Cell,2010,22(4):1104-1119.

Marrero J,Rhee K Y,Schnappinger D,et al. Gluconeogenic carbon flow of tricarboxylic acid cycle intermediates is critical for Mycobacterium tuberculosis to establish and maintain infection[J]. Proceedings of the National Academy of Sciences of the United States of America,2010,107(21):9819-9824.

Matamoros M A,Loscos J,Coronado M J,et al. Biosynthesis of ascorbic acid in legume root nodules[J]. Plant

Physiology,2006,141(3):1068-1077.

Maurya J P,Sethi V,Gangappa S N,et al. Interaction of MYC2 and GBF1 results in functional antagonism in blue light-mediated Arabidopsis seedling development[J]. The Plant Journal,2015,83(3):439-450.

Meng L L,Song J F,Ni D G,et al. Effects of far-red light on growth,endogenous hormones,antioxidant capacity and quality of Lettuce[J]. Food Production,Processing and Nutrition,2024,6(25):1-13.

Meng X L,Zhao X,Ding X,et al. Integrated functional omics analysis of flavonoid related metabolism in *AtMYB12* transcript factor overexpressed tomato[J]. Journal of Agricultural and Food Chemistry,2020, 68(24):6776-6787.

Meng Y Y,Li H Y,Wang Q,et al. Blue light-dependent interaction between Cryptochrome2 and *CIB1* regulates transcription and leaf senescence in soybean[J]. Plant Cell,2013,25(11):4405-4420.

Miller G,Shulaev V,Mittler R. Reactive oxygen signaling and abiotic stress[J]. Physiologia Plantarum,2010, 133(3):481-489.

Min L,Li Y Y,Hu Q,et al. Sugar and auxin signaling pathways respond to high-temperature stress during anther development as revealed by transcript profiling analysis in cotton[J]. Plant Physiology,2014,164: 1293-1308.

Mitchell C A, Both A J, Bourget C M, et al. LEDs: the future of greenhouse lighting [J]. Chronica Horticulturae,2012,52(1):6-12.

Monte E. Plant biology:AHL transcription gactors inhibit growth promoting PIFs[J]. Current Biology,2020, 30(8):354-356.

Moon J,Zhu L,Shen H,et al. PIF1 Directly and Indirectly Regulates Chlorophyll Biosynthesis to Optimize the Greening Process in *Arabidopsis*[J]. Proceedings of the National Academy of Sciences of the United States of America,2008,105(27):9433-9438.

Müller N,Wenzel S,Zou Y,et al. A plant cryptochrome controls key features of the chlamydomonas circadian clock and its life cycle[J]. Plant Physiology,2017,174(1):185-201.

Muthamilarasan M M. Cutting-edge research on plant miRNAs[J]. Current Science,2013,104(3):287-289.

Nakai A,Tanaka A,Yoshihara H,et al. Blue LED light promotes indican accumulation and flowering in indigo plant,Polygonum tinctorium[J]. Industrial Crops and Products,2020,155:112774-112780.

Nakamura A, Fujioka S, Sunohara H, et al. Therole of *OsBRI1* and its homologous genes, *OsBRL1* and *OsBRL3*,in rice[J]. Plant Physiology,2006,140(2):580-590.

Nakanishi S,Numa S. Purification ofrat liver acetyl coenzyme a carboxylase and immunochemical studies on its synthesis and degradation[J]. European Journal of Biochemistry,2010,16(1):161-173.

Nesci S,Algieri C,Trombetti F,et al. Sulfide affects the mitochondrial respiration,the Ca2+-activated F1FO-ATPase activity and the permeability transition pore but does not change the Mg2+-activated F1FO-ATPase activity in swine heart mitochondria[J]. Pharmacological Research,2021,166(1):105495.

Newman M A,Dow J M,Molinaro A,et al. Priming,induction and modulation of plant defence responses by bacterial lipopolysaccharides[J]. Journal of Endotoxin Research,2013a,13(2):69.

Newman M A,Sundelin T,Nielsen J T,et al. MAMP(microbe-associated molecular pattern)triggered immunity in plants[J]. Frontiers in Plant Science,2013b,4(2):139.

Ng D W,Zhang C,Miller M,et al. cis- and trans-regulation of miR163 and target genes confers natural variation of secondary metabolites in two *Arabidopsis* species and their allopolyploids[J]. Plant Cell,2011,23(5): 1729-1740.

Niu S S,Xu C J,Zhang W S,et al. Coordinated regulation of anthocyanin biosynthesis in Chinese bayberry

(*Myrica rubra*)fruit by a R2R3 MYB transcription factor[J]. Planta,2010,231(4):887-899.

Norén Lindbäck L,Artz O,Ackermann A,et al. UBP12 and UBP13 deubiquitinases destabilize the CRY2 blue-light receptor to regulate growth[J]. Cold Spring Harbor Laboratory,2021,4:29-33.

Nunes-Nesi A,Sweetlove L J,Fernie A R. Operation and function of the tricarboxylic acid cycle in the illuminated leaf. Physiologia Plantarum 2010,129(1):45-56.

Oh E,Zhu J Y,Wang Z Y. Interaction between *BZR1* and *PIF4* integrates brassinosteroid and environmental responses[J]. Nature Cell Biology,2012,14:802-809 .

Oh M H,Clouse S D,Huber S C. Tyrosine phosphorylation in brassinosteroid signaling[J]. Plant Signaling & Behavior,2009,4(12):1182-1185.

Oh M H,Clouse S D,Huber S C. Tyrosinephosphorylation of the BRI1 receptor kinase occurs via a post-translational modification and is activated by the juxtamembrane domain[J]. Frontiers in Plant Science,2012,3:175.

Oh M H,Sun J,Dong H O,et al. Enhancing *Arabidopsis* leaf growth by engineering the BRASSINOSTEROID INSENSITIVE1 receptor kinase[J]. Plant Physiology,2011,157(1):120-31.

Opseth L,Holefors A,Rosnes A K R,et al. *FTL2*,expression preceding bud set corresponds with timing of bud set in Norway spruce under different light quality treatments[J]. Environmental & Experimental Botany,2015,204:121-131.

Oudin A,Mahroug S,Courdavault V,et al. Spatial distribution and hormonal regulation of gene products from methyl erythritol phosphate and monoterpene-secoiridoid pathways in Catharanthus roseus [J]. Plant Molecular Biology,2007,65(1-2):13-30 .

Ouyang F,Mao J F,Wang J,et al. Transcriptomeanalysis reveals that red and blue light regulate growth and phytohormone metabolism in norway spruce [*Picea abies*(L.)Karst][J]. PloS One,2015,10(8):83-85.

Ouzounis T,Rosenqvist E,Ottosen C O. Spectral effects of artificial light on plant physiology and secondary metabolism:a review[J]. Hortscience A Publication of the American Society for Horticultural Science,2015,50(8):1128-1135.

Pan Y,Che F B,Dong C H,et al. Effects of simulated transport vibration on respiratory pathways and qualities of Xinjiang apricot fruit[J]. Transactions of the Chinese Society of Agricultural Engineering,2015,31(3):325-331.

Pandey A,Misra P,Chandrashekar K,et al. Development of *AtMYB12*-expressing transgenic tobacco callus culture for production of rutin with biopesticidal potential[J]. Plant Cell Reports,2012,31(10):1867-1876.

Pantaleo V,Szittya G,Moxon S,et al. Identification of grapevine microRNAs and their targets using high-throughput sequencing and degradome analysis[J]. Plant Journal,2010,62(6):960-976.

Park S,Moon J C,Park Y C,et al. Molecular dissection of the response of a rice leucine-rich repeat receptor-like kinase(LRR-RLK)gene to abiotic stresses[J]. Journal of Plant Physiology,2014,171(17):1645-1653.

Pashkovskiy P P,Kartashov A V,Zlobin I E,et al. Blue light alters miR167 expression and microRNA-targeted auxin response factor genes in *Arabidopsis thaliana* ,plants[J]. Plant Physiology & Biochemistry,2016,104:146-154.

Pastori G M,Kiddle G,Antoniw J,et al. Leafvitamin C contents modulate plant defense transcripts and regulate genes that control development through hormone signaling[J]. Plant Cell,2013,15(4):939-951.

Paucek I,Appolloni E,Pennisi G,et al. LED lighting systems for horticulture:business growth and global distribution[J]. Sustainability,2020,12:1-19.

Pedmale U V,Huang S S,Zander M,et al. Cryptochromes interact directly with PIFs to control plant growth in limiting blue light[J]. Cell,2016,164(1-2):233-245.

Peng T,Saito T,Honda C,et al. Screening of UV-B-induced genes from apple peels by SSH: possible involvement of *MdCOP1*-mediated signaling cascade genes in anthocyanin accumulation[J]. Physiologia Plantarum,2013,148:432-44.

Planas-Riverola A,Gupta A,Betegon-Putze I,et al. Brassinosteroid signaling in plant development and adaptation to stress[J]. Development,2019(5):146-153.

Pratt J,Boisson A M,Gout E,et al. Phosphate(Pi)starvation effect on the cytosolic Pi concentration and Pi exchanges across the tonoplast in plant cells: an in vivo 31P-nuclear magnetic resonance study using methylphosphonate as a Pi analog[J]. Plant Physiology,2009,151:1646.

Price J,Laxmi A,St Martin S K,et al. Global transcription profiling reveals multiple sugar signal transduction mechanisms in *Arabidopsis*[J]. Plant Cell,2004,16:2128-2150.

Qin L H,Zhao L,Wu C,et al. Identification of microRNA transcriptome in apple response to Alternaria alternata infection and evidence that miR390 is negative regulator of defense response[J]. Scientia Horticulturae,2021,289:110435-110446.

Qiu Z K,Wang X X,Gao J C,et al. Thetomato hoffman's anthocyaninless gene encodes a bHLH transcription factor involved in anthocyanin biosynthesis that is developmentally regulated and induced by low temperatures[J]. PloS One,2016,11(3):2016.

Quackenbush F W. Extraction and analysis of carotenoids in fresh plant materials[J]. Journal of Association of Official Analytical Chemists,2020,57(3):511-512.

Ravaglia D,Espley R V,Henry-Kirk R A,et al. Transcriptional regulation of flavonoid biosynthesis in nectarine (*Prunus persica*)by a set of R2R3 MYB transcription factors[J]. BMC Plant Biology,2013,13(1):68-68.

Rodriguez R E,Mecchia M A,Debernardi J M,et al. Control of cell proliferation in *Arabidopsis thaliana* by microRNA miR396[J]. Development,2010,137(1):103-112.

Ronimus R S,Morgan H W. Distribution and phylogenies of enzymes of the Embden-Meyerhof-Parnas pathway from archaea and hyperthermophilic bacteria support a gluconeogenic origin of metabolism[J]. Archaea, 2015,1(3):199-221.

Sagawa J M,Stanley L E,Lafountain A M,et al. An R2R3-MYB transcription factor regulates carotenoid pigmentation in *Mimulus lewisii* flowers[J]. New Phytologist,2016,209(3):1049-1057.

Schopfer P,Lapierre C,Nolte T. Light-controlled growth of the maize seedling mesocotyl: Mechanical cell-wall changes in the elongation zone and related changes in lignification[J]. Physiologia Plantarum,2010,111(1): 83-92.

Shams-Eldin H,Debierre-Grockiego F,Schwarz R T. Glycosyl-phosphatidyl-inositol(GPI)anchors: structure, biosynthesis and functions[J]. Matrix Biology,2011(3):37-43.

Shan C J,Zhang S L,Li D F,et al. Effects of exogenous hydrogen sulfide on the ascorbate and glutathione metabolism in wheat seedlings leaves under water stress[J]. Acta Physiologiae Plantarum,2011,33(6):2533-2540.

Sharma U,Bekturova A,Ventura Y,et al. Sulfite oxidase activity level determines the sulfite toxicity effect in leaves and fruits of tomato plants[J]. Agronomy,2020,10(5):694-699.

She J,Han Z,Kim T W,et al. Structural insight into brassinosteroid perception by BRI1[J]. Nature,2012, 474(7352):472-476.

Shen C X . Regulatory network established by transcription factors transmits drought stress signals in plant [J]. Stress Biology,2022,2(1):322-343.

Shi H,Liu R L,Xue C,et al. Seedlings transduce the depth and mechanical pressure of covering soil using *COP1* and ethylene to regulate *EBF1/EBF2* for soil emergence. Current Biology,2016,26:139-149.

Shin D H,Choi M,Kim K,et al. *HY5* regulates anthocyanin biosynthesis by inducing the transcriptional activation of the *MYB75/PAP1* transcription factor in *Arabidopsis*[J]. Febs Letters, 2013, 587 (10): 1543-1547.

Shoji T,Hashimoto T. Tobacco MYC2 regulates jasmonate-inducible *Nicotine* biosynthesis genes directly and by way of the NIC2—locus ERF genes[J]. Plant & Cell Physiology,2011,8:27-35.

Son K H,Oh M M. Leaf Shape,Growth,andantioxidant phenolic compounds of two lettuce cultivars grown under various combinations of blue and red light-emitting diodes[J]. Hortscience A Publication of the American Society for Horticultural Science,2013,48(8):988-995.

Stephenson P G,Fankhauser C,Terry M J. PIF3 is a repressor of chloroplast development[J]. Proceedings of the National Academy of Sciences of the United States of America,2009,106(18):7654-7659.

Stracke R,Favory J J,Gruber H,et al. The *Arabidopsis* bZIP transcription factor *HY5* regulates expression of the *PFG1/MYB12* gene in response to light and ultraviolet-B radiation[J]. Plant Cell & Environment,2010, 33:88.

Streb P,Aubert S,Gout E,et al. Reversibility of cold- and light-stress tolerance and accompanying changes of metabolite and antioxidant levels in the two high mountain plant species Soldanella alpina and Ranunculus glacialis[J]. Journal of Experimental Botany,2003,54(381):405-418.

Su J,Liu B B,Liao J K,et al. Coordination ofcryptochrome and phytochrome signals in the regulation of plant light responses[J]. Agronomy,2017,7(1):25.

Sudjaroen Y,Hull W E,Erben G,et al. Isolation and characterization of ellagitannins as the major polyphenolic components of Longan(*Dimocarpus longan* Lour)seeds[J]. Phytochemistry,2012,77(77):226-237.

Sun P,Cheng C Z,Lin Y L,et al. Combined small RNA and degradome sequencing reveals complex microRNA regulation of catechin biosynthesis in tea(*Camellia sinensis*)[J]. PloS One,2017,12:1-19.

Sun Y J,Qiao L P,Shen Y,et al. Phytochemical profile and antioxidant activity of physiological drop of citrus fruits[J]. Journal of Food Science,2013,78(1):C37-C42.

Symons G M,Davies C,Shavrukov Y,et al. Grapes on steroids. Brassinosteroids are involved in grape berry ripening[J]. Plant Physiology,2016,140(1):150-158.

′T Hoen P A C,Ariyurek Y,Thygesen H H,et al. Deep sequencing-based expression analysis shows major advances in robustness,resolution and inter-lab portability over five microarray platforms[J]. Nucleic Acids Research,2008,36:e141-e141.

Tanaka Y,Sasaki N,Ohmiya A. Biosynthesis of plant pigments:anthocyanins,betalains and carotenoids[J]. Plant Journal,2010,54(4):733-749.

Tang C,Xie Y M,Yan W. AASRA:an anchor alignment-based small RNA annotation pipeline[J]. Biology of reproduction,2017,1:1-35 .

Tang W Q,Yuan M,Wang R J,et al. *PP2A* activates brassinosteroid-responsive gene expression and plant growth by dephosphorylating *BZR1*[J]. Nature Cell Biology,2011,13(2):124-131.

Tarahovsky Y S,Kim Y A,Yagolnik E A,et al. Flavonoid-membrane interactions:involvement of flavonoid-metal complexes in raft signaling[J]. Biochimica et Biophysica Acta,2014,1838(5):1235-1246.

Tengyu W,Yan G,Dermatology D O. Effect of flavones derived from Saussurea medusa Maxim. for the HaCaT cells injury caused by UVB radiation[J]. China Medical Herald,2018,2:1-9.

Thiebaut F,Grativol C,Tanurdzic M,et al. Differential sRNA regulation in leaves and roots of sugarcane under water depletion[J]. PloS One,2014,9:e93822.

Uchendu E E, Leonard S W, Traber M G, et al. Vitamins C and E improve regrowth and reduce lipid peroxidation of blackberry shoot tips following cryopreservation[J]. Plant Cell Reports,2010,29(1):25.

Ussawaparkin Y, Khunmuang S, Buanong M, et al. Methyl jasmonate and sucrose improve anthocyanins content and extend longevity of Vanda 'Sansai Blue' cut flowers[J]. Acta Horticulturae, 2022, 1336: 311-320.

Valls J, Millán S, Martí M P, et al. Advanced separation methods of food anthocyanins, isoflavones and flavanols [J]. Journal of Chromatography A,2009,1216(43):7143-7172.

Wang B, Sun Y F, Song N, et al. Identification of UV-B-induced microRNAs in wheat[J]. Genetics & Molecular Research Gmr,2013a,12(4):4213-4221.

Wang F D, Li L B, Liu L F, et al. High-throughput sequencing discovery of conserved and novel microRNAs in Chinese cabbage (Brassica rapa L. ssp. pekinensis)[J]. Molecular Genetics & Genomics Mgg, 2012, 287(7):555-563.

Wang F L, Liu A G, Sun J J, et al. Simultaneous determination of folic acid, Vitamin B_(12) and biotin in infant formula by HPLC-MS-MS[J]. Food Science,2013b,34(22):269-272.

Wang H Z, Xu Q J, Yan H F. Summary of regulation of anthocyanin synthesis by light, sugar and hormone[J]. Acta Agriculturae Jiangxi,2016,28(9):35-41.

Wang J, Chen H, Wang Z D, et al. Study on the Toxicity and Pharmacological Action of Chinese Yew[J]. Western Journal of Traditional Chinese Medicine,2017,30(4):139-142.

Wang L, Gu X L, Xu D Y, et al. miR396-targeted AtGRF transcription factors are required for coordination of cell division and differentiation during leaf development in Arabidopsis[J]. Journal of Experimental Botany, 2010a,62(2):761-773.

Wang L, Liu Y, Li D Q. Drought stress signal transduction and regulation mechanism in plants [J]. Biotechnology Bulletin,2012,28:1-7.

Wang P, Abid M A, Qanmber G, et al. Photomorphogenesis in plants: The central role of phytochrome interacting factors(PIFs)[J]. Environmental and experimental botany,2022(194):194-208.

Wang Q, Barshop W D, Bian M, et al. The blue light-dependent phosphorylation of the CCE domain determines the photosensitivity of Arabidopsis CRY2[J]. Molecular plant,2015,8(4):631-643.

Wang Q, Zhu Z Q, Ozkardesh K, et al. Phytochromes and phytohormones: the shrinking degree of separation [J]. Molecular Plants,2013c,6(1):5-7.

Wang Q, Zuo Z C, Wang X, et al. Photoactivation and inactivation of Arabidopsis cryptochrome 2[J]. Science, 2016a,354(6310):343-347.

Wang W T, Zhang J W, Wang D, et al. Relation between light qualities and accumulation of steroidal glycoalkaloids as well as signal molecule in cell in potato tubers[J]. Acta Agronomica Sinica,2010b,36(4): 629-635.

Wang X, Kota U, He K, et al. Sequential transphosphorylation of the BRI1/BAK1 receptor kinase complex impacts early events in brassinosteroid signaling[J]. Developmental Cell,2008,15(2):220-235.

Wang Y S, Gao L P, Wang Z R, et al. Light-induced expression of genes involved in phenylpropanoid biosynthetic pathways in callus of tea(Camellia sinensis(L.)O. Kuntze)[J]. Scientia Horticulturae, 2012, 133(1):72-83.

Wang Y L, Wang Y Q, Song Z Q, et al. Repression of MYBL2 by both microRNA858a and HY5 leads to the activation of anthocyanin biosynthetic pathway in Arabidopsis [J]. Molecular Plant, 2016b, 9 (10):

1395-1405.

Wang Y, Zhang X, Zhao Y, et al. Transcription factor PyHY5 binds to the promoters of PyWD40 and PyMYB10 and regulates its expression in red pear 'Yunhongli No. 1' [J]. Plant Physiology and Biochemistry,2020,154:665-674.

Wang Z Y, Seto H, Fujioka S, et al. BRI1 is a critical component of a plasma-membrane receptor for plant steroids[J]. Nature,2001,410(6826):380-383.

Wei Y Z, Hu F C, Hu G B, et al. Differentialexpression of anthocyanin biosynthetic genes in relation to anthocyanin accumulation in the pericarp of *Litchi Chinensis* Sonn[J]. PloS One,2011,6(4):e19455.

Wen W, Alseekh S, Fernie A R. Conservation and diversification of flavonoid metabolism in the plant kingdom [J]. Current Opinion in Plant Biology,2020,55:100-108.

Wen X Y, Zhang C F, Zhou W, et al. Nitrogen/sulfur co-doping for biomass carbon foam as superior sulfur hosts for lithium-sulfur batteries[J]. International journal of energy research,2022(8):10606-10619.

Wu H J, Ma Y K, Chen T, et al. PsRobot:a web-based plant small RNA meta-analysis toolbox[J]. Nucleic Acids Research,2012,40:22-28.

Wu Q J, Chen Z D, Sun W J, et al. De novo sequencing of the leaf transcriptome reveals complex light-responsive regulatory networks in *Camellia sinensiscv*. Baijiguan[J]. Frontiers in Plant Science,2016,7:332.

Xi Y U, Zhao H, Miao M A. Effect of hormone on content of total flavonoids in callus of *glycyrrhiza glabra* L [J]. Journal of Shihezi University,2011,29(4):416-419 .

Xi Z M, Zhang Z W, Huo S S, et al. Regulating the secondary metabolism in grape berry using exogenous 24-epibrassinolide for enhanced phenolics content and antioxidant capacity[J]. Food Chemistry,2013,141(3):3056-3065.

Xiao Z. Tail gas hydrotreating in a high H2S gas plant[J]. Petroleum Technology Quarterly,2021(2):26-31.

Xie T, Ge M O, Zhang S S, et al. Effects of different elicitors on plant secondary metabolism[J]. Chinese Journal of Experimental Traditional Medical Formulae,2015,21(7):210-215.

Xing L B, Zhang D, Li Y M, et al. Transcriptionprofiles reveal sugar and hormone signaling pathways mediating flower induction in apple(*Malus domestica* Borkh.)[J]. Plant & Cell Physiology,2015,56(10):2052-2068.

Xu F, Gao X, Xi Z M, et al. Application of exogenous 24-epibrassinolide enhances proanthocyanidin biosynthesis in Vitis vinifera, 'Cabernet Sauvignon' berry skin[J]. Plant Growth Regulation,2015a,75(3):741-750.

Xu J F, Ge X M, Dolan M C. Towards high-yield production of pharmaceutical proteins with plant cell suspension cultures[J]. Biotechnology Advances,2011,29:278-299.

Xu Y T, Feng S Q, Jiao Q Q, et al. Comparison of *MdMYB1* sequences and expression of anthocyanin biosynthetic and regulatory genes between *Malus domestica* Borkh. cultivar 'Ralls' and its blushed sport[J]. Euphytica,2012,185(2):157-170.

Xu Z M, He B Y, Li Q S, et al. Differences between two amaranth cultivars in accumulations of Cd and main osmotic adjustment substances under salt stress[J]. Chinese Journal of Ecology,2015b,34(2):483-490.

Yan Q, Zhang J J, Zhang J W, et al. Integrated RNA-seq and sRNA-seq analysis reveals miRNA effects on secondary metabolism in *Solanum tuberosum*, L[J]. Molecular Genetics & Genomics,2017,292(1):37-52.

Yang B, Jiang Y M, Wang R, et al. Ultra-high pressure treatment effects on polysaccharides and lignins of longan fruit pericarp[J]. Food Chemistry,2009,112(2):428-431.

Yang C H, Li D Y, Mao D H, et al. Overexpression of microRNA319 impacts leaf morphogenesis and leads to enhanced cold tolerance in rice(*Oryza sativa* L.)[J]. Plant, Cell & Environment,2013,36(12):2207-2218.

Yang J H, Lee K H, Du Q, et al. Huanzhong. A membrane-associated NAC domain transcription factor XVP interacts with TDIF co-receptor and regulates vascular meristem activity[J]. The New Phytologist,2020, 226(1):59-74.

Yang Y H,Li Z,Cao J J,et al. Identification andevaluation of suitable reference genes for normalization of microRNA expression in *Helicoverpa armigera* (Lepidoptera:Noctuidae) using quantitative real-time PCR [J]. Journal of Insect Science,2017a,17(7):1-10.

Yang Z H,Liu B B,Su J,et al. Cryptochromes Orchestrate Transcriptionregulation of diverse blue light responses in plants[J]. Photochemistry & Photobiology,2017b,93(1):112-127.

Yao Y Y,Guo G G,Ni Z F,et al. Cloning and characterization of microRNAs from wheat(*Triticum aestivum* L.)[J]. Genome Biology,2007,8:R96.

Yu X F,Li L,Zola J. A brassinosteroid transcriptional network revealed by genome-wide identification of BES1 target genes in *Arabidopsis thaliana*[J]. Plant Journal for Cell & Molecular Biology,2011,65(4):634-646.

Yu X H,Liu H T,Klejnot J,et al. The Cryptochrome blue light receptors[J]. The Arabidopsis Book,2010,8: e0135.

Yu X,Wang H,Lu Y Z,et al. Identification of conserved and novel microRNAs that are responsive to heat stress in Brassica rapa[J]. Journal of Experimental Botany,2012,63(2):1025-1038.

Yun D,Yoon S Y,Park S J,et al. The anticancer effect of natural plant alkaloid isoquinolines[J]. International Journal of Molecular Sciences,2021,22(4):1653-1659.

Yun H S,Bae Y H,Lee Y J,et al. Analysis of phosphorylation of the BRI1/BAK1 complex in *Arabidopsis* reveals amino acid residues critical for receptor formation and activation of BR signaling[J]. Molecules & Cells,2009,27(2):183-190.

Zeng W Q,Melotto M,He S Y. Plant stomata:a checkpoint of host immunity and pathogen virulence[J]. Current Opinion in Biotechnology,2010,21:599-603.

Zentella R,Zhang Z L,Park M,et al. Global Analysis of DELLA Direct Targets in Early Gibberellin Signaling in *Arabidopsis*[J]. The Plant Cell,2007,19(10):3037-3057.

Zhang B H, Wang Q L. MicroRNA-based biotechnology for plant improvement[J]. Journal of Cellular Physiology,2015,230(1):1-15.

Zhang H,Chen H,Gao L,et al. Effect on phosphorus metabolism disorders by ethylene stimulus on *Heavea brasiliensis*[J]. Molecular Plant Breeding,2017,14(3):1127-1136.

Zhang H N,Li W C,Wang H C,et al. Transcriptomeprofiling of light-regulated anthocyanin biosynthesis in the pericarp of litchi[J]. Frontiers in Plant Science,2016a,7(225):963.

Zhang H T,Hedhili S,Montiel G,et al. The basic helix-loop-helix transcription factor *CrMYC2* controls the jasmonate-responsive expression of the *ORCA* genes that regulate alkaloid biosynthesis in *Catharanthus roseus*[J]. Plant Journal for Cell & Molecular Biology,2011a,67(1):61-71.

Zhang L P,Liu Z Q,Jin Z P,et al. Regulation of H_2S on Cd-induced osmotic stress in roots of Chinese cabbage seedling[J]. Journal of Agro-Environment Science,2016b(2):247-252.

Zhang Q Z,Wu N Y,Jian D Q,et al. Overexpression of *AaPIF3* promotes artemisinin production in Artemisia annua[J]. Industrial Crops and Products,2019,138:111476-111488.

Zhang W X,Gao S,Zhou X,et al. Erratum to:Bacteria-responsive microRNAs regulate plant innate immunity by modulating plant hormone networks[J]. Agricultural Research in the Arid Areas,2011b,75(1-2): 205-206.

Zhang X D,Allan A C,Yi Q O,et al. Differentialgene expression analysis of Yunnan red pear, *Pyrus Pyrifolia*,during fruit skin coloration[J]. Plant Molecular Biology Reporter,2011c,29(2):305-314.

Zhang Y Q,Liu Z J,Liu R Z,et al. Gibberellins negatively regulate light-induced nitrate reductase activity in *Arabidopsis seedlings*[J]. *Journal of Plant Physiology*,2011d,168:2161-2168 .

Zhang Y F,Shen L M,Chen W,et al. Cystine crystal-induced reactive oxygen species associated with NLRP3 inflammasome activation:implications for the pathogenesis of cystine calculi[J]. International urology and nephrology,2022,54(12):3097-3196.

Zhao H,Zhang Z,Li X J,et al. Prokaryotic expression of tartary buckwheat flavonol synthase *FtFLS*2 and preparation of its polyclonal antibody[J]. Journal of Nuclear Agricultural Sciences,2016,30(2):240-245 .

Zhao Y,Zhang Y Y,Liu H,et al. Functional characterization of a liverworts bHLH transcription factor involved in the regulation of bisbibenzyls and flavonoids biosynthesis[J]. BMC Plant Biology,2019,19(1):497-510.

Zheng G M,Wei X Y,Xu L X,et al. Chemical constituents from pericarp of longan fruits[J]. Chinese Traditional & Herbal Drugs,2011,42(8):1485-1489.

Zheng Y J,Tian L,Liu H T,et al. Sugars induce anthocyanin accumulation and flavanone 3-hydroxylase expression in grape berries[J]. Plant Growth Regulation,2009,58:251-260.

Zhong C S,Lai R L,Liu S C,et al. Effects of light or medium components on gene expression of DFR,LAR and PPO and content of catechins in calli of Camellia nitidissima[J]. Guihaia,2016(12):1410-1415.

Zhou B,Li Y H,Xu Z R,et al. Ultraviolet A-specific induction of anthocyanin biosynthesis in the swollen hypocotyls of turnip(*Brassica rapa*)[J]. Journal of Experimental Botany,2007,58(7):1771-1781.

Zhou F M,Bai Z C,Lu S F. MicroRNA in medicinal plants[J]. Chinese Traditional & Herbal Drugs,2013,44:232-237.

Zhou G Q,Xu Y Q,Fu S H,et al. Artificial light sources for production of greenhouse plants[J]. Journal of Zhejiang Forestry College,2008,25(6):798-802.

Zhou X F,Wang G D,Zhang W X. UV-B responsive microRNA genes in *Arabidopsis thaliana*[J]. Molecular Systems Biology,2007,3(1):103.

Zhu H T,Jiang L I,Yuan L I,et al. Research advances in suspension culture and secondary metabolism regulation of *Panax* spp[J]. Journal of West China Forestry Science,2011,40(1):87-96 .

Zhu Q H,Helliwell C A. Regulation of flowering time and floral patterning by miR172[J]. Journal of Experimental Botany,2011,62(2):487-495.

Zoratti L,Karppinen K,Escobar A L,et al. Light-controlled flavonoid biosynthesis in fruits[J]. Frontiers in Plant Science,2014,5(5):16.

Zou H,Li Y L,Liu X M,et al. Roles of plant-derived bioactive compounds and related microRNAs in cancer therapy[J]. Phytotherapy Research,2020,35(3):1176-1186.

Zuo Z C,Liu H T,Liu B,et al. Bluelight-dependent interaction of CRY2 with SPA1 regulates COP1 activity and floral initiation in *Arabidopsis*[J]. Current Biology Cb,2011,21(10):841-847.

曹蓉蓉,党小琳,行冰玉,等. 胞内、外 Ca～(2+)在水杨酸诱导丹参幼苗迷迭香酸生物合成过程中的作用[J]. 中国中药杂志,2013,38(20):3424-3431.

曹蓉蓉. 水杨酸诱导的 Ca～(2+)在丹参幼苗叶片酚酸类次生代谢物合成中的作用[D]. 咸阳:西北农林科技大学,2013.

巢牡香,叶波平. 环境非生物因子对植物次生代谢产物合成的影响[J]. 药物生物技术,2013(4):365-368.

程华,余龙江. 不同因素对岩黄连悬浮细胞生长的影响[J]. 生物技术,2007,17:56-59.

董慧雪,周燕蓉,田奇琳,等. 不同光质对龙眼胚性愈伤组织总黄酮含量的影响[J]. 热带作物学报. 2014,35:2374-2377.

杜梦甜,王博一,李京航,等. 落叶松不同根序细根可溶性糖和淀粉浓度的差异和季节动态[J]. 植物研究,

2021,41(4):5-9.

杜晓映,张振文,夏惠,等.葡萄悬浮细胞系的建立[J].西北农林科技大学学报(自然科学版),2009,37(1):7-10.

方林川.葡萄 Myb14 调控白藜芦醇合成与抗逆的功能解析[D].北京:中国科学院大学,2015.

高慧君.利用柑橘愈伤组织研究植物类胡萝卜素积累的调控机理[D].武汉:华中农业大学;2013.

葛锋,王剑平,王晓东,等.新疆紫草细胞悬浮培养过程研究[J].天然产物研究与开发,2010,22:460-465.

郭春梅,尹忠平,上官新晨,等.硝普钠对青钱柳悬浮细胞三萜合成的影响[J].现代食品科技,2014(4):68-73.

贺寅,王强,钟葵.响应面优化酶法提取龙眼多糖工艺[J].食品科学,2011,32(2):79-83.

胡可,韩利厅,戴思兰.环境因子调控植物花青素苷合成及呈色的机理[J].植物学报,2010(3):11-15.

胡丽松,邬华松,范睿,等.胡椒碱生物合成机理研究进展[J].热带作物学报,2016,37(5):1050-1058.

胡涛,吕春茂,王新现,等.植物细胞培养生物反应器研究进展[J].安徽农业科学,2010(4):3-5.

黄高峰,王丽慧,方云花,等.干旱胁迫对菊芋苗期叶片保护酶活性及膜脂过氧化作用的影响[J].西南农业学报,2011,24(2):552-555.

赖钟雄,陈振光.龙眼胚性细胞悬浮培养再生植株[J].应用与环境生物学报,2002,8(5):485-491.

赖钟雄,陈振光.龙眼胚性愈伤组织的高频率体细胞胚胎发生[J].福建农林大学学报(自然版),1997(3):271-276.

李惠华,姚德恒,徐剑,等.波浪式 WAVE 生物反应器悬浮培养枇杷细胞生产熊果酸的研究[J].中国中药杂志,2015,40(9):1693-1698.

李娜,张晓燕,田纪元,等.蓝光连续光照对大豆芽苗菜类黄酮合成的影响[J].大豆科学,2017,36(1):51-59.

李娜.不同施肥水平下糜子叶片衰老和活性氧代谢研究[D].咸阳:西北农林科技大学,2014.

李雅丽,孟婷婷,王毛毛,等.甘草细胞在搅拌式生物反应器中的放大培养[J].植物生理学报,2015a,1:302-306.

李雅丽,孟婷婷,张小利,等.甘草细胞放大培养中搅拌式反应器操作策略优化[J].植物科学学报,2015b,33(6):867-872.

李永远,杨坤朋.水中总磷酸盐(Phosphate salt)的测定方法[J].中国化工贸易,2013(3):212-218.

李振华.外源生长素和赤霉素信号调控烟草种子休眠与萌发的机理[D].北京:中国农业大学,2017.

林小苹,赖钟雄.不同光照条件下龙眼体胚发生过程中过氧化物酶同工酶酶谱分析[J].龙岩学院学报,2011,29(2):68-72.

刘彩华,曾嘉童,包竹君,等.3,5-二硝基水杨酸比色法测定芒果的可溶性糖含量[J].食品安全质量检测学报,2022(9):13-16.

刘长军,侯嵩生.真菌诱导子对新疆紫草悬浮培养细胞的生长和紫草素合成的影响[J].植物生理学报,2008,24(1):5-9.

刘浩,李胜,马绍英,等.LED 不同光质对萝卜愈伤组织诱导、增殖和萝卜硫素含量的影响[J].植物生理学报,2010,46(4):347-350.

刘焕云,王海燕,梁燕.龙眼壳黄酮的微波提取及体外抗氧化活性研究[J].天然产物研究与开发,2015(3):438-441.

刘金花,李佳,崔淑兰,等.光照时间对黄芩种子萌发及次生代谢的影响[J].农业科学与技术(英文版),2014(8):1312-1316.

刘金花.环境因子对黄芩植株代谢的影响[D].济南:山东中医药大学,2011.

刘凯歌,龚繁荣,宋云鹏,等.低温弱光对甜椒幼苗生长及生理生化指标的影响及其与品种耐性的关系[J].北方园艺,2020(3):7-13.

刘冉.诱导子调控红松细胞合成松多酚机制的研究[D].哈尔滨:东北林业大学,2015.

刘世锋,董文静,杨兰,等.灵芝多糖及其菌群代谢产物对 HepG2 细胞胰岛素抵抗的改善作用及机制[J].食品工业科技,2023,44(23):1-8.

刘炜婳,林玉玲,林争春,等.植物 miR172 家族成员进化与分子特性分析[J].热带作物学报,2018(3):525-533.

刘炜婳.基于全转录组学的野生蕉(Musa itinerans)低温胁迫响应机制研究[D].福州:福建农林大学,2018.

刘媛,李胜,马绍英,等.肉桂酸和不同光质对葡萄愈伤组织增殖及白藜芦醇累积的效应[J].甘肃农业大学学报,2010,45(1):41-46.

刘忠娟.PIFs 在糖调节植物生长代谢中的作用机理研究[D].兰州:兰州大学,2011.

刘紫祺,王仪,王秀,等.不同光照强度对西洋参生长,皂苷含量及基因表达的影响[J].中国中药杂志,2022,18:4877-4885.

龙小凤,郑丽屏,赵培飞,等.葡萄细胞悬浮培养生产白藜芦醇[J].生物加工过程,2013,11(5):16-20.

罗丽媛,李胜,马绍英,等.LED 不同光质对葡萄愈伤组织及白藜芦醇合成的影响[J].甘肃农业大学学报,2010,45(5):46-50.

马燕,韩瑞超,臧德奎,等.木本观赏植物组织培养研究进展[J].安徽农业科学,2012,40(4):1956-1958.

孟慧雯.东北红豆杉悬浮细胞高效诱导紫杉醇及代谢调节研究[D].长春:吉林大学,2022.

孟雪娇.黄瓜苯丙烷类代谢关键酶活性及基因表达的研究[D].哈尔滨:哈尔滨师范大学,2011.

孚彦,周晓东,楼浙辉,等.植物次生代谢产物及影响其积累的因素研究综述[J].南方林业科学,2012(3):54-60.

庞强强,周曼,孙晓东,等.菜心耐热性评价及酶促抗氧化系统对高温胁迫的响应[J].浙江农业学报,2020,32(1):8-15.

彭新,牛乐,周宁,等.山药多糖功能活性及新产品开发研究进展[J].食品研究与开发,2020,41(17):6-11.

齐振宇,胡玉屏,蔡溧聪,等.发光二极管日积累光照量对辣椒,黄瓜和生菜幼苗生长的影响[J].浙江大学学报:农业与生命科学版,2022,48(2):13-19.

邱睿.干旱条件下玉米硫代谢相关基因的克隆及原核表达[D].咸阳:西北农林科技大学,2009.

申洁,王玉国,郭平毅,等.腐植酸对干旱胁迫下谷子幼苗叶片抗坏血酸-谷胱甘肽循环的影响[J].作物杂志,2021,2:173-177.

史崇丽,缪锦来,刘均洪.DNA 光修复酶修复紫外损伤的 DNA[J].中国生物化学与分子生物学报,2019,35(5):5-12.

苏天星.光质对温室甜椒生长的影响机理及模拟研究[D].南京:南京信息工程大学,2011.

孙菲菲.CO 和 H2S 调控碳、硫代谢促进三萜积累的初步研究[D].哈尔滨:东北林业大学,2016.

谭钺,王茂生,吕勋,等.不同破眠处理对油桃休眠芽 H2O2 含量及相关酶活性的影响[J].中国农学通报,2014,30(28):128-132.

王峰,王秀杰,赵胜男,等.光对园艺植物花青素生物合成的调控作用[J].中国农业科学,2020,53(23):14-21.

王宏,刘月,杨梁钰,等.生物碱类化合物抗病毒活性及其机制研究进展[J].中草药,2022,53(9):12-18.

王璟.贯叶连翘悬浮细胞培养生产黄酮类物质的研究[D].上海:华东理工大学,2015.

王静,王渭玲,徐福利,等.氮磷钾对桔梗生长及次生代谢产物的影响[J].草业科学,2012,29:586-591.

王丽丽,战帅帅,谢磊,等.新疆小麦籽粒过氧化物酶(POD)活性检测及其基因等位变异检测[J].新疆农业科学,2020,57(10):10-15.

王铭,宋跃,安慧,等.外源诱导子影响植物悬浮细胞次生代谢产物积累的研究进展[J].植物生理学报,2021,57(4):10-16.

王倩楠.BRI1 特异磷酸化位点对植物生长发育的影响[D].咸阳:西北农林科技大学,2015.

王琴.拟南芥 CRY2 调控光形态建成的分子遗传学与生化分析[D].长沙:湖南大学,2013.

王艳芳,周瑞莲,赵彦宏.miR-171基因家族进化分析及靶基因预测[J].生命科学研究,2015,19(6):479-483.

王迎香,唐子惟,彭腾,等.苯酚-硫酸法测定酒蒸多花黄精多糖含量的优化[J].食品工业科技,2021,42(18):9-14.

卫卓赟,黎家.受体激酶介导的油菜素内酯信号转导途径[J].生命科学,2011,23(11):1106-1113.

吴仁杰.植物工厂中LED光源的光照分布及其散热特性研究[D].苏州:苏州大学,2023.

吴榕,田再民,郑国华,等.白三叶CHS基因的过表达提高烟草类黄酮的含量[J].草业科学,2020,37(2):305-313.

夏红明,赵培方,刘家勇,等.干旱胁迫对甘蔗保护酶活性等生理指标的影响[J].西南农业学报,2013,26(5):1824-1828.

贤景春,陈晨.龙眼核总生物碱提取工艺[J].食品研究与开发,2013,34(3):28-30.

谢龙海,高洁,荆永琳,等.香蕉八氢番茄红素合成酶基因 *MsPSY2a* 功能鉴定[J].分子植物育种,2021,19(24):10-15.

徐梦珂,李丹,孟来生,等.拟南芥转录因子Ethylene-insensitive3(EIN3)抑制花青素的合成[J].植物研究,2018(1):148-154.

徐卫平,蒋景龙,任绪明,等.低温胁迫对3种柑橘幼苗细胞膜及渗透调节的影响[J].分子植物育种,2017,14(3):1104-1108.

徐文栋,刘晓英,焦学磊,等.不同红蓝配比的LED光调控黄瓜幼苗的生长[J].植物生理学报,2015(8):1273-1279.

徐圆圆,覃仪,吕蔓芳.LED光源在植物工厂中的应用[J].现代农业科技,2016(6):161-162.

许明,伊恒杰,郭佳鑫,等.藤茶黄烷酮3-羟化酶基因 AgF3H 的克隆及表达分析[J].西北植物学报,2020,40(2):185-192.

薛冲,李胜,马绍英,等.不同光质对西兰花愈伤组织及萝卜硫素含量的影响[J].甘肃农业大学学报,2010,45(4):95-99.

严涵薇.玉米及其近缘物种无内含子基因的数据库构建与进化研究[D].合肥:安徽农业大学,2014.

姚良玉.生长素和赤霉素诱导棉花纤维起始发育的转录组学和蛋白质组学研究[D].南京:南京农业大学,2012.

耶兴元,仝胜利,张燕.油菜素内酯对高温胁迫下猕猴桃苗耐热性相关生理指标的影响[J].西北农业学报,2011,20(9):113-116.

于丹,朴炫春,李阳,等.利用生物反应器大量生产东北刺人参不定根的研究[J].中国农学通报.2014,30:252-5.

于宗霞.激素和光照对青蒿素合成途径酶基因表达的调控研究[J].大连大学学报,2018,39(6):5-12.

余婷,陈鹏飞,闵腾辉,等.光质对豌豆芽苗菜生长与生理特性的影响[J].农业工程,2021,5:137-143.

翟俊淼,栾雨时,崔娟娟.miR396基因家族的进化及功能分析[J].植物研究,2013,33(4):421-428.

张聪,刘迪,张寒雪,等.人参皂苷对过氧化氢诱导的HepG2细胞损伤的保护作用[J].吉林大学学报(医学版),2020,46(5):8-13.

张海彶,付娟,李曼曼,等.多指标正交试验法优选黄精灵芝胶囊醇沉工艺[J].食品工业,2021(8):42-49.

张辉,翟毓秀,姚琳,等.栉孔扇贝在镉污染胁迫下消化盲囊组织的转录组分析[J].中国水产科学,2017,24(4):802-810.

张建文,刘禹,夏建业,等.机械搅拌生物反应器的CFD模拟及剪切力对红花细胞悬浮培养的影响[J].华东理工大学学报(自然科学版),2016,42:492-498.

张建文.红花细胞悬浮培养及生物反应器放大原理探究[D].上海:华东理工大学,2016.

张婧娴,赵淑娟.转录因子MYB在光诱导的苯丙烷次生代谢中的作用[J].药物生物技术,2015(5):461-464.

张立伟,刘世琦,张自坤,等.不同光质下香椿苗的生长动态[J].西北农业学报,2010(6):5-11.

张楠,柳艺石,藤田盛久,等.GPI锚定蛋白前体C-端附着信号的疏水性决定其内质网相关蛋白质降解途径[J].中国生物化学与分子生物学报,2022,10:1351-1358.

张弢,董春海.乙烯信号转导及其在植物逆境响应中的作用[J].生物技术通报,2016,32(10):11-17.

张阳,刘海涛,张昭,等.生物碱的生理生态功能及影响其形成的因素[J].中国农学通报,2014,30(28):251-254.

张芸香,武鹏峰.华北落叶松和白木千幼苗脯氨酸及淀粉含量对水分和光照变化的响应[J].山西林业科技,2010,39(1):10-13.

赵楠,陈文,郭志刚.长春花细胞生物碱合成培养过程的营养消耗研究[J].生物过程,2012,2(2):7-10.

赵亚男,张会灵,张中华,等.转录因子HY5在植物花青素合成中的调控作用[J].植物遗传资源学报,2022,3:670-677.

赵莹,杨欣宇,赵晓丹,等.植物类黄酮化合物生物合成调控研究进展[J].食品工业科技,2021,42(21):454-462.

郑公铭,魏孝义,徐良雄,等.龙眼果核化学成分的研究[J].中草药,2011,42(6):1053-1056.

郑洁,王磊.油菜素内酯在植物生长发育中的作用机制研究进展[J].中国农业科技导报,2014,16(1):52-58.

郑礼娟,蔡皓,曹岗.多指标正交试验优选白术芍药散提取工艺[J].中国中药杂志,2013,38(10):1504-1509.

郑旭芸,庄丽娟.2013年龙眼生产投入产出与经济效益分析——基于对广东和广西农户的调查[J].广东农业科学,2015,42(5):163-168.

钟春水,赖瑞联,刘生财,等.光源或培养基成分对金花茶愈伤组织中 *DFR*、*LAR* 与 *PPO* 基因表达及总儿茶素含量的影响[J].广西植物,2016,36(12):1410-1415.

周琳,陈周一琪,王玉花,等.光质对茶树愈伤组织中茶多酚及抗氧化酶活性的影响[J].茶叶科学,2012,32(3):210-216.

周艾玲,王段珩,岳晓蕾,等.中药多糖抗肿瘤作用研究进展[J].中国试验方剂学杂志,2022(16):28-33.

周宝利,李志文,丁昱文,等.茄子(*Solanum melomgena* L.)根系糖苷生物碱对5种蔬菜作物的化感效应及相关分析[J].生态环境学报,2009,18(1):310-316.

周厚君.杨树 GRF 基因家族分析及 *PtGRF1/2d* 功能研究[D].北京:中国林业科学研究院,2016.

朱翰林,赵恒,翟博文,等.超声辅助酶解提取五味子多糖及其抗细胞氧化应激研究[J].植物研究,2023,43(4):631-640.

朱金勇,刘震,曾钰婷,等.马铃薯 PAL 基因家族的全基因组鉴定及其在非生物胁迫下和块茎花色素苷合成中的表达分析[J].作物学报,2023,49(11):2978-2990.

朱孟炎.光对长春花幼苗中生物碱的合成代谢以及基因表达水平的影响[D].哈尔滨:东北林业大学,2016.

朱婷婷,林玲,杨涛,等.COP1调控植物花色苷合成的研究进展[J].分子植物育种,2015,13(9):2135-2140.

朱运钦,乔改梅,王志强.植物类胡萝卜素代谢调控的研究进展[J].分子植物育种,2016(2):471-474.

祝传书,陈蒙蒙,蒲时,等.烟酸、天冬氨酸和异亮氨酸对雷公藤悬浮细胞生长及次生代谢产物含量的影响[J].新疆农业大学学报,2017(6):403-408.

邹奇,潘炜松,邱健,等.植物生物反应器优化策略与最新应用[J].中国生物工程杂志,2023,43(1):16-23.

缩写词

缩写词	英文名称	中文名称
ABA	abscisic acid	脱落酸
ACAA1	acetyl-CoA acyltransferase1	乙酰辅酶 A 酰基转移酶 1
APX	ascorbate peroxidase	抗坏血酸过氧化物酶
ATP	adenosine triphosphate	腺苷三磷酸
BR	Brassinolide	油菜素内酯
BRI1	Proteinbrassinosteroid insensitive 1	BR 受体激酶 1
BZR1	Brassinosteroid resistant 1	抗油菜素内酯 1
CAT	catalase	过氧化氢酶
cDNA	Complementary DNA	互补 DNA
COP1	Constitute photomorphogenic 1	E3 泛素连接酶组成型光形态建成 1
CRY1	Cryptochrome	隐花色素
CTK	cytokinin	细胞分裂素
DELLA	DELLA protein	DELLA 蛋白
DFR	dihydroflavonol-4-reductase	二氢黄酮醇还原酶
DHA	dehydro-L-ascorbic acid	脱氢抗坏血酸
DNA	Desoxyribonucleic acid	脱氧核糖核酸
EBF1/2	EIN3-binding F-box protein	EIN3 结合 F-box 蛋白
EBR	24-epibrassinolide	24-表油菜素内酯
EC	Embryogenic callus	胚性愈伤组织
ECD	extracellular domain	胞外结构域
EMP	embden-meyerhof-parnas pathway	糖酵解途径
EIN3	ethylene-insensitive protein 3	乙烯受体激酶 3
ET	Ethylene	乙烯
FLS2	flagellin-sensitive 2	果胶素敏感 2
GA	Gibberellin	赤霉素
GAI	gibberellic acid insensitive	赤霉素不敏感基因
glgC	glucose-1-phosphate adenylyltransferase	葡萄糖-1-磷酸腺苷酰转移酶
GRF2	Growth-regulating factor 2	生长素调控因子 2

续表

缩写词	英文名称	中文名称
IAA	auxin	生长素
JA	jasmonic acid	茉莉酸
LAR	leucoanthocy-anidin reductase	无色花青素还原酶
LRRs	leucine-rich repeats	富含亮氨酸重复序列
MAPK	mitogen-activated protein kinase	促有丝分裂原活化蛋白激酶
miRNA	microRNA	单链非编码小 RNA
mRNA	Messenger RNA	信使 RNA
MYC2	basic helix-loop-helix（bHLH）transcription factor	bHLH 转录因子
NADH	nicotinamide adenine dinucleotide	烟酰胺腺嘌呤二核苷酸
NCED	9-*cis*-epoxycarotenoiddioxygenase	9-顺环氧类胡萝卜素双加氧酶
lipB	lipoyl（octanoyl）transferase	硫酰（辛酰）转移酶
ORF	Open reading frame	开放阅读框
PAL	Phenylalanine ammonialyase	苯丙氨酸解氨酶
PAPSS	$3'$-phosphoadenosine $5'$-phosphosulfate synthase	$3'$-磷酸腺苷 $5'$-磷酸硫酸合酶
PCR	Polymerase chain reaction	聚合酶链式反应
PIF	Phytochrome interacting factor	光敏色素互作用因子
POD	Peroxidase	过氧化物酶
pO_2	dissolved oxygen	溶氧
PPO	polyphenol oxidase	多酚氧化酶
PPP	Pentose phosphate pathway	磷酸戊糖途径
qPCR	Real time quantitative PCR	实时荧光定量 PCR
RD21a	cysteine proteinase	半胱氨酸蛋白酶
RFK	riboflavin kinase	核黄素激酶
RGA	repressor of Gal-3	Gal-3 抑制子
RLK	receptor-like protein kinase	类受体蛋白激酶
RNA	Ribonucleic acid	核糖核酸
RNA-seq	RNA sequencing	RNA 测序
ROS	Reactiveoxygenspecies	活性氧
RPK2	receptor-like protein kinase 2	类受体蛋白激酶 2
rpoA	DNA-directed RNA polymerase subunit alpha	DNA 指向 RNA 聚合酶亚基子
SA	Salicylic acid	水杨酸
SOD	Superoxide Dismutase	超氧化物歧化酶
SPA	Phytochrome A supressor 1	光敏色素抑制因子 1
TCA	Tricarboxylic Acid Cycle	三羧酸循环

附 录

附录 I 不同光质条件下龙眼 EC 的转录组分析附图
（附图 I-1 至附图 I-12）

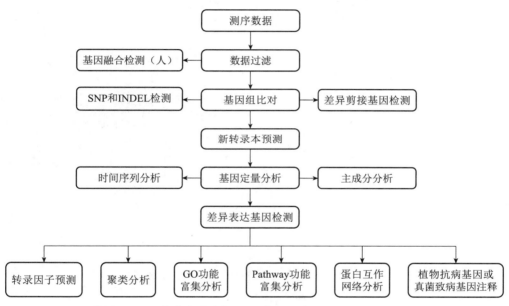

附图 I-1 生物信息学分析流程（龙眼 EC mRNAs 鉴定流程图）

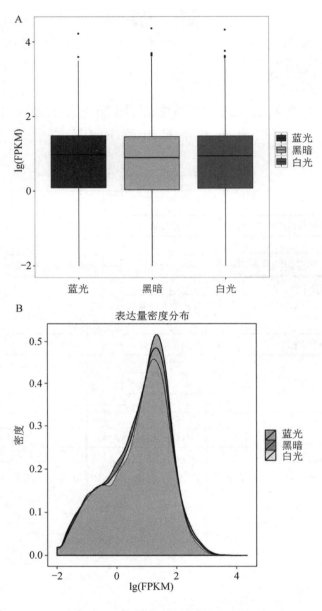

A—FRKM 值分布箱图;B—FRKM 值密度分布图。

附图Ⅰ-2　所有转录本 FPKM 值分布箱图和密度分布图

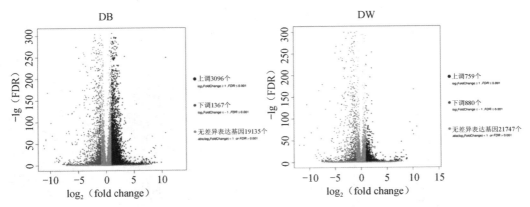

附图Ⅰ-3　差异表达转录本火山图

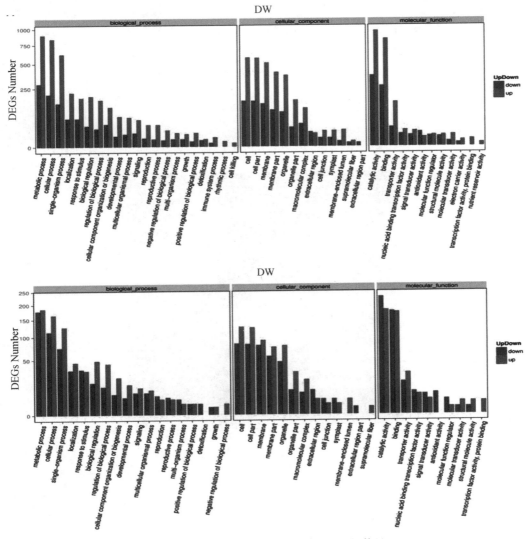

附图Ⅰ-4　GO富集分析差异表达基因的数目

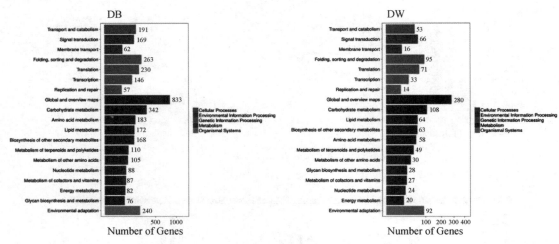

附图 I-5 KEGG 富集分析差异表达基因的数目

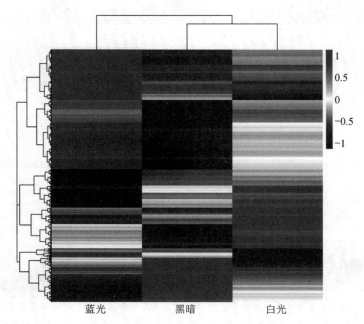

附图 I-6 不同光质下龙眼基因聚类分析

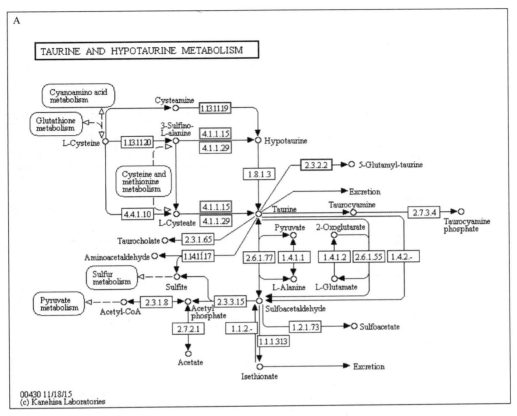

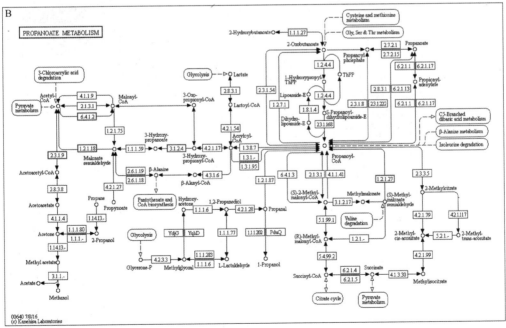

A—牛磺酸与亚牛磺酸代谢;B—丙酸代谢;

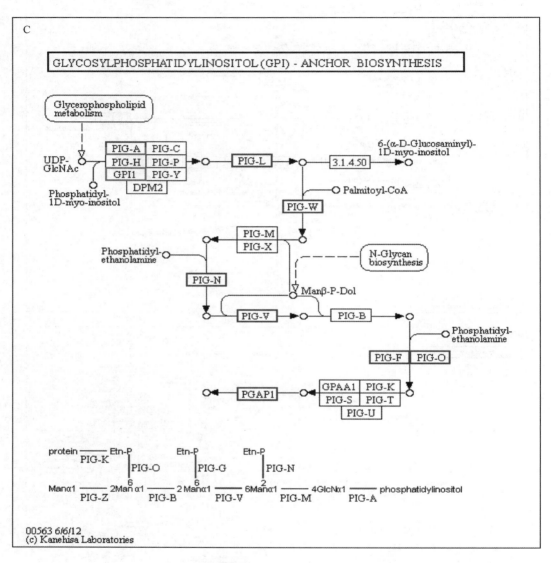

C—糖基磷脂酰肌醇(GPI)-锚定生物合成；

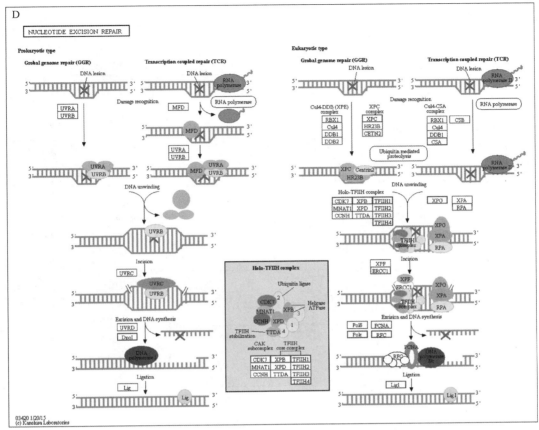

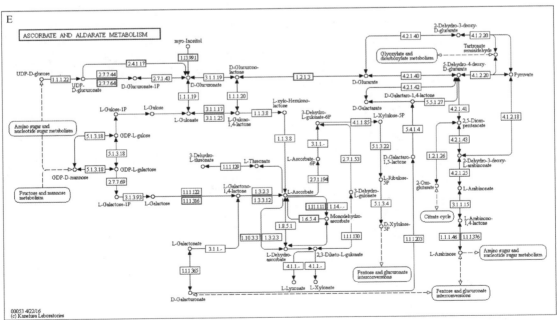

D—核苷酸剪切修复;E—抗坏血酸和醛酸代谢;

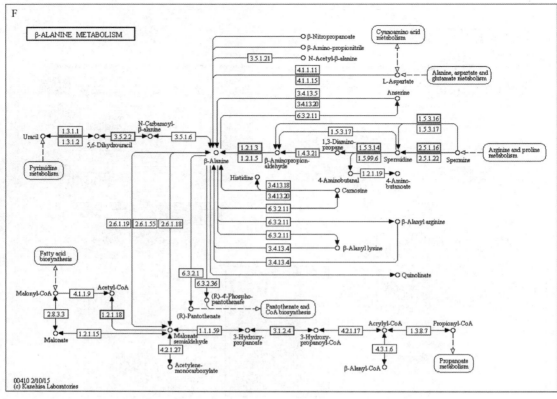

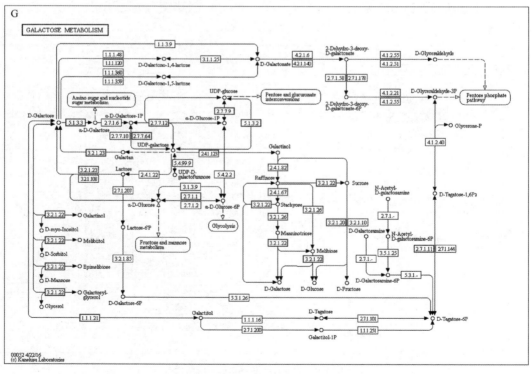

F—β-丙氨酸代谢;G—半乳糖代谢;

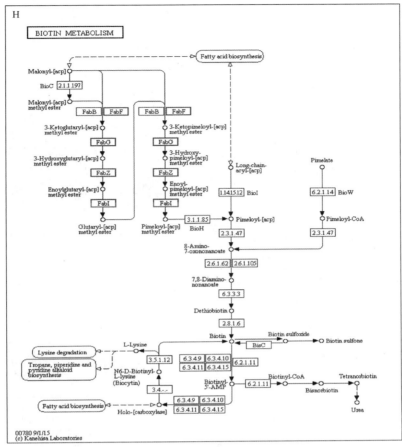

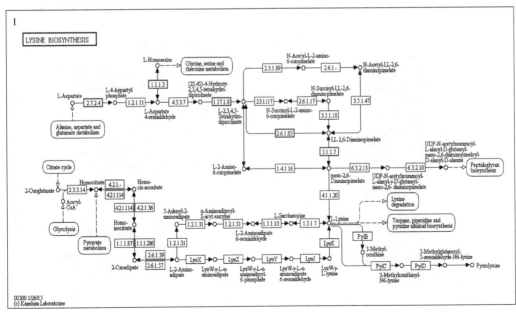

H—生物素代谢；I—赖氨酸生物合成。

附图Ⅰ-7　差异表达基因前 20 KEGG 富集途径

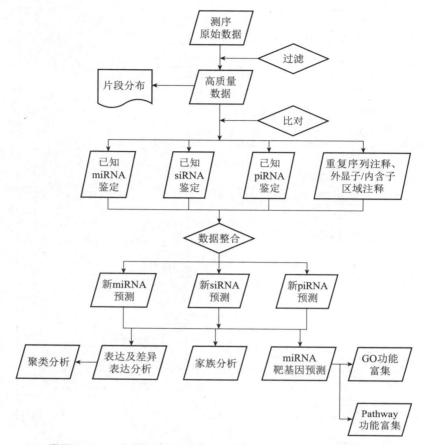

附图Ⅰ-8　生物信息学分析流程（龙眼 EC miRNAs 鉴定流程图）

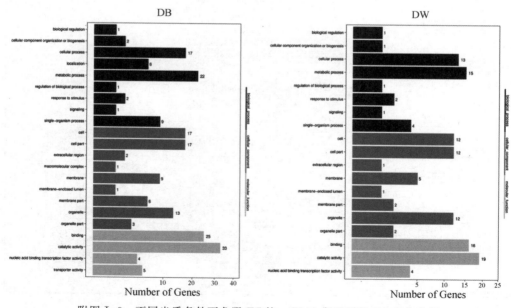

附图Ⅰ-9　不同光质条件下龙眼 EC 的 miRNA 靶基因的 GO 富集分析

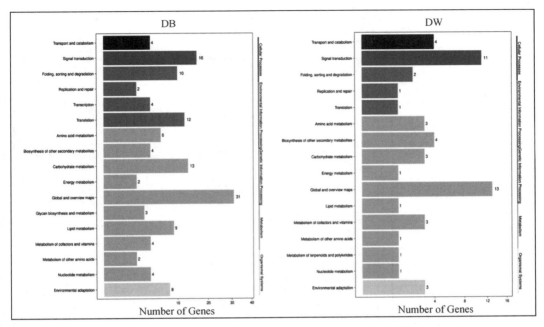

附图Ⅰ-10　不同光质条件下龙眼 EC 的 miRNA 靶基因的 KEGG 富集分析

差异表达基因的层次聚类（并集）

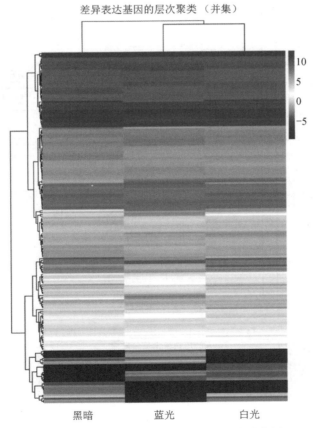

附图Ⅰ-11　不同光质下龙眼 miRNAs 聚类分析

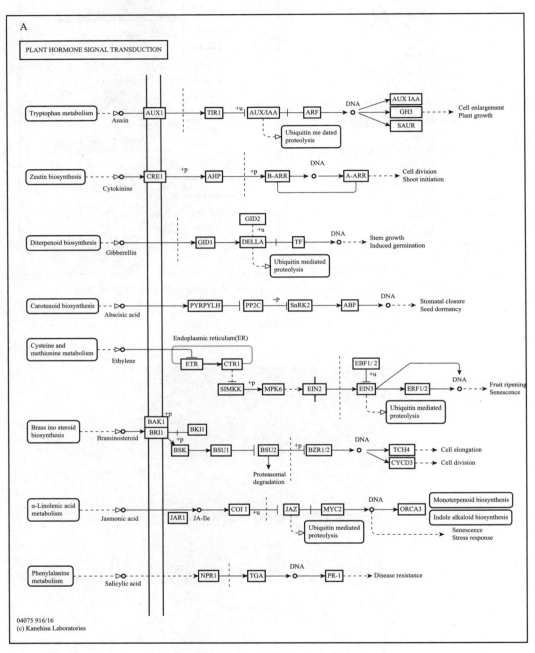

A—植物激素信号转导；

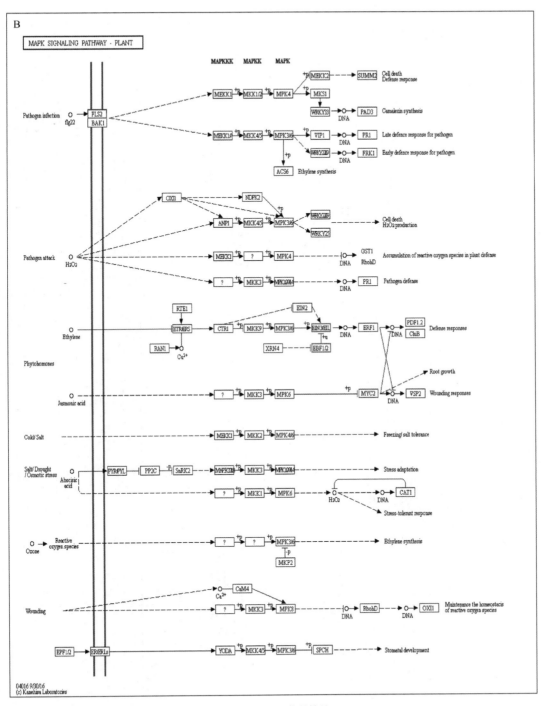

B—植物 MAPK 信号转导；

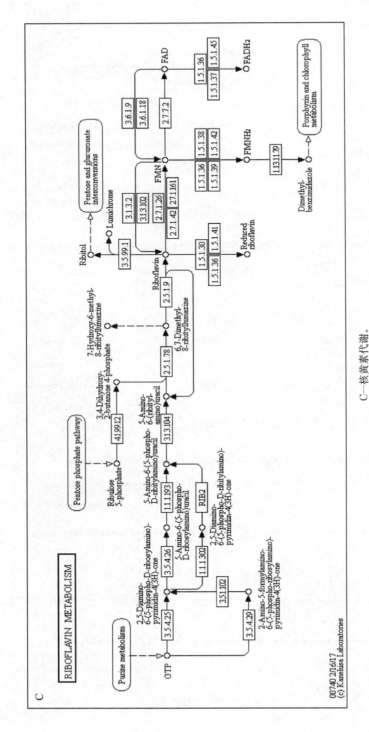

C—核黄素代谢。

附图 I -12　差异表达 miRNAs 的靶基因前 20 KEGG 富集途径

附录Ⅱ　不同光质对龙眼 EC 的转录组学分析附表
（附表Ⅱ-1 至附表Ⅱ-14）

附表Ⅱ-1　基因比对率统计

样品名称	清除读取总数	总映射比率	唯一映射比率
黑暗	66451578	70.84	60.26
蓝光	65308954	72.14	61.53
白光	65116948	72.31	61.75

附表Ⅱ-2　基因、转录本数目统计

样品名称	总基因数量	已知基因数量	新基因数量	总转录本数量	已知转录本数量	新转录本数量
黑暗	22039	20824	1215	32796	17561	15235
蓝光	22415	21195	1220	33751	18384	15367
白光	22150	20920	1230	33066	17797	15269

附表Ⅱ-3　不同光质被鉴定的 sRNA 的 reads 数量

类型	黑暗		蓝光		白光	
	计数	百分率/%	计数	百分率/%	计数	百分率/%
总数	19598849	100	17402032	100	17988944	100
基因间	13917839	71.01	12490149	71.77	12671437	70.44
成熟体	243678	1.24	240711	1.38	201209	1.12
其他 sncRNA	634	0	489	0	628	0
snRNA	766	0	497	0	709	0
取消映射	1658912	8.47	1590721	9.14	1552681	8.63
内含子	1294980	6.61	1179897	6.78	1181562	6.57
rRNA	79622	0.41	28985	0.17	63287	0.35
snoRNA	1	0	5325	0.03	15142	0.08
前体	25611	0.13	2970	0.02	2569	0.02
外显子	3315	0.02	813677	4.68	1355669	7.54
重复	1417646	7.23	1048569	6.03	943959	5.25
tRNA	955845	4.88	42	0	92	0

附表Ⅱ-4　DB 组合中前 5 富集的生物进程

排序	基因本体论术语	基因组使用频率	校正 p 值
1	跨膜转运	4.5%	6.95e−07
2	钙离子转运	0.3%	0.00343
3	单体过程	34.8%	0.01319
4	离子输运	4.4%	0.02260
5	磷酸化	6.3%	0.05751

附表Ⅱ-5　DW组合中前5富集的生物进程

排序	基因本体论术语	基因组使用频率	校正 p 值
1	钙离子转运	0.3%	0.22912
2	细胞识别	0.2%	0.50080
3	胺转运	0.1%	0.62262
4	羧酸跨膜转运	0.2%	0.89953
5	有机酸跨膜转运	0.2%	1

附表Ⅱ-6　DB组合中前5富集的细胞组分

排序	基因本体论术语	基因组使用频率	校正 p 值
1	膜组成部分	2%	4.65e−10
2	膜	47.9%	1.00e−06
3	膜固有成分	34.1%	0.00017
4	膜部件	37.2%	0.00074
5	肌球蛋白复合体	0.2%	0.00558

附表Ⅱ-7　DW组合中前5富集的细胞组分

排序	基因本体论术语	基因组使用频率	校正 p 值
1	外部封装结构	2.4%	0.03371
2	细胞外区	2.0%	0.55388
3	细胞外围	6.8%	1
4	Pex17p-Pex14p 对接复合体	0.1%	1
5	过氧化物酶体导入物复合体	0.1%	1

附表Ⅱ-8　DB组合中前5富集的分子功能

排序	基因本体论术语	基因组使用频率	校正 p 值
1	ATP 结合	8.7%	1.60e−14
2	阴离子配位	11.7%	3.21e−14
3	嘌呤核苷结合	9.9%	2.78e−13
4	嘌呤核糖核苷结合	9.9%	2.78e−13
5	核苷结合	10.0%	7.40e−13

附表Ⅱ-9　DW组合中前5富集的分子功能

排序	基因本体论术语	基因组使用频率	校正 p 值
1	有机酸跨膜转运蛋白活性	0.2%	0.10172
2	氧化还原酶活性,作用于 X-H 和 Y-H 形成 X-Y 键	0.1%	0.24186
3	氧化还原酶活性,作用于 X-H 和 Y-H 形成 X-Y 键,以氧为受体	0.1%	0.24186
4	有机阴离子跨膜转运蛋白活性	0.3%	0.25920
5	NADPH 脱氢酶活性	0.0%	0.38483

附表 Ⅱ-10　龙眼 EC 激素相关差异基因表达特性及功能注释

基因编号 (Genes ID)	注释(Annotation)	黑暗(Dark)		蓝光(Blue)		白光(White)	
		FRKM	log₂(FRKM)	FRKM	log₂(FRKM)	FRKM	log₂(FRKM)
IAA related							
Dlo_001707.1(AUX)	生长素反应蛋白 IAA31 亚型 X2	1.98	0.99	5.08	2.34	7.58	2.92
Dlo_032102.1(AUX)	AUX/IAA 转录调节因子家族蛋白	37	5.21	92.53	6.53	154.73	7.27
Dlo_030077.1(AUX)	生长素反应蛋白 IAA16 样	9.38	3.23	21.83	4.45	26.63	4.73
Dlo_031027.1(AUX)	未鉴定蛋白 LOC102609057 同型 X2	5.32	2.41	11.26	3.49	7.64	2.93
Dlo_024822.1(AUX)	吲哚-3-乙酸 7 异构体 1	8.92	3.16	1.61	0.69	8.43	3.08
BGI_novel_G000726(ARF)	可能的 RNA 依赖性 RNA 聚合酶 1	0	0.00	2.05	1.04	0	0.00
BGI_novel_G000723(ARF)	生长素反应因子	0	0.00	0.89	-0.17	2.18	1.12
BGI_novel_G000513(ARF)	生长素反应因子 6 亚型 X1	0.28	−1.84	1.81	0.86	0.58	−0.79
Dlo_023607.1(ARF)	生长素反应因子 2 样亚型 X2	6.92	2.79	36.04	5.17	12.07	3.59
BGI_novel_G000727(ARF)	生长素反应因子	1.7	0.77	7.36	2.88	1.86	0.90
Dlo_016813.1(ARF)	生长素响应因子	7.01	2.81	28.58	4.84	10.03	3.33
BGI_novel_G000724(ARF)	生长素响应因子	4.38	2.13	18.1	4.18	4.52	2.18
BGI_novel_G000720(ARF)	生长素响应因子	3.57	1.84	11	3.46	2.46	1.30
Dlo_006722.2(ARF)	T-复合物蛋白 11 样蛋白 1	14.19	3.83	38.18	5.25	17.09	4.10
BGI_novel_G000725(ARF)	生长素响应因子	1.09	0.12	2.64	1.40	0.46	−1.12
Dlo_013714.2(ARF)	假设蛋白质 CICLE_v10007286mg	15.74	3.98	35.19	5.14	31.87	4.99
BGI_novel_G000950(ARF)	假设蛋白质 CICLE_v10007286mg	12.24	3.61	25.17	4.65	16.1	4.01
BGI_novel_G000641(SAUR)	假设蛋白质 CICLE_v10018283mg	9.46	3.24	23.32	4.54	15.92	3.99
Dlo_013699.1(SAUR)	生长素反应蛋白 SAUR72	1.81	0.86	0	0.00	0	0.00
Dlo_013698.1(SAUR)	假定的双组分反应调节剂如 APRR6	1.81	0.86	0	0.00	0	0.00
Dlo_029739.1(SAUR)	假设蛋白质 CISIN_1g043725mg	32.27	5.01	6.03	2.59	10.1	3.34
Dlo_023206.1(SAUR)	生长素诱导蛋白 10A5	5.87	2.55	1.17	0.23	1.32	0.40
Dlo_024351.1(SAUR)	F10A5.20,推测	81.96	6.36	31.22	4.96	64.65	6.01
Dlo_023207.1(SAUR)	生长素诱导蛋白 10A5	15.32	3.94	6.12	2.61	6.59	2.72
Dlo_023496.1(SAUR)	假设蛋白质 CICLE_v10022560mg	98.51	6.62	45.08	5.49	39.26	5.29
Dlo_031595.1(SAUR)	SAUR 家族蛋白	33.9	5.08	15.94	3.99	37.46	5.23
Dlo_005931.1(SAUR)	生长素反应蛋白 SAUR72	11.92	3.58	5.75	2.52	3.52	1.82
Dlo_026398.1(SAUR)	SAUR 家族蛋白	13.91	3.80	6.39	2.68	10.13	3.34
CK related							
Dlo_031921.1(CRE1)	假设蛋白质 CICLE_v10030589mg	3.6	1.85	16.45	4.04	8.5	3.09
Dlo_012873.1(CRE1)	CHASE 结构域含组氨酸激酶蛋白	2.57	1.36	5.76	2.53	3.56	1.83
Dlo_001316.1(B-ARR)	蛋白 PHR1-LIKE 1 亚型 X2	5.13	2.36	28.3	4.82	12.07	3.59
Dlo_013135.1(B-ARR)	非特征蛋白 LOC102620939	10.65	3.41	49.48	5.63	27.1	4.76

续表

基因编号 （Genes ID）	注释（Annotation）	黑暗（Dark）		蓝光（Blue）		白光（White）	
		FRKM	$\log_2$(FRKM)	FRKM	$\log_2$(FRKM)	FRKM	$\log_2$(FRKM)
Dlo_017319.1(B-ARR)	假设蛋白质 CISIN_1g0381516mg	0.83	−0.27	2.12	1.08	0.94	−0.09
Dlo_028033.1(B-ARR)	双组分响应调节器 ARR2 样异构体 X2	0.82	0.93	1.56	0.64		
Dlo_012416.1(B-ARR)	假设蛋白质 CISIN_1g000306mg	21.26	4.41	44.04	5.46	29.1	4.86
Dlo_006433.1(B-ARR)	GBF 的亲富区相互作用因子 1	10.65	3.41	5	2.32	12.56	3.65
Dlo_005110.1(A-ARR)	a 类响应调节器	10.91	3.45	23.73	4.57	16.84	4.07
GA related							
Dlo_018793.1(GID1)	可能的羧酸酯酶 18	6.33	2.66	2.23	1.16	3.58	1.84
Dlo_001334.1(GID1)	可能的羧酸酯酶 17	33.59	5.07	12.66	3.66	15.87	3.99
Dlo_022586.1(GID1)	假设蛋白质 CICLE_v10026049mg	151.73	7.25	63	5.98	89.36	6.48
Dlo_001336.1(GID1)	可能的羧酸酯酶 17	13.66	3.77	5.75	2.52	8.15	3.03
Dlo_004743.1(DELLA)	假设蛋白质 CICLE_v10018849mg	3.23	1.69	13.91	3.80	6.43	2.68
Dlo_005774.1(DELLA)	假设蛋白质 CISIN_1g004488mg	15.64	3.97	32.28	5.01	29.75	4.89
Dlo_024797.1(DELLA)	假设蛋白质 CICLE_v10007843mg	112.38	6.81	21.51	4.43	23.98	4.58
Dlo_001452.1(DELLA)	假设蛋白质 CICLE_v10027940mg	210.36	7.72	62.98	5.98	53.11	5.73
Dlo_020858.2(DELLA)	假设蛋白质 CICLE_v10014811mg	43.05	5.43	17.21	4.11	15.47	3.95
Dlo_020743.1(DELLA)	稻草人样蛋白 8	184.76	7.53	75.9	6.25	97.7	6.61
Dlo_022103.1(DELLA)	GRAS4 蛋白	13.66	3.77	6.69	2.74	8.46	3.08
Dlo_004744.1(DELLA)	假设蛋白质 CISIN_1g048329mg	5.73	2.52	2.8	1.49	4.93	2.30
Dlo_030081.1(TF)	转录因子 UNE12 亚型 X1	0		4.38	2.13	4.1	2.04
Dlo_032273.1(TF)	转录因子 bHLH74 亚型 X2	2.8	1.49	5.77	2.53	4.1	2.04
Dlo_000977.1(TF)	转录因子 PIF4 样亚型 X2	1.34	0.42	3.87	1.95	2.32	1.21
Dlo_005407.1(TF)	碱性螺旋-环-螺旋 DNA 结合超家族蛋白	49.01	5.62	12.72	3.67	22.01	4.46
Dlo_028720.1(TF)	转录因子 bHLH130	53.19	5.73	24.42	4.61	29.36	4.88
Dlo_016604.1(TF)	转录因子 bHLH30 蛋白	1.91	0.93	0.93	−0.10	2.09	1.06
Dlo_005407.1(TF)	碱性螺旋-环-螺旋 DNA 结合超家族蛋白	49.01	5.62	12.72	3.67	22.01	4.46
Dlo_028720.1(TF)	转录因子 bHLH130	53.19	5.73	24.42	4.61	29.36	4.88
ABA related							
Dlo_023607.1(PYR)	假设蛋白 GLYMA_12G171000	6.92	2.79	36.04	5.17	12.07	3.59
Dlo_013161.1(PYR)	假设蛋白质 CISIN	5.89	2.56	1.16	0.21	2.6	1.38
Dlo_013074.1(PYR)	聚酮环化酶/脱水酶脂质转运超家族	136.31	7.09	46.04	5.52	44.21	5.47
Dlo_013055.1(PP2C)	假设蛋白质 CISIN_1g045692mg	0.82	−0.29	3	1.58	1.78	0.83

基因编号 (Genes ID)	注释(Annotation)	黑暗(Dark)		蓝光(Blue)		白光(White)	
		FRKM	log₂(FRKM)	FRKM	log₂(FRKM)	FRKM	log₂(FRKM)
Dlo_007354.2(PP2C)	磷酸酶 2C 家族蛋白	5.32	2.41	18.47	4.21	13.85	3.79
Dlo_011701.2(PP2C)	蛋白磷酸酶 2C 16 样	20.57	4.36	54.46	5.77	20.44	4.35
Dlo_013421.1(PP2C)	可能的蛋白磷酸酶 2C 6	4.45	2.15	9.56	3.26	9.18	3.20
Dlo_021916.1(PP2C)	假设蛋白质 CISIN_1g016186mg	2.52	1.33	0.8	−0.32	0.95	−0.07
Dlo_009880.1(PP2C)	可能的蛋白磷酸酶 2C 51	8.77	3.13	3.32	1.73	5.88	2.56
Dlo_000182.1(SNRK2)	假设蛋白质 CICLE_v10025916mg	13.72	3.78	33.55	5.07	13.34	3.74
BGI_novel_G000716 (SNRK2)	丝氨酸/苏氨酸蛋白激酶 SRK2A 样	1.53	0.61	3.08	1.62	0.98	−0.03
Dlo_003142.1(SNRK2)	假设蛋白质 POPTR_0003s08230g	32.7	5.03	14.56	3.86	21.38	4.42
Dlo_022120.1(ABF)	光诱导蛋白 CPRF2	1.44	0.53	9.59	3.26	1.13	0.18
Dlo_022116.1(ABF)	基本亮氨酸拉链 9	1.75	0.81	10.83	3.44	2.8	1.49
Dlo_022123.2(ABF)	光诱导蛋白 CPRF2	2.64	1.40	15.33	3.94	2.31	1.21
Dlo_031760.1(ABF)	假设蛋白质 CICLE_v10028435mg	5.21	2.38	19.5	4.29	16.4	4.04
Dlo_009698.1(ABF)	假设蛋白质 CISIN_1g043882mg	0.67	−0.58	1.5	0.58	0.48	−1.06
Dlo_018087.1(ABF)	假设蛋白质 CICLE_v10001159mg	9.73	3.28	21.32	4.41	16.18	4.02
Dlo_026487.1(ABF)	碱性亮氨酸拉链转录因子家族蛋白	22.12	4.47	48.65	5.60	28.94	4.85
ET related							
BGI_novel_G000397(CTR1)	丝氨酸/苏氨酸蛋白激酶 HT1 样异构体 X1	0.72	−0.47	3.26	1.70	0.8	−0.32
Dlo_003698.1(CTR1)	假设蛋白质 CICLE_v10007301mg	10.95	3.45	29.14	4.86	13.26	3.73
Dlo_016652.1(CTR1)	激酶超家族蛋白亚型 2	6.13	2.62	16.2	4.02	10.98	3.46
Dlo_011614.2(CTR1)	ACT 样蛋白酪氨酸激酶家族蛋白	6.9	2.79	18.35	4.20	6.1	2.61
Dlo_009250.1(CTR1)	丝氨酸/苏氨酸蛋白激酶 STY46 样亚型 X2	2.46	1.30	5.97	2.58	2.86	1.52
Dlo_003648.4(CTR1)	非特征蛋白 LOC102617273	11.07	3.47	24.07	4.59	18.35	4.20
Dlo_024204.1(EBF1/2)	F-box/LRR 重复蛋白 10	10.12	3.34	22.47	4.49	17.15	4.10
Dlo_026173.2(EIN 3)	假设蛋白质 CISIN_1g004104mg	0.36	−1.47	1.19	0.25	0.74	−0.43
Dlo_025230.1(EIN 3)	假想蛋白 JCGZ_24075	2.16	1.11	5.1	2.35	5.21	2.38
Dlo_006585.1(EIN 3)	磷酸转运蛋白 PHO1 同源物 7-样异构体 X2	0.72	−0.47	0.15	−2.74	0.15	−2.74
Dlo_032584.1(EIN 3)	磷酸转运蛋白 PHO1 同源物 9	1.03	0.04	0.23	−2.12	1.21	0.28
Dlo_032585.1(EIN 3)	磷酸转运蛋白 PHO1 同源物 9	1.11	0.15	0.5	−1.00	1.49	0.58
Dlo_031960.2(ERF 1/2)	假设蛋白质 CISIN_1g0001621mg	5.42	2.44	16.39	4.03	7.68	2.94
Dlo_031620.1(ERF 1/2)	乙烯响应系数 1	3.55	1.83	0.41	−1.29	0.47	−1.09

续表

基因编号 (Genes ID)	注释(Annotation)	黑暗(Dark)		蓝光(Blue)		白光(White)	
		FRKM	log₂(FRKM)	FRKM	log₂(FRKM)	FRKM	log₂(FRKM)
Dlo_022310.1(ERF 1/2)	乙烯反应因子1样蛋白 ERF1-1	16.95	4.08	7.67	2.94	4.49	2.17
BR related							
dlo_034823.1(BRI1)	假设蛋白质 VITISV_042643	0	0.00	0.63	−0.67	0.03	−5.06
dlo_038351.1(BRI1)	可能的 LRR 受体样丝氨酸/苏氨酸蛋白激酶	0	0.00	0.63	−0.67	0.03	−5.06
Dlo_010598.1(BRI1)	可能的 LRR 受体样丝氨酸/苏氨酸蛋白激酶	0.27	−1.89	3.08	1.62	0.94	−0.09
Dlo_026669.1(BRI1)	LRR 受体样丝氨酸/苏氨酸蛋白激酶 RPK2	2.8	1.49	15.92	3.99	4.98	2.32
Dlo_031916.2(BRI1)	假设蛋白质 CISIN_1g011640mg	1.22	0.29	7.11	2.83	4.56	2.19
Dlo_026073.2(BRI1)	鳞片启动子结合样蛋白 6 亚型 X1	0.21	−2.25	1.12	0.16	0.87	−0.20
dlo_036510.1(BRI1)	非特征蛋白 LOC103414113	0.4	−1.32	1.66	0.73	1	0.00
BGI_novel_G000349(BRI1)	非特征蛋白 LOC104903385	0.56	−0.84	2.15	1.10	1.47	0.56
Dlo_007200.1(BRI1)	鳞片启动子结合样蛋白 1	0.62	−0.69	2.28	1.19	1.01	0.01
Dlo_031932.1(BRI1)	鳞片启动子结合样蛋白 16	0.58	−0.79	2.2	1.14	1.38	0.46
Dlo_031167.1(BRI1)	低质量蛋白质	14.75	3.88	53.91	5.75	14.5	3.86
Dlo_010830.1(BRI1)	假设蛋白质 CICLE_v10016841mg	8.43	3.08	27.81	4.80	17.26	4.11
BGI_novel_G000915(BRI1)	非特征蛋白 LOC103945332	2.85	1.51	9.27	3.21	7.39	2.89
Dlo_003114.1(BRI1)	假设蛋白质 VITISV_012130	1.13	0.18	3.56	1.83	1.44	0.53
Dlo_033447.1(BRI1)	假设蛋白质 CISIN_1g001658mg	2.91	1.54	8.56	3.10	4.16	2.06
dlo_037548.1(BRI1)	推定核糖核酸酶 H 蛋白 At1g65750	1.05	0.07	2.94	1.56	3.26	1.70
Dlo_008354.4(BRI1)	可能的 LRR 受体样丝氨酸/苏氨酸蛋白激酶	23.95	4.58	55.25	5.79	26.13	4.71
Dlo_001733.2(BRI1)	假设蛋白质 CICLE_v10004227mg	10.49	3.39	22.63	4.50	15.93	3.99
BGI_novel_G000087(BRI1)	富含亮氨酸重复序列受体样蛋白激酶 PXC1	2.18	1.12	0.48	−1.06	1.45	0.54
Dlo_000294.1(BRI1)	可能的无活性受体激酶 At5g67200	3.9	1.96	1.21	0.28	2.8	1.49
Dlo_028807.2(BRI1)	假设蛋白质 CICLE_v10021106mg	2.18	1.12	0.79	−0.34	1.13	0.18
Dlo_012154.2(BRI1)	跨膜激酶样 1 亚型 1	11.59	3.53	4.13	2.05	7.49	2.90
Dlo_033828.1(BSK)	假设蛋白质 CICLE_v10033648mg	1.11	0.15	3.18	1.67	1.67	0.74
Dlo_024165.1(BSK)	可能的丝氨酸/苏氨酸蛋白激酶 At4g35230	2.6	1.38	6.89	2.78	4.31	2.11
Dlo_010565.1(BZR1/2)	BES1/BZR1	27.65	4.79	10	3.32	14.76	3.88
Dlo_003711.1(TCH4)	木葡糖内切酶/水解酶 22 样蛋白	4.17	2.06	9.01	3.17	4.75	2.25

续表

基因编号 (Genes ID)	注释(Annotation)	黑暗(Dark)		蓝光(Blue)		白光(White)	
		FRKM	$\log_2$(FRKM)	FRKM	$\log_2$(FRKM)	FRKM	$\log_2$(FRKM)
Dlo_003707.1(TCH4)	木葡聚糖内转葡糖基酶/水解酶蛋白22样	31.92	5.00	1.22	0.29	2.32	1.21
Dlo_024538.1(TCH4)	假设蛋白质 CICLE_v10010858mg	66.86	6.06	4.5	2.17	4.62	2.21
Dlo_003703.1(TCH4)	木葡聚糖内转葡糖基酶/水解酶蛋白22样	36.07	5.17	2.41	1.27	2.77	1.47
Dlo_003708.1(TCH4)	假设蛋白质 CISIN_1g023581mg	17.64	4.14	1.89	0.92	0.97	−0.04
Dlo_003710.1(TCH4)	假定的木葡聚糖内转葡糖基酶/水解酶21样	12.62	3.66	1.45	0.54	1.98	0.99
Dlo_010210.1(CYCD3)	周期-D3-1	0.68	−0.56	0	0.00	0	0.00
JA related							
Dlo_023906.2(JAZ)	蛋白质 TIFY 4B 异构体 X1	5.06	2.34	15.48	3.95	7.47	2.90
dlo_036449.1(JAZ)	蛋白质 TIFY 10B	9.55	3.26	0.51	−0.97	0.43	−1.22
Dlo_025200.1(JAZ)	假设蛋白质 CICLE_v10032858mg	5.35	2.42	0.38	−1.40	2.04	1.03
Dlo_023118.1(JAZ)	蛋白质 TIFY 10A	136.4	7.09	32.52	5.02	41.72	5.38
Dlo_029238.1(JAZ)	假设蛋白质 CICLE_v10032858mg	33.02	5.05	13.18	3.72	25.46	4.67
Dlo_012527.1(MYC2)	碱性螺旋-环-螺旋 DNA 结合超家族蛋白	4.58	2.20	12.58	3.65	9.77	3.29
Dlo_007643.2(MYC2)	转录因子 EMB1444 样亚型 X1	24.55	4.62	51.22	5.68	30.46	4.93
Dlo_000491.1(MYC2)	碱性螺旋-环-螺旋 DNA 结合超家族蛋白	0.91	−0.14	0.14	−2.84	0.47	−1.09
BGI_novel_G000715 (MYC2)	假设蛋白质 CICLE_v10011214mg	35.51	5.15	13.68	3.77	12.98	3.70
Dlo_016742.1(MYC2)	假设蛋白质 CICLE_v10011214mg	81.41	6.35	31.23	4.96	26.84	4.75
SA related							
Dlo_022123.2(TGA)	光诱导蛋白 CPRF2	2.64	1.40	15.33	3.94	2.31	1.21
Dlo_005334.1(TGA)	BZIP 转录因子家族蛋白亚型1	1.5	0.58	7.86	2.97	2.89	1.53
Dlo_010957.1(TGA)	BZIP 转录因子家族蛋白亚型1	4.21	2.07	11.7	3.55	5.47	2.45
Dlo_025757.1(TGA)	伴侣蛋白 dnaJ 20	29.54	4.88	85.24	6.41	36.6	5.19
Dlo_008076.1(TGA)	转录因子相关	1.64	0.71	0.06	−4.06	0.45	−1.15
Dlo_020624.1(TGA)	对 aba 和盐的反应1	19.03	4.25	6.45	2.69	5.7	2.51
Dlo_021638.1(TGA)	假设蛋白质 CICLE_v10022056mg	8.09	3.02	3.91	1.97	3.36	1.75
Dlo_017033.1(PR-1)	发病机制相关基因1样蛋白 PR1-1	14.01	3.81	47.48	5.57	28.92	4.85
Dlo_017035.1(PR-1)	发病机制相关家族蛋白	1.36	0.44	0	0.00	0.2	−2.32
Dlo_017036.1(PR-1)	发病机制相关基因1样蛋白 PR1-2	3.6	1.85	0.3	−1.74	2.37	1.24
Dlo_017039.1(PR-1)	假设蛋白质 CICLE_v10029459mg	20.37	4.35	8.04	3.01	22.49	4.49

附表Ⅱ-11　不同光质的龙眼初级代谢途径

途径	靶基因	miRNAs	miRNAs的表达量			靶基因描述
			黑暗	蓝光	白光	
细胞壁	Dlo_020305.1	miR166e	5.72	1.71	3.36	束状阿拉伯半乳聚糖蛋白15前体
细胞壁	Dlo_023418.1	miR390a-5p	217.7	32.74	51.89	富含亮氨酸的重复家族蛋白
细胞壁		miR390e	7.34	3.24	4.01	富含亮氨酸的重复家族蛋白
细胞壁	Dlo_008108.1	miR5139	1.02	4.21	2.24	受体样蛋白29
细胞壁	Dlo_023950.1	miR396b-5p	53.35	24.13	37.22	富含亮氨酸的重复家族蛋白
细胞壁	Dlo_017065.1	miR5139	1.02	4.21	2.24	四重奏1
细胞壁	Dlo_033465.2	miR166e	5.72	1.71	3.36	不规则木质部3
细胞壁	Dlo_033651.7	miR395b_2	4.64	2.63	10.9	纤维素合成酶/转移酶
细胞壁	Dlo_030636.2	miR395b_2	4.64	2.63	10.9	纤维素合成酶样 B_6
细胞壁	Dlo_022172.1	miR162a-3p	210.15	312.8	57.25	vsp1的本构表达
细胞壁	Dlo_033392.1	miR164a_3	1.08	0.12	0.41	UDP-葡萄糖醛酸脱羧酶1
细胞壁	Dlo_015966.1	miR390a-5p	217.7	32.74	51.89	2-脱氢-3-脱氧磷酸辛酸醛缩酶
细胞壁		miR390e	7.34	3.24	4.01	2-脱氢-3-脱氧磷酸辛酸醛缩酶
细胞壁	Dlo_000516.1	miR319_1	1.62	6.6	7.72	β-酰糖苷酶1
细胞壁		miR319e	14.89	1.04	1.06	β-酰糖苷酶1
次要CHO	Dlo_007636.1	miR390e	7.34	3.24	4.01	酮还原酶家族蛋白
次要CHO	Dlo_033573.1	miR396a-3p_2	9.12	93.58	12.37	葡聚糖合酶样4
脂质	Dlo_029820.1	miR396b-5p	53.35	24.13	37.22	磷脂酰丝氨酸合成酶家族蛋白
脂质	Dlo_000516.1	miR319_1	1.62	6.6	7.72	含有毛C样脱水酶结构域的蛋白质
脂质		miR319e	14.89	1.04	1.06	含有毛C样脱水酶结构域的蛋白质
脂质	Dlo_023602.1	miR395b_2	4.64	2.63	10.9	神经酰胺葡糖基转移酶（推测）
脂质	Dlo_031340.2	miR171d_1	2.32	0.18	0.53	AMP依赖性合成酶和连接酶家族蛋白
脂质		miR171f_3	28.48	9.22	15.2	AMP依赖性合成酶和连接酶家族蛋白
脂质	Dlo_026713.1	miR5139	1.02	4.21	2.24	长链酰基辅酶A合成酶
脂质	Dlo_009028.1	miR396b-5p	53.35	24.13	37.22	酰基-(酰基载体蛋白)去饱和酶
脂质		miR396e	16.88	8.37	1.24	酰基-(酰基载体蛋白)去饱和酶
脂质	Dlo_004446.1	miR396b-5p	53.35	24.13	37.22	硫酯酶家族蛋白
淀粉和蔗糖	Dlo_025852.1	miR394a	1.62	193.08	59.43	葡萄糖-1-磷酸腺苷酸转移酶
淀粉和蔗糖	Dlo_005572.1	miR394a	1.62	193.08	59.43	蔗糖磷酸合成酶2F
淀粉和蔗糖	Dlo_034171.1	miR396b-5p	53.35	24.13	37.22	核糖核酸酶E/G-LIKE
淀粉和蔗糖	Dlo_000516.1	miR319_1	1.62	6.6	7.72	己糖激酶1
淀粉和蔗糖		miR319e	14.89	1.04	1.06	己糖激酶1
目镜肺体积描记图	Dlo_011596.1	miR390e	7.34	3.24	4.01	磷酸果糖激酶3

途径	靶基因	miRNAs	miRNAs 的表达量			靶基因描述
			黑暗	蓝光	白光	
目镜肺体积描记图	Dlo_009028.1	miR396b-5p	53.35	24.13	37.22	丙酮酸激酶
目镜肺体积描记图		miR396e	16.88	8.37	1.24	丙酮酸激酶
目镜肺体积描记图	Dlo_002012.1	miR395b_2	4.64	2.63	10.9	磷酸葡萄糖变位酶
抗坏血酸和谷胱甘肽	Dlo_014539.1	miR319c_3	29.02	143.48	172.75	2-氧戊二酸依赖性双加氧酶
抗坏血酸和谷胱甘肽	Dlo_023483.1	miR171d_1	2.32	0.18	0.53	基质抗坏血酸过氧化物酶
抗坏血酸和谷胱甘肽		miR171f_3	28.48	9.22	15.2	基质抗坏血酸过氧化物酶
抗坏血酸和谷胱甘肽	Dlo_011079.1	miR396a-3p_2	9.12	93.58	12.37	L-抗坏血酸氧化酶
抗坏血酸和谷胱甘肽	Dlo_011079.1	miR396a-3p_2	9.12	93.58	12.37	L-抗坏血酸氧化酶
光反应	Dlo_025413.1	miR398b	327.69	717.03	320.53	光系统 Ⅱ 亚基 O-2
光反应	Dlo_014673.1	miR164a_3	1.08	0.12	0.41	铁氧还蛋白-NADP（＋）-氧化还原酶 2
四吡咯	Dlo_009003.1	miR390a-5p	217.7	32.74	51.89	粪卟啉原Ⅲ氧化酶
四吡咯	Dlo_026743.1	miR319a_1	32.47	241.09	270.23	酶结合/四吡咯结合
四吡咯		miR319_1	1.62	6.6	7.72	酶结合/四吡咯结合
四吡咯		miR319e	14.89	1.04	1.06	酶结合/四吡咯结合
四吡咯		miR319c	7.5	2.14	8.36	酶结合/四吡咯结合
TCA	Dlo_004594.1	miR319a_1	32.47	241.09	270.23	五环三萜合酶
TCA		miR319_1	1.62	6.6	7.72	五环三萜合酶
TCA		miR319e	14.89	1.04	1.06	五环三萜合酶
TCA		miR319c	7.5	2.14	8.36	五环三萜合酶
线粒体电子运输	Dlo_027194.1	miR166u	0.22	2.38	0.82	细胞色素 c 氧化酶铜伴侣家族蛋白
线粒体电子运输	Dlo_009028.1	miR396b-5p	53.35	24.13	37.22	线粒体 ATP 合酶 g 亚单位家族蛋白
线粒体电子运输		miR396e	16.88	8.37	1.24	线粒体 ATP 合酶 g 亚单位家族蛋白
线粒体电子运输	Dlo_010364.1	miR164a_3	1.08	0.12	0.41	ATP 合酶 D 链，线粒体

续表

途径	靶基因	miRNAs	miRNAs 的表达量			靶基因描述
			黑暗	蓝光	白光	
S-杂项	Dlo_023483.1	miR171d_1	2.32	0.18	0.53	甲硫烷基苹果酸合成酶1
S-杂项	Dlo_023483.1	miR171f_3	28.48	9.22	15.2	甲硫烷基苹果酸合成酶1
S-杂项		miR319b_1	0.43	52.29	70.56	转录因子 GAMYB 样
S-杂项		miR319a_1	32.47	241.09	270.23	转录因子 GAMYB 样
S-杂项		miR319c_3	29.02	143.48	172.75	转录因子 GAMYB 样
S-杂项	Dlo_021198.2	miR319_1	1.62	6.6	7.72	转录因子 GAMYB 样
S-杂项		miR319e	14.89	1.04	1.06	转录因子 GAMYB 样
S-杂项		miR159b_1	1263.66	255.01	1242.02	转录因子 GAMYB 样
S-杂项		miR319c	7.5	2.14	8.36	转录因子 GAMYB 样
S-杂项	Dlo_021086.1	miR319_1	1.62	6.6	7.72	myb 结构域蛋白 76
S-杂项		miR319e	14.89	1.04	1.06	myb 结构域蛋白 76
S-杂项	Dlo_032585.1	miR396b-5p	53.35	24.13	37.22	β-葡萄糖苷酶 34
萜烯类	Dlo_010049.1	miR395b_2	4.64	2.63	10.9	香叶基香叶基焦磷酸合酶 4
萜烯类	Dlo_000516.1	miR319_1	1.62	6.6	7.72	水解 O-糖基化合物
萜烯类		miR319e	14.89	1.04	1.06	水解 O-糖基化合物
萜烯类	Dlo_015966.1	miR390a-5p	217.7	32.74	51.89	乙酰辅酶 A C-酰基转移酶
萜烯类		miR390e	7.34	3.24	4.01	乙酰辅酶 A C-酰基转移酶
萜烯类	Dlo_014189.1	miR396b-5p	53.35	24.13	37.22	香叶基香叶基焦磷酸合酶 4
萜烯类		miR319a_1	32.47	241.09	270.23	五环三萜合酶
萜烯类	Dlo_004594.1	miR319_1	1.62	6.6	7.72	五环三萜合酶
萜烯类		miR319e	14.89	1.04	1.06	五环三萜合酶
萜烯类		miR319c	7.5	2.14	8.36	五环三萜合酶
黄酮类化合物	Dlo_031447.1	miR396a-3p_2	9.12	93.58	12.37	UDP 葡糖基转移酶家族蛋白
黄酮类化合物	Dlo_007636.1	miR396a-3p_2	9.12	93.58	12.37	醛糖/酮还原酶家族蛋白
黄酮类化合物	Dlo_025470.1	miR5139	1.02	4.21	2.24	霜霉抗性 6
苯丙烷类和酚类	Dlo_011079.1	miR396a-3p_2	9.12	93.58	12.37	漆酶
氨基酸	Dlo_026817.1	miR390a-5p	217.7	32.74	51.89	二氨基苯甲酸脱羧酶
氨基酸		miR390e	7.34	3.24	4.01	二氨基苯甲酸脱羧酶
氨基酸	Dlo_004843.1	miR396b-5p	53.35	24.13	37.22	吲哚-3-甘油磷酸合成酶
氨基酸	Dlo_029809.2	miR398b	327.69	717.03	320.53	谷氨酸脱羧酶 2
氨基酸		miR319a_1	32.47	241.09	270.23	碳酸酐酶 1
氨基酸	Dlo_004594.1	miR319_1	1.62	6.6	7.72	碳酸酐酶 1
氨基酸		miR319e	14.89	1.04	1.06	碳酸酐酶 1
氨基酸		miR319c	7.5	2.14	8.36	碳酸酐酶 1

途径	靶基因	miRNAs	miRNAs的表达量			靶基因描述
			黑暗	蓝光	白光	
氨基酸	Dlo_027169.1	miR395a_4	0.97	22.29	0.18	过氧化物酶体3-酮酰基辅酶a硫解酶3
氨基酸	Dlo_015966.1	miR390a-5p	217.7	32.74	51.89	乙酰辅酶A C-酰基转移酶
氨基酸		miR390e	7.34	3.24	4.01	乙酰辅酶A C-酰基转移酶
N-代谢		miR319_1	1.62	6.6	7.72	乙酰辅酶A C-酰基转移酶
N-代谢	Dlo_030035.1	miR319e	14.89	1.04	1.06	谷氨酸合成酶
N-代谢		miR159b_1	1 263.66	255.01	1 242.02	谷氨酸合成酶
N-代谢	Dlo_016329.1	miR166u	0.22	2.38	0.82	谷氨酸氨连接酶
N-代谢	Dlo_001895.1	miR396b-5p	53.35	24.13	37.22	硝酸还原酶1
S-同化	Dlo_033690.1	miR395a_4	0.97	22.29	0.18	硫酸腺苷酸转移酶
核苷酸代谢	Dlo_032629.1	miR170-5p	58.15	47.7	23.09	烟酸磷酸核糖基转移酶2
核苷酸代谢	Dlo_023950.1	miR396b-5p	53.35	24.13	37.22	磷酸二激酶/尿苷激酶家族蛋白
核苷酸代谢	Dlo_021086.1	miR319_1	1.62	6.6	7.72	拟南芥Nudix水解酶同源物8
核苷酸代谢		miR319e	14.89	1.04	1.06	拟南芥Nudix水解酶同源物8
核苷酸代谢	Dlo_008034.1	miR159b_1	1263.66	255.01	1242.02	拟南芥裸体水解酶同源物13
核苷酸代谢	Dlo_017065.1	miR5139	1.02	4.21	2.24	胞苷脱氨酶4
核苷酸代谢	Dlo_013527.1	miR396b-5p	53.35	24.13	37.22	拟南芥尿囊素酶

附表 II-12　不同光质的龙眼次生代谢途径

途径	靶基因	miRNAs	miRNAs的表达量			靶基因描述
			黑暗	蓝光	白光	
非MVA途径	Dlo_013527.1	miR396b-5p	53.35	24.13	37.22	香叶基香叶基焦磷酸合酶4
非MVA途径	Dlo_000516.1	miR319_1	1.62	6.6	7.72	香叶基香叶基焦磷酸合酶2
非MVA途径		miR319e	14.89	1.04	1.06	香叶基香叶基焦磷酸合酶2
萜类		miR319a_1	32.47	241.09	270.23	五环三萜合酶
萜类	Dlo_004594.1	miR319_1	1.62	6.6	7.72	五环三萜合酶
萜类		miR319e	14.89	1.04	1.06	五环三萜合酶
萜类		miR319c	7.5	2.14	8.36	五环三萜合酶
生育酚	Dlo_014189.1	miR396b-5p	53.35	24.13	37.22	匀浆藻基转移酶1
简单酚类	Dlo_011079.1	miR396a-3p_2	9.12	93.58	12.37	漆酶
甲羟戊酸途径	Dlo_015966.1	miR390a-5p	217.7	32.74	51.89	乙酰辅酶A C-酰基转移酶
甲羟戊酸途径		miR390e	7.34	3.24	4.01	乙酰辅酶A C-酰基转移酶
黄酮类化合物	Dlo_007636.1	miR390e	7.34	3.24	4.01	醛糖/酮还原酶家族蛋白
黄酮类化合物	Dlo_031447.1	miR396a-3p_2	9.12	93.58	12.37	UDP-葡糖基转移酶78D1
黄酮类化合物	Dlo_025470.1	miR5139	1.02	4.21	2.24	霜霉抗性6
硫代葡萄糖	Dlo_023483.1	miR171d_1	2.32	0.18	0.53	甲硫烷基苹果酸合成酶1
硫代葡萄糖		miR171f_3	28.48	9.22	15.2	甲硫烷基苹果酸合成酶1

续表

途径	靶基因	miRNAs	miRNAs 的表达量			靶基因描述
			黑暗	蓝光	白光	
硫代葡萄糖		miR319b_1	0.43	52.29	70.56	拟南芥 MYB 结构域蛋白 29
硫代葡萄糖		miR319a_1	32.47	241.09	270.23	拟南芥 MYB 结构域蛋白 29
硫代葡萄糖		miR319c_3	29.02	143.48	172.75	拟南芥 MYB 结构域蛋白 29
硫代葡萄糖	Dlo_021198.2	miR319_1	1.62	6.6	7.72	拟南芥 MYB 结构域蛋白 29
硫代葡萄糖		miR319e	14.89	1.04	1.06	拟南芥 MYB 结构域蛋白 29
硫代葡萄糖		miR159b_1	1263.66	255.01	1242.02	拟南芥 MYB 结构域蛋白 29
硫代葡萄糖		miR319c	7.5	2.14	8.36	拟南芥 MYB 结构域蛋白 29
硫代葡萄糖	Dlo_021086.1	miR319_1	1.62	6.6	7.72	myb 结构域蛋白 76
硫代葡萄糖		miR319e	14.89	1.04	1.06	myb 结构域蛋白 76
硫代葡萄糖	Dlo_032585.1	miR396b-5p	53.35	24.13	37.22	β-葡萄糖苷酶 34

附表 Ⅱ-13　龙眼已知 miRNAs 的家族成员

miRNAs	数量	家族成员
miR5139	1	miR5139
miR4995	1	miR4995
miR3711	1	miR3711
miR1511	2	miR1511, miR1511_1
miR845	1	miR845d
miR827	1	miR827-3p
miR535	1	miR535a_1
miR530	1	miR530a_2
miR477	1	miR477a_4
miR403	1	miR403-3p_1
miR399	2	miR399b, miR399i_1
miR398	5	miR398, miR398_3, miR398a-3p_1, miR398b, miR398b-3p_1
miR397	1	miR397a_2
miR396	11	miR396-3p_1, miR396a-3p_1, miR396a-3p_2, miR396a-3p_3, miR396a-5p, miR396b, miR396b-3p_2, miR396b-5p, miR396g-3p, miR396h, miR396e
miR395	4	miR395a_1, miR395a_4, miR395b_2, miR395b-3p,
miR394	1	miR394a
miR393	2	miR393-5p, miR393h
miR390	3	miR390a-3p, miR390a-5p, miR390e
miR319	10	miR319_1, miR319a, miR319a_1, miR319a-3p, miR319b_1, miR319c, miR319c_3, miR319e, miR319g_1, miR319q
miR171	8	miR171_2, miR171a_2, miR171b_2, miR171b-3p, miR171b-3p_3, miR171c-5p_1, miR171d_1, miR171f_3

miRNAs	数量	家族成员
miR170	1	miR170-5p
miR169	1	miR169e_3
miR168	5	miR168,miR168_1,miR168a-3p,miR168a-5p,miR168b_1
miR167	6	miR167a_2,miR167a-5p,miR167d_1,miR167d-5p,miR167f-5p,miR167h
miR166	17	miR166,miR166a,miR166a_1,miR166a-3p,miR166a-5p_1,miR166b,miR166d-5p_1,miR166e,miR166e-3p,miR166g-5p_3,miR166h-3p,miR166h-3p_1,miR166j,miR166j-3p,miR166m_1,miR166m_2,miR166u
miR164	2	miR164a_3,miR164b
miR162	4	miR162-3p,miR162a-3p,miR162a-5p,miR162a-5p_1
miR160	1	miR160a-5p
miR159	4	miR159a_1,miR159b_1,miR159c_5,miR159e_1
miR156	12	miR156a,miR156a-5p,miR156b,miR156c,miR156c_1,miR156c-3p_1,miR156f,miR156f-3p_1,miR156k_1,miR156k_2,miR156k-5p,miR156g-3p_2

附表Ⅱ-14　新 miRNAs 成熟体和前体信息

miRNA 编号	序列(成熟体)	序列(前体)	miRNA 前体的最小自由能/(kcal/mol)
novel_mir1	TGCACCGGTCGGCTCGTCCCTTCTGCTGGC	AGCTAGACCTTGGGTTGGGTCGACCGGTCCGCCTCGCGGTGTGCACCGGTCGGCTCGTCCCTTCTGCTGGCG	−42.10
novel_mir2	ATTCGAATGTTGGTGGATGGAAGTC	GAGGCCCCAAGCGATTCGAATGTTGGTGGATGGAAGTCGGTTCATTTTGCATGCTTGTGTGATGTACAGCCAACTGGAGGCTCTGAAGTTTTATTTGAGTAAATGGATGGAAAATGTTTAATTGATGTGACTAGTTGCTCAGATCAATTATCTTCCATTTTCTCAAAGAACTTTAGAGCCTTCATCTGACTATACATGATGCATGCATGTAAAATTGACCGACTTCCGTCCATCAACATTCGAGCCACTTGGGGTCT	−146.40
novel_mir3	AAATTGATAGTCGTTTGTCCAGAGAT	TGCTCGAAAGCCAGCTCTAGCCAAAGAGCTGGATTCGCGAAGGTGTTCCCCACTTGACAATCGGAAATGGTTACCTGGACATTGTAAAGAAATTGATAGTCGTTTGTCCAGAGATGTGTCTGGTTCGTGACCGAGATGGTCGAACCCCTCTTCATGCTGCAGCCATGAAGGGGAATATATTTTTGTTGCGAGAGTTGTTTCAGATGAGACCCCAAGCGGCTCGAATATTGATGGACGGAAGTCCATCCATTTTGCACACGTGTCATTTACAACCAATTGGAGGCTCTCAAGTTTTTGTTTGAAGAAATGGAAGATGTTGTAGATGAGGATTTTGTGAATTGAAAGGATGAAGACGGCAATTCTGTGTTGTACTTGGCCGTGGTGGACAAACAAGAGGAGGTATGAGAAACATTTTTTATTATAAATTTAGTAACTTGTTAGAAATTATTTAC	—

续表

miRNA 编号	序列（成熟体）	序列（前体）	miRNA 前体的最小自由能/（kcal/mol）
novel_mir3	AAATTGATAGTCGTT TGTCCAGAGAT	ATTATTACTTTTGAACTGATCTAATTAATCTCTCATTA ATACATGTGATTAGGCCATCAAGATTCTACTTTCAAGC GCAAAGACAGACTTGAATGCTGTTAACGCCATCGGTTG CTCAGTTTTGGATGTTGCATCACAAAGCAAATGCCATG TTAAAGATCGGCGAATCAAAGATTTGCTCTTAAATGCC GGTGCATTTAGAGTCAAGAATGAGCAACCGGTCTCATT AAATTCAATGATGAGCAAAGCTTCAGATTTTCCAATAC AGACGGAAAATTGGCTTTTAGAACAGCGTAACTGTAGC CACCAGCAGTGAGTTACGTTGTTCTACCAGTCAATTTTT CTTCTGTATTGGAAAATCTAAAGCATCGCGCATCATTG AATTTAATAAGGTCGGATGCTCATTCTTGGCTCTAAAT GCACCGGCATTTAAGAGCAAATCTCTGATCCGCCAATCT TTAGCATGACATATGCTTTGTGATGCAACATCCAAAAC TGAGCAACCGATGACGTTAACAGCATTCAAGTCTGTCTT TGAGCTTGAAAGCAGAATCTTGATGGCCTAATAATATG TATTAATGAGAGATTAATTAGATCAGTTCAAAAGTAA TAATGTAAATAATTTCTAACAAGCTACTAAATTTATA ATAAAAAATGTTTCTCATACCTCCTCTTGCTTGTCCACC ACGGCCAAGTGCAACACAGAATTGCCGTCTTCATCCTTCA AATTCACAAAATCCTCATCTACATCATCTTCCATTTCT TCAAACAAAAACTTGAGAGCCTCCAATTGGTTGTAAATG ACACGTGTGCAAAATGGACCGACTTCCGTCCATCAATA TTCGAGCCGCTTGGGGTCTCATCTGAAACAACTCTCGCA ACAAAAATATATTCCCCTTCATGGCTGCAGCATGAAGAG GGGTTCGACCATCTCGGTCACGAACCAGGCACATCTGTG GACAAACGACTATCAATTTCTTGACAATGTCCAGGTAA CCATTTCTAGTTGCCAAGTGGAGTGGAGAACACCTTCG CGAATCCAGCTTTTTGGCTAGAGCTGGCTTTCGAGCC	—
novel_mir4	TTAATAGTCGTTTGT CCAGAGATGTGTCTG	AATGCTTGGTCATGTCGACTTTGTCGAGGAAATTCTGG CTCGAAAGCCAGCTTTAGCCAAAGAGCTGGATTCGCGA AGGTGTTCTCCACTCCACTTGGCAACCGAAAATGGTTA CCTGGACATTATCAAGAAATTAATAGTCGTTTGTCCAG AGATGTGTCTGGTTCGTGACCGAGATGGTCGAACCCCT CTTCATGTTACAGCCATGAAGGGGAATATATTTTTGTT GCGAGAGTTGTTTCAGATGAGACCCCAAGCGGCTCGAA TATCGATGGACGGAAGTCGGTCCATTTTGCACACGTGT CATTTACAACCAATTGGAGGCTCTCAAGTTTTTGTTTG AAGAAATAGAAGATGATGTAAATGAGGATTTTGTGAA TTGGAAGGATGAAAATGACAATTCTGTGTTGCACTTGG	—

miRNA 编号	序列（成熟体）	序列（前体）	miRNA 前体的 最小自由能/ （kcal/mol）
novel_mir4	TTAATAGTCGTTTGT CCAGAGATGTGTCTG	CTGTGGTGAACAAGCAAGAGGAGGTATGAGAAACATTT TTTATTATAAATTTAGTAACTTGTTAGAAATTATTTA CATTATTACTTTTGAACTGATCTAATTAATCTCTCATT AATACATATTATTAGGCCATCAAGATTCTGCTTTCAAG CGCAAAGACAGACTTGAATGCTGTTAACGCCATCGGTT GCTCAGTTTTGGATGTTACATCACAAAGCGAATGCCAT GCTAAAGATCGACGGATCAGAGATTTGCTCTTAAATGC CGGTTCATTTAGAGCCAAGAATGAGCAATCGGCCTTAT TAAATTCAATGATGCGCGAAACTTCAGATTTTCCAATA CAGAAGGAAAATTGGCTTTTAGAACAGCGTAACTGAAG CCACCGGCAGTGAGTTACGCTGTTCTACCAGCCAATTTT TCTTCTGTATTGAAAAATCTGAAGCATCGCGTATTATT GAATTTAATTAGGTCGGTTGCTCATTCTTGACTCCAAA TGCATCGGCATTTAAGAGCAAATCTCTGATCCGCCAAT CTTTAGCATGACATATACTTTGTGATGCAACATTCAAA ACTGAGCAACCTATGACGTTAACAGCATTCAAGTCTGT ATTTGAGCTTGAAAGCAGAATCTTGATGGCCTAATAATA TGTATTAATGAGAGATTAATTAGATCAGTTCAAAAGT AATAATGTAAATAATTTCTAACAATCTACTAAATTTA TAATAAAAAATGTTTCTCATACCTCCTCTTGCTTGTCC ACCACGGCCAAGTACAACACAGAATTGCTGTCTTCATC CTTCCAATTCACAAAATCCTCATCTACATCATCTTCCAT TTCTTCAAACAAAAACTTGAGAGTCTCCAATTGGTTGT AAATGACACGTGTGCAAAATGGACCGACTTCCGTCCATC AATATTCGAGCCGCTTGGGGCCTCATCTGAAACAACTCT CGCAACAAAAATATATTCCCCTTCATGGCTGCAGCATGA AGAGGAGTTCGACCATCTCGGTCACGAACCAGGCACATC TCTGGACAAACGACTATTAATTTCTTGACAATGTCCAG GTAACCATTTCTGGTTGCCAAGTGGAGTGGAGAACATC TTCGCGAATCCAGCTCTTTGGCTAGAGCTGGCTTCGAG CCAGAATTTCCTCGACAAAGTCGGCATGATCAAGTATT	—
novel_mir5	CCATTTCGTGCGTGG ACGTGCTGCCTGGCC	GGGCCATTTCGTGCGTGGACGTGCTGCCTGGCCCAGCGC CCTTGCTGGCCGATGGCTGCCAGGCAGCGCGCGCTTGGC CG	−44.30
novel_mir6	AATGCTAGGATGGGT GACCTCC	AGGCGAGAGCAATGCTAGGATGGGTGACCTCCTGGGAA GTCCTCGTGTTGCACCCCATTTTTGCCA	−25.70
novel_mir7	GTCTGCTGGCAGATTC TACATGTGAGGCCC	AAGCTCAGGTGGGCCTCACATGTAGAATCTGCCAGCAGA CCTTGCATGATCAATCTGGCGCACTTTGCAGACTTCCAT TCATTGATATATTGTGGATGACATCCCCTATCCCGTAGC	−427.20

续表

miRNA 编号	序列（成熟体）	序列（前体）	miRNA 前体的最小自由能/（kcal/mol）
novel_mir7	GTCTGCTGGCAGATTCTACATGTGAGGCCC	AATTGCCTAGCCGACCCCGTAAGGTTGTCAGCAGTGGAAAACGAAAACGGCATCCCATCAAAGAGTATTGATTTATGCAACAGGTTTGGAAGCACCATTGATGGGTGTAAATTTAGAAGCACTGTGAATAAAATTTTAAGCAACATTGCACCCATCAGCGGTGCTTCCAAACCTATTGCATAAATCAACACTCTTTGATGGAATGCCGTTTTCGTTTTCCATTGCTGACAACCTTGCGAGGTCGGCTAGGCAATTGCTATGGGATAGGGGATGTCATCCACAATATATCAACGAATGGAAGTTTGCAGAGTGTGCCAGATTGATCATGCAAGGTCTGCTGGCAGATTCTACATGTGAGGCCCACCTGAGCTT	−427.20
novel_mir8	CTGCTGGCAGATTCTACATGTGAGGCCC	AATGCTTCCAAATGTTGTTAGCCGAAGCTTAGGATAACCATAGTATTCAGCCACCTCCAGATAGAAGCTCAAGTGGGCTTCACATGTAGAATCTGCCAGCAGACCTTGCATGATCAATCTGGCGCACTTTGCAGACTTCCATTCATTGATATATTGTGGATGACATCCCCTATCCCGTAGCAATTGCCTAGCTGACCCCGTAAGGTTGTCAGCAGTGGAAAACGAAAACGACATCCCATCAAAGAGTATTGATTTATGCAACAGGTTTGGAAGCACCATTGATGGGTGCAAATTTAGAAGCACTGTGAATAAAATTTTAAGCAACATTGCACCTATCAGCGGTGTTTCCAAACCTATTGCATAAATCAACACTCTTTGATGGAATGCCGTTTTCGTTTTCCATTGCTGACAACCTTGCGAGGTCGGCTAGGCAATTGCTACGGGATAGGGGATGTCATCCACAATATATCAACGAATGGAAGTTTGCAGAGTGTGCCAGATTGATCATGCAAGGTCTGCTGGCAGATTCTACATGTGAGGCCCACCTGAGCTTTTATCTGAAGGTGGTTGAATATTATGGTTATCCCAAGCTTCGGCTAACAACATTTGGAAGCATT	−517.30
novel_mir9	ATTTAAGTCTCTGATGATTTCATT	TAAGGGAACAGGGCGAAATCAAGGGATGAAGATTTTAACTGCAACAAAATGATCGATTCTTATCGTGATTACCTTGTATTTAAGTCTCTGATGATTTCATTTGTTCCTTTC	−29.40
novel_mir10	AAAATCTTGGGTGGGACGGTCTCATT	GGGAGAAAATCTTGGGTGGGACGGTCTCATTACGAAATTTTCAATTAGAATATGACATGTGGTACAATACGAGATGCCAGGTGTGTTTTTTTGAATTGAAGTCTCGTGGTGAGAACGTCCCATACAAGGTTTTTTTCG	−63.00

附录Ⅲ　不同光质对龙眼 EC 酶活含量的影响
（附表Ⅲ-1 至附表Ⅲ-4）

附表Ⅲ-1　不同光质下龙眼 EC 的 SOD 活性

光质	光强/ $(\mu mol \cdot m^{-2} \cdot s^{-1})$	光周期/ h	SOD 含量 1/ $(U \cdot g^{-1})$	SOD 含量 2/ $(U \cdot g^{-1})$	SOD 含量 3/ $(U \cdot g^{-1})$	SOD 平均含量/ $(U \cdot g^{-1})$	标准 偏差	Duncan （5%）
黑暗	0		4.76	5.31	5.49	5.19	0.38	c
蓝光	32	12	18.69	26.85	25.95	23.83	4.47	a
白光	32	12	14.00	9.63	15.51	13.04	3.05	b

附表Ⅲ-2　不同光质下龙眼 EC 的 POD 活性

光质	光强/ $(\mu mol \cdot m^{-2} \cdot s^{-1})$	光周期/ h	POD 含量 1/ $(U \cdot g^{-1})$	POD 含量 2/ $(U \cdot g^{-1})$	POD 含量 3/ $(U \cdot g^{-1})$	POD 平均含量/ $(U \cdot g^{-1})$	标准 偏差	Duncan （5%）
黑暗	0		2860	3220	3480	3186.67	311.34	c
蓝光	32	12	4060	3920	3860	3946.67	102.63	a
白光	32	12	4080	3500	3220	3600.00	438.63	b

附表Ⅲ-3　不同光质下龙眼 EC 的 H_2O_2 含量

光质	光强/ $(\mu mol \cdot m^{-2} \cdot s^{-1})$	光周期/ h	H_2O_2 含量 1/ $(\mu mol \cdot g^{-1})$	H_2O_2 含量 2/ $(\mu mol \cdot g^{-1})$	H_2O_2 含量 3/ $(\mu mol \cdot g^{-1})$	H_2O_2 平均含量/ $(\mu mol \cdot g^{-1})$	标准 偏差	Duncan （5%）
黑暗	0		6.62	4.07	9.30	6.66	2.61	c
蓝光	32	12	21.76	28.60	27.93	26.09	3.77	a
白光	32	12	16.00	21.49	23.91	20.47	4.05	b

附表Ⅲ-4　不同光质下龙眼 EC 的 MDA 含量

光质	光强/ $(\mu mol \cdot m^{-2} \cdot s^{-1})$	光周期/ h	MDA 含量 1/ $(nmol \cdot g^{-1})$	MDA 含量 2/ $(nmol \cdot g^{-1})$	MDA 含量 3/ $(nmol \cdot g^{-1})$	MDA 平均含量/ $(nmol \cdot g^{-1})$	标准 偏差	Duncan （5%）
黑暗	0		1.213	1.006	1.238	1.152	0.127	a
蓝光	32	12	1.109	1.264	1.058	1.144	0.107	a
白光	32	12	1.109	1.006	0.955	1.023	0.079	a

附录Ⅳ 不同光质对龙眼 EC 代谢含量的影响(附表Ⅳ-1 至附表Ⅳ-5)

附表Ⅳ-1 不同光质下龙眼 EC 的多糖含量

光质	光强/ (μmol·m^{-2}·s^{-1})	光周期/ (h)	多糖含量1/ (mg·g^{-1}DW)	多糖含量2/ (mg·g^{-1}DW)	多糖含量3/ (mg·g^{-1}DW)	多糖平均含量/ (mg·g^{-1}DW)	标准 偏差	Duncan (5%)	Duncan (1%)
黑暗	0		53.546	52.428	46.038	47.130	5.574	a	A
蓝光	32	12	44.361	51.869	46.438	53.573	2.483	b	B
白光	32	12	43.482	56.422	50.511	47.662	2.475	a	A

附表Ⅳ-2 不同光质下龙眼 EC 的生物素含量

光质	光强/ (μmol·m^{-2}·s^{-1})	光周期/ h	生物素含量1/ (mg·g^{-1}DW)	生物素含量2/ (mg·g^{-1}DW)	生物素含量3/ (mg·g^{-1}DW)	生物素 平均含量/ (mg·g^{-1}DW)	标准 偏差	Duncan (5%)	Duncan (1%)
黑暗	0		0.230	3.647	2.033	0.211	0.023	a	A
蓝光	32	12	0.186	3.209	2.209	3.578	0.340	c	C
白光	32	12	0.218	3.879	1.872	2.038	0.168	b	B

附表Ⅳ-3 不同光质下龙眼 EC 的生物碱含量

光质	光强/ (μmol·m^{-2}·s^{-1})	光周期/ h	生物碱含量1/ (mg·g^{-1}DW)	生物碱含量2/ (mg·g^{-1}DW)	生物碱含量3/ (mg·g^{-1}DW)	生物碱 平均含量/ (mg·g^{-1}DW)	标准 偏差	Duncan (5%)	Duncan (1%)
黑暗	0		15.681	15.534	16.315	15.84	0.339	a	A
蓝光	32	12	20.952	20.805	21.928	21.23	0.498	c	C
白光	32	12	20.317	20.220	20.854	20.46	0.279	b	B

附表Ⅳ-4 不同光质下龙眼 EC 的类黄酮含量

光质	光强/ (μmol·m^{-2}·s^{-1})	光周期/ h	类黄酮含量1/ (mg·g^{-1}DW)	类黄酮含量2/ (mg·g^{-1}DW)	类黄酮含量3/ (mg·g^{-1}DW)	类黄酮 平均含量/ (mg·g^{-1}DW)	标准 偏差	Duncan (5%)	Duncan (1%)
黑暗	0		7.023	6.930	6.790	6.91	0.096	a	A
蓝光	32	12	9.304	9.024	9.211	9.18	0.116	c	C
白光	32	12	7.907	8.140	7.675	7.91	0.190	b	B

附表Ⅳ-5 不同光质下龙眼 EC 的类胡萝卜素含量

光质	光强/ (μmol·m^{-2}·s^{-1})	光周期/ h	类胡萝卜素 含量1/ (μg·g^{-1}DW)	类胡萝卜素 含量2/ (μg·g^{-1}DW)	类胡萝卜素 含量3/ (μg·g^{-1}DW)	类胡萝卜素 平均含量/ (μg·g^{-1}DW)	标准 偏差	Duncan (5%)
黑暗	0		10.37	12.29	11.30	11.32	0.96	c
蓝光	32	12	16.52	18.11	18.83	17.82	1.18	a
白光	32	12	13.65	11.86	13.24	12.65	0.94	b

附录 V　生物反应器中龙眼细胞培养数据(附表 V-1 至附表 V-12)

附表 V-1　黑暗条件下龙眼细胞的干重

项目	第 1 天	第 2 天	第 3 天	第 4 天	第 5 天	第 6 天	第 7 天	第 8 天	第 9 天
干重 1/(g/L)	2.50	2.33	3.04	5.29	6.29	7.50	7.83	7.92	8.17
干重 2/(g/L)	2.83	2.88	2.88	5.46	6.17	7.17	8.13	8.08	8.50
干重 3/(g/L)	2.58	2.75	2.79	5.21	6.42	7.42	7.54	8.21	7.96
平均干重/(g/L)	2.64	2.65	2.90	5.32	6.29	7.36	7.83	8.07	8.21
标准差	0.172	0.287	0.127	0.128	0.125	0.172	0.295	0.145	0.272
Duncan(5%)	a	a	a	b	c	d	e	ef	f

附表 V-2　蓝光条件下龙眼细胞的干重

项目	第 1 天	第 2 天	第 3 天	第 4 天	第 5 天	第 6 天	第 7 天	第 8 天	第 9 天
干重 1/(g/L)	2.41	2.67	3.08	4.38	6.75	7.75	8.13	8.54	8.33
干重 2/(g/L)	2.67	2.79	2.88	4.29	6.96	7.50	8.71	8.33	8.36
干重 3/(g/L)	2.54	2.54	2.79	4.04	6.54	7.63	8.46	8.38	8.79
平均干重/(g/L)	2.54	2.67	2.92	4.24	6.75	7.63	8.43	8.42	8.49
标准差	0.130	0.125	0.148	0.176	0.210	0.125	0.291	0.110	0.257
Duncan(5%)	a	ab	c	d	e	f	g	g	g

附表 V-3　黑暗条件下龙眼细胞的类黄酮含量

项目	第 1 天	第 2 天	第 3 天	第 4 天	第 5 天	第 6 天	第 7 天	第 8 天	第 9 天
类黄酮含量 1/(mg/g DW)	2.56	2.82	2.68	2.82	2.91	2.78	2.99	3.09	3.32
类黄酮含量 2/(mg/g DW)	2.63	2.61	2.80	2.72	2.96	2.86	2.86	3.15	3.26
类黄酮含量 3/(mg/g DW)	2.69	2.74	2.88	2.89	2.77	2.96	3.01	3.25	3.42
平均类黄酮含量/(mg/g DW)	2.63	2.72	2.79	2.81	2.882	2.87	2.95	3.16	3.33
标准差	0.065	0.103	0.099	0.089	0.097	0.089	0.084	0.080	0.084
Duncan(5%)	a	ab	abc	bc	bc	bc	c	d	f

附表 V-4　蓝光条件下龙眼细胞的类黄酮含量

项目	第 1 天	第 2 天	第 3 天	第 4 天	第 5 天	第 6 天	第 7 天	第 8 天	第 9 天
类黄酮含量 1/(mg/g DW)	2.56	2.66	2.90	2.95	2.96	3.33	3.99	4.07	4.14

续表

项目	第1天	第2天	第3天	第4天	第5天	第6天	第7天	第8天	第9天
类黄酮含量2/ (mg/g DW)	2.76	2.71	2.74	2.92	3.09	3.36	3.79	3.90	4.16
类黄酮含量3/ (mg/g DW)	2.64	2.86	2.77	2.78	3.01	3.20	3.91	4.02	4.01
平均类黄酮含量/ (mg/g DW)	2.66	2.74	2.80	2.88	3.02	3.30	3.90	4.00	4.10
标准差	0.103	0.102	0.088	0.090	0.066	0.084	0.103	0.086	0.081
Duncan(5%)	a	ab	ab	bc	c	d	e	ef	f

附表 V-5　黑暗条件下龙眼细胞的细胞活力

项目	第1天	第2天	第3天	第4天	第5天	第6天	第7天	第8天	第9天
活力值1/(mg/g)	0.434	0.381	0.279	0.341	0.389	0.412	0.402	0.358	0.323
活力值2/(mg/g)	0.439	0.372	0.271	0.331	0.403	0.407	0.396	0.375	0.312
活力值3/(mg/g)	0.441	0.364	0.264	0.324	0.382	0.426	0.388	0.368	0.309
平均活力值/ (mg/g)	0.438	0.372	0.271	0.332	0.391	0.415	0.395	0.367	0.315
标准差	0.004	0.009	0.008	0.009	0.011	0.010	0.007	0.009	0.007
Duncan(5%)	g	d	a	c	e	f	e	d	b

附表 V-6　蓝光条件下龙眼细胞的细胞活力

项目	第1天	第2天	第3天	第4天	第5天	第6天	第7天	第8天	第9天
活力值1/(mg/g)	0.434	0.392	0.252	0.315	0.399	0.438	0.407	0.359	0.301
活力值2/(mg/g)	0.458	0.415	0.272	0.312	0.407	0.422	0.411	0.339	0.293
活力值3/(mg/g)	0.442	0.401	0.264	0.327	0.393	0.416	0.401	0.345	0.311
平均活力值/ (mg/g)	0.445	0.403	0.263	0.318	0.400	0.425	0.406	0.348	0.302
标准差	0.012	0.012	0.010	0.008	0.007	0.011	0.005	0.010	0.009
Duncan(5%)	f	d	a	b	d	e	d	c	b

附表 V-7　黑暗条件下培养液的蔗糖含量

项目	第1天	第2天	第3天	第4天	第5天	第6天	第7天	第8天	第9天
蔗糖含量1/(g/L)	21.60	17.25	13.48	3.93	1.92	2.14	0.93	1.28	1.60
蔗糖含量2/(g/L)	22.30	17.76	13.45	3.35	1.66	1.31	1.28	1.50	2.14
蔗糖含量3/(g/L)	22.56	16.61	13.61	3.58	1.18	1.66	2.17	1.63	1.31
平均蔗糖含量/ (g/L)	22.15	17.21	13.51	3.62	1.587	1.70	1.46	1.47	1.68
标准差	0.496	0.576	0.085	0.290	0.373	0.417	0.642	0.178	0.422
Duncan(5%)	e	d	c	b	a	a	a	a	a

附表 Ⅴ-8　蓝光条件下培养液的蔗糖含量

项目	第1天	第2天	第3天	第4天	第5天	第6天	第7天	第8天	第9天
蔗糖含量1/(g/L)	21.63	18.69	16.01	14.50	2.72	1.57	1.63	1.09	1.21
蔗糖含量2/(g/L)	21.95	18.47	15.53	14.86	3.07	2.20	2.14	1.50	1.50
蔗糖含量3/(g/L)	22.04	18.27	15.91	14.15	3.42	2.49	1.79	2.17	1.79
平均蔗糖含量/(g/L)	21.87	18.48	15.81	14.50	3.07	2.09	1.85	1.59	1.50
标准差	0.217	0.208	0.254	0.351	0.351	0.474	0.262	0.548	0.288
Duncan(5%)	f	e	d	c	b	a	a	a	a

附表 Ⅴ-9　黑暗条件下培养液的还原糖含量

项目	第1天	第2天	第3天	第4天	第5天	第6天	第7天	第8天	第9天
还原糖含量1/(g/L)	9.02	8.59	14.62	16.24	15.96	14.48	13.19	11.61	11.27
还原糖含量2/(g/L)	9.28	8.25	14.36	16.75	16.22	14.56	12.47	11.63	11.41
还原糖含量3/(g/L)	8.82	8.86	14.18	15.86	15.84	14.76	12.75	11.39	11.06
平均还原糖含量/(g/L)	9.04	8.57	14.38	16.29	16.01	14.60	12.80	11.54	11.24
标准差	0.232	0.302	0.222	0.443	0.195	0.145	0.364	0.134	0.172
Duncan(5%)	b	a	e	f	f	e	d	c	c

附表 Ⅴ-10　蓝光条件下培养液的还原糖含量

项目	第1天	第2天	第3天	第4天	第5天	第6天	第7天	第8天	第9天
还原糖含量1/(g/L)	9.26	8.92	11.35	12.19	14.38	13.35	10.54	9.26	7.21
还原糖含量2/(g/L)	8.90	9.16	11.51	12.53	14.52	13.13	10.72	8.41	6.87
还原糖含量3/(g/L)	8.82	9.38	11.63	12.67	14.16	13.61	10.94	8.78	6.59
平均还原糖含量/(g/L)	8.99	9.15	11.49	12.46	14.35	13.37	10.74	8.82	6.89
标准差	0.235	0.231	0.141	0.248	0.182	0.241	0.201	0.423	0.312
Duncan(5%)	b	b	d	e	g	f	c	b	a

附表 Ⅴ-11　黑暗条件下培养液的磷酸盐含量

项目	第1天	第2天	第3天	第4天	第5天	第6天	第7天	第8天	第9天
磷酸盐含量1/(mg/L)	180.19	176.00	148.57	134.10	129.52	110.86	110.10	97.52	93.71
磷酸盐含量2/(mg/L)	176.00	174.86	144.38	130.29	126.48	115.81	108.19	93.33	85.71
磷酸盐含量3/(mg/L)	173.71	172.19	142.10	133.33	125.71	107.81	104.76	89.14	91.05
平均磷酸盐含量/(mg/L)	176.63	174.35	145.02	132.57	127.24	111.49	107.68	93.33	90.16
标准差	3.284	1.955	3.284	2.016	2.016	4.038	2.703	4.190	4.073
Duncan(5%)	e	e	d	c	c	b	b	a	a

附表 V-12　蓝光条件下培养液的磷酸盐含量

项目	第1天	第2天	第3天	第4天	第5天	第6天	第7天	第8天	第9天
磷酸盐含量1/(mg/L)	171.81	163.81	152.38	126.10	116.19	111.24	88.00	73.52	62.10
磷酸盐含量2/(mg/L)	168.38	169.52	148.19	127.62	112.00	115.43	89.90	70.48	65.52
磷酸盐含量3/(mg/L)	169.14	173.71	155.43	129.52	117.33	112.00	90.67	76.95	60.19
平均磷酸盐含量/(mg/L)	169.78	169.02	152.00	127.75	115.17	112.89	89.52	73.65	62.60
标准差	1.800	4.972	3.634	1.718	2.808	2.232	1.374	3.240	2.703
Duncan(5%)	g	g	f	e	d	d	c	b	a

全书彩图请扫以下二维码: